高定旗袍技术系列丛书

# 高定旗袍制版技术

郑碧红 著

東華大學出版社

·上海·

## 内容介绍

本书介绍了人体的体型特征分类及人体各部位尺寸的测量方法。本书详细解析了12种人体非标体型旗袍样板的制作、并介绍了连肩袖和传统平裁旗袍的样板制作方法。本书的最后一个章节详细阐述了如何调整旗袍穿着后出现的各类版型问题。

**图书在版编目（CIP）数据**

高定旗袍制版技术 / 郑碧红著. — 上海：东华大学出版社，2023.6

ISBN 978-7-5669-2199-4

Ⅰ. ①高… Ⅱ. ①郑… Ⅲ. ①旗袍—服装量裁 Ⅳ. ①TS941.717.8

中国国家版本馆CIP数据核字（2023）第047662号

# 高定旗袍制版技术

GAODING QIPAO ZHIBAN JISU

郑碧红 著
出　　版：东华大学出版社（上海市延安西路1882号，200051）
网　　址：http://dhupress.dhu.edu.cn
天猫旗舰店：http://dhdx.tmall.com
营销中心：021-62193056　62373056　62379558
印　　刷：苏州工业园区美柯乐制版印务有限责任公司
开　　本：889 mm × 1194 mm　1/16　印张：11.5
字　　数：390千字
版　　次：2023年6月第1版
印　　次：2023年6月第1次印刷
书　　号：ISBN 978-7-5669-2199-4
定　　价：98.00元

contents

# 目录

# 第一章
# 概述

服装是包裹人体的软建筑，她与我们日常起居的钢筋混泥土的建筑环境不同，服装不只给身体营造了一个舒适的空间，而且还呈现着一个人的个性喜好与审美品味。一块平面的布料通过裁切和拼合，变成一个三维的立体空间（服装），它不仅与身体吻合，与人的呼吸运动共存，还要体现穿着者的气质和美感，这实在不是一件容易的事情。

服装高级定制行业约定俗成称为："高定"，它不同于标准化大生产在尺寸上尽量求同而忽略人体间的差别。高定是发现人体间的细微差别进行差别化制版，根据面料特性按照客户的不同喜好进行设计，高定追求细节的精致和整体造型的美丽。

旗袍高级定制对面料和人体的结合要求更高。作为旗袍定制师，设计上不但要有坚实的平面制版裁剪技术，还要有立裁的概念；在接待能力上，既要会分析客户需求，又要有敏感地分析和推荐合适款式的能力；在造型设计上既要有坚实的服装绘图素养，还要有敏感的色彩搭配能力。这样才能既遵循客户的身材特征，还能扬长避短，充分展现女性或优美典雅或轻松活泼的气质。

旗袍是最能体现女性美的服饰，但现实中并不是人人都有标准完美的身材，却人人都有颗爱美的心。大部分的年轻女性活动量大，身姿挺拔，脂肪和肌肉紧密；随着女性年纪的逐渐增长，若再缺少锻炼，则代谢减缓，脂肪开始堆积，皮肤变得松弛柔软，身材变得圆润，线条不再紧致。因此，对不同年龄层的人体的脂肪、肌肉组织、骨骼的形态、运动的方向都要有充分的了解，具备三维立体块面分割线条的能力，并以研究身体的细部、善于对局部细节作分析，如此，才能如庖丁解牛，掌握立体剪裁的空间感与平面的二维线条之间的关联，做出一件优良合体的旗袍。

几十年前我刚刚进入高级定制旗袍行业时，并无旗袍制版的参考等书籍，出版的旗袍书籍只适用标准体型，并没有给出特殊体型版型的处理方案和制作的补正方法。本人在经营旗袍高定工作室的多年慢慢摸索中，积累了不少旗袍高定的经验，如刚接触高定的客户怎样引导？人体测量时应该注意什么？体型不标准（如胸形不对称，臀围比腹、胸围小的情况）如何修正？高低肩如何处理？挺胸、驼背的情况下如何处理下摆？还诸如，刚制做出来的衣服，有些地方客户不满意是什么原因造成？为何试穿不合体，但自己不会看出来存在的问题，或者自己看得到问题却不知道如何解决？特殊材质的面料如何剪裁，或带着疑惑不敢下刀昂贵的面料等。相信很多从事定制服饰的朋友们都有过一样的困惑和不解，这本书对以上问题尽力给出了解答。

本书是本人在多年一线实际设计、制版、裁剪、制作工艺方面，在与客户不断地磨合中得到的一些经验总结，我把它奉献给愿意献身定制事业的同行们，作为定制路上的参考和相关知识补充。

我们在本系列《高定旗袍的细部工艺详解》一书上已经了解到传统的旗袍没有省道，沿袭的是中国传统的平面裁剪法。而现代旗袍从诞生那日起一直随着时代变化，在朝着更舒适美观、符合人体动态、展示身材和气质方面在演变，如图1–1–1所示。

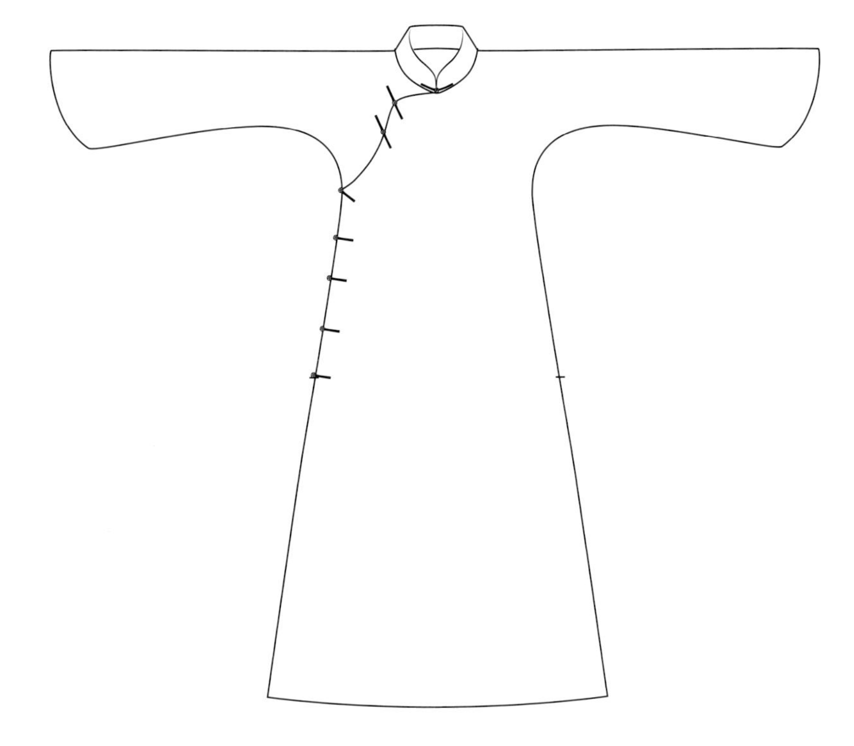

清末民初

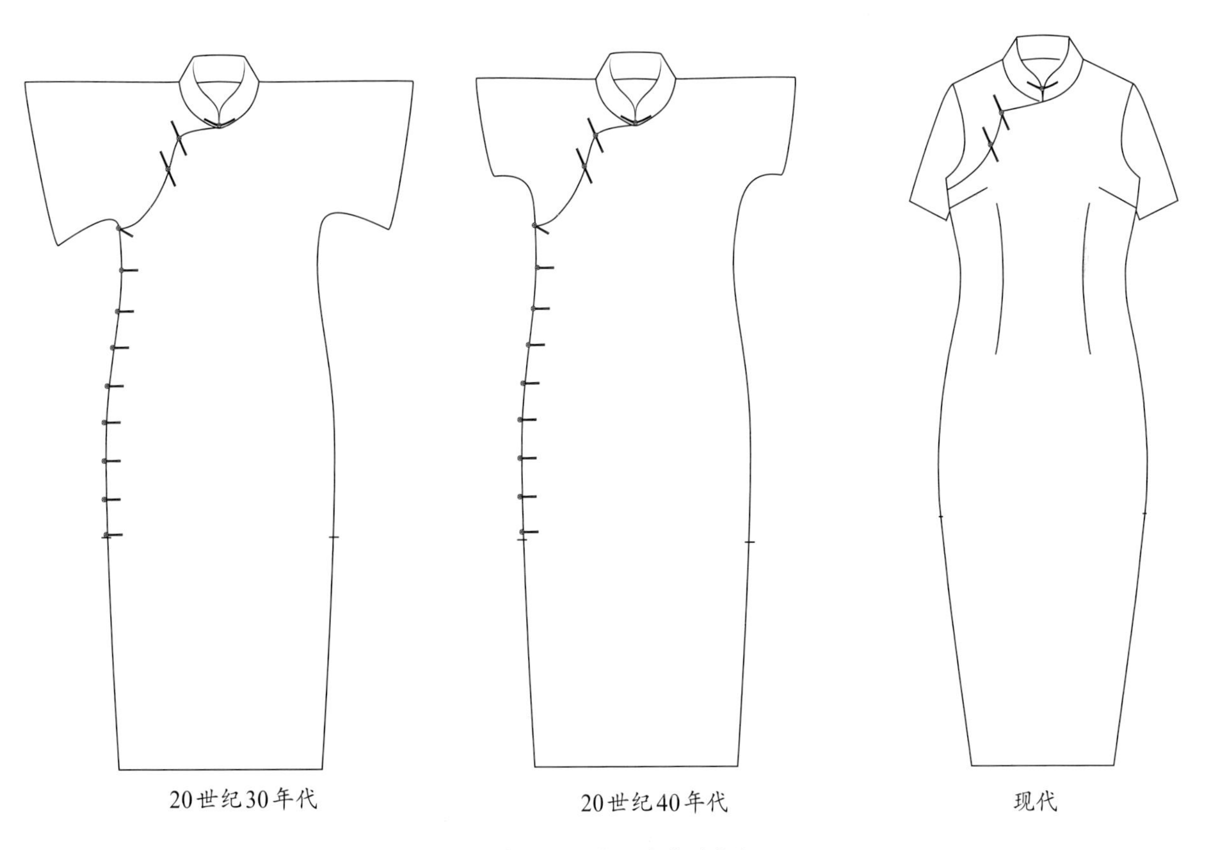

20世纪30年代　　20世纪40年代　　现代

◎ **图1-1-1** 旗袍的造型演变

传统旗袍采用平面裁剪方式，展示布料和身体之间的空间和线条美。

20世纪30—40年代旗袍成为女性服饰最流行、最典型的服饰。造型方面逐渐有了收腰，并塑造胸型，成为东方女性美的代言。

现代改良的旗袍有省道、装袖，剪裁形式丰富，既可以按照古法裁剪也可以采用西式立体剪裁，造型上丰富多彩，面料也多样，既体现出女性的形体美，穿着者也活动自如。

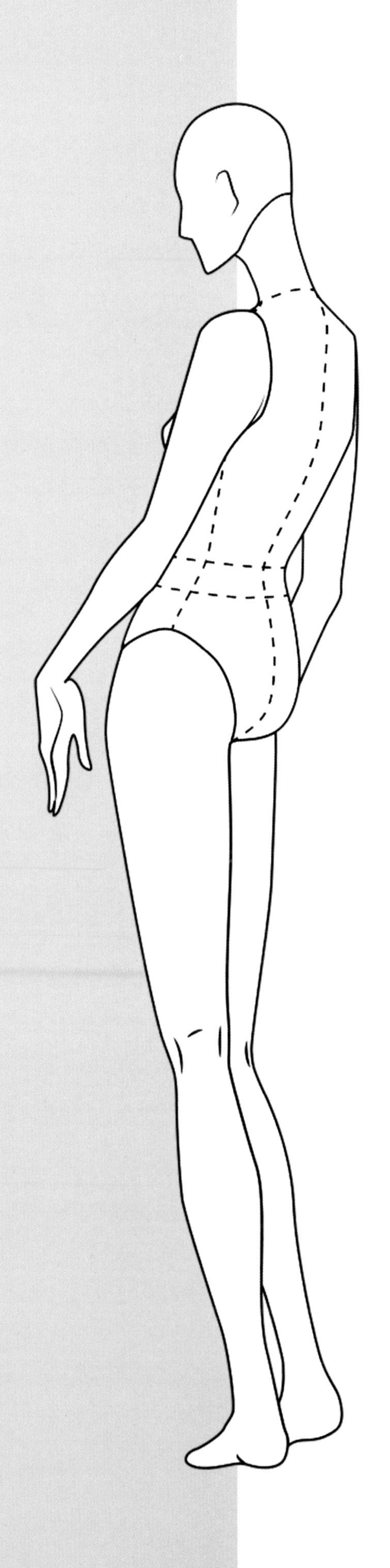

第二章

# 人体结构分析和空间感的建立

# 第一节　人体结构

穿好一件旗袍，需要按照自己的喜好选取适合自己风格和造型的款式，更需要了解自己的身体特征和旗袍构造。

旗袍的合身与否取决于面料和身体之间的结构关系是否吻合，一款合体的旗袍与人体动静配合自如，做到这一点则需要制作人对人体形态和结构有充分的了解。

人体是一个三维的空间结构，女性的身体线条柔和，骨骼外包裹着肌肉和脂肪，没有特别突兀的骨点，呈流线型。人体除了有高度、宽度，还有厚度。同一个围度尺寸里，数值千差万别，人体有薄扁体，有圆厚体，还有上半身下半身因为生长发育状况或者人种不同，分属不同类别。身体在时光里还会经历少女、成熟妇女、老年妇女的变化。因此用三维来形容人体还不够，女人体是一个结合进了时间变化的四维体，即同一个身体不同时间段的人体特征也不同。

通过平面纸样的二维线条绘图法得到的制版去吻合人体三维的构造及年龄因素形成的人体特征，从而判断衣片的线条分割、省道位置和制作上的归拔处理等方式，这需要从业者长时间的职业训练、实践经验积累、用心观察和修正技能的积累。

接下来我们来分析人体的外轮廓构造对服装设计和造型的影响。

以图2-1-1、图2-2-2所示男、女人体正常站立状态的三个方向视图为例，可以看出男、女体型特征大为不同。

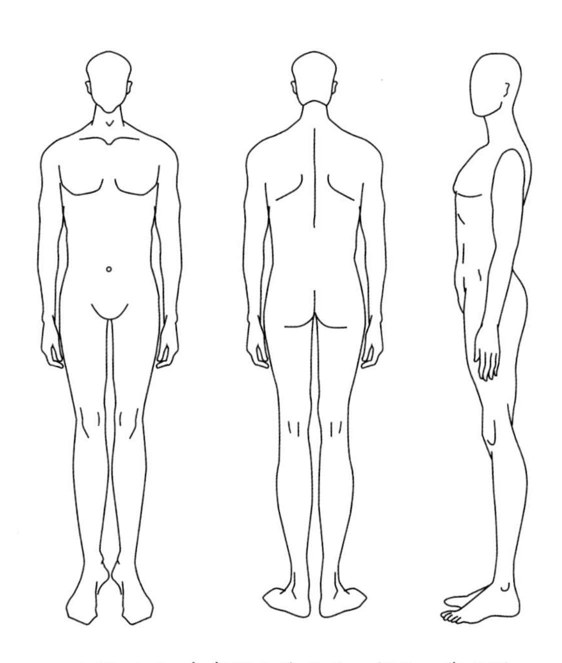

◎ **图2-1-1**　成年男人体正面、侧面、背面图

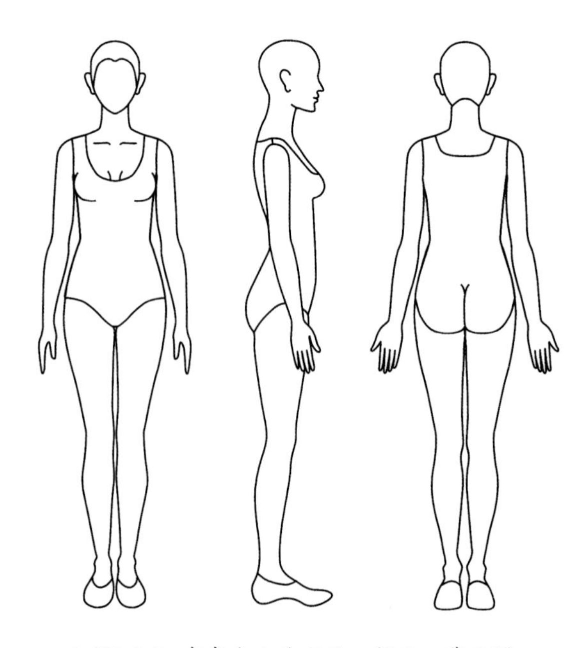

◎ **图2-1-2**　成年女人体正面、侧面、背面图

正常站姿的男人体肩宽，胯窄，骨骼明显，肌肉群发达，身体线条比较硬朗。男性的肋骨长度约为头部长度的1.5倍，盆骨的宽度几乎与肋骨相同，并且在垂直方向上长度较长。肋骨和骨盆之间的间距很窄，腰线不明显。侧面与肌肉一起凸出，腹部肌肉膨胀，并且收缩很少。肚脐离腰近。

与男性相比,女人体站立时肩略比胯大，胸部与臀部隆起。女性因为骨盆比肋骨宽，所以臀部看起来比上半身大。肋骨和骨盆之间的空间很宽，腰部在身体两侧向内收缩。肚脐离腰比较远。双手自然下垂时，手肘和腰节位置基本重合。全身被肌肉和脂肪包裹，骨点不明显，线条柔和而流畅。

女人体千变万化，因人而异。发育状况不同、不同生活饮食习惯、不同地域、不同人种等原因，呈现出各种身体特征。本书的内容是以东方女性的体型特征为主。

以标准码的尺寸为基准的正常体型做参照，东方女性常见的几种体型示意图见图2-1-3。

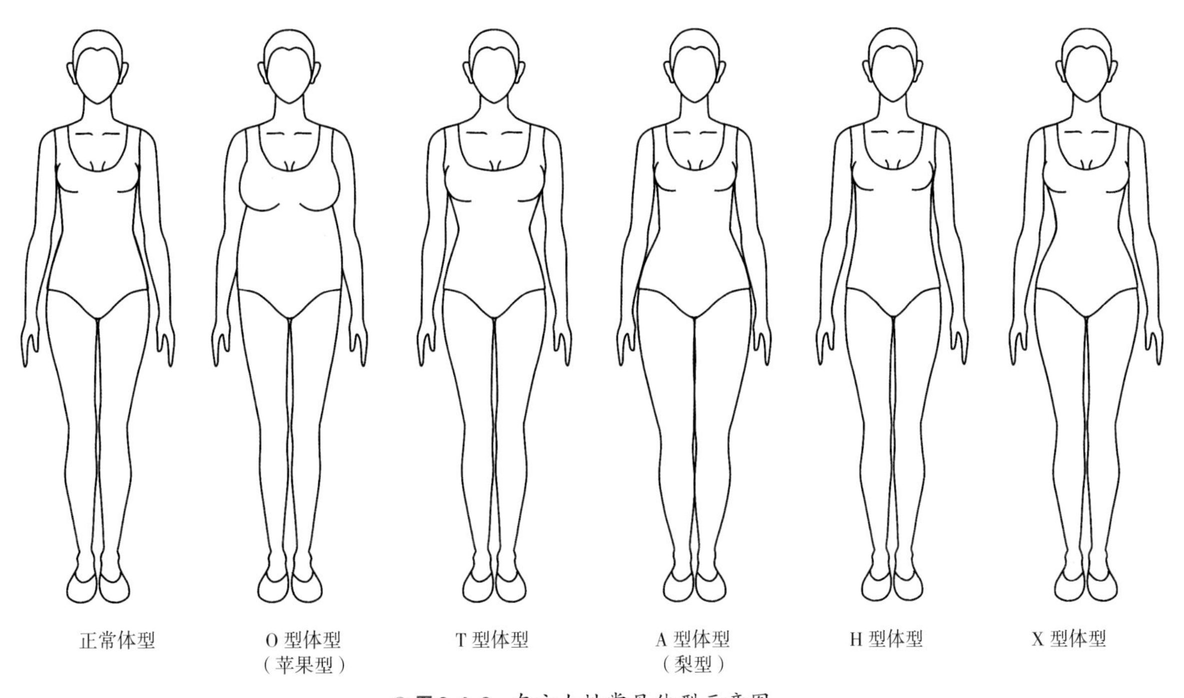


◎ 图2-1-3　东方女性常见体型示意图

### 1. 正常体型

以腰围为参照基础，胸腰差在18~20cm，臀腰差在26cm左右，臀大于胸6~8cm的体型。符合东方美学标准的比例美。

### 2. O型体型

胸围大于臀围，且腰臀对比不明显，通常表现为上半身丰满而厚实，下半身纤细，仿佛一个蛇果的造型。

**3. T型体型**

这类女人体型明显可见肩部平而宽，相对身体躯干部分窄小，犹如男性体。

**4. A型体型（梨型）**

臀围大于胸围，且差值超过10cm，就是明显的A型体型了，这样的体型通常表现为上身与下半身相差一个码以上，肩宽窄，上肢纤细，下肢壮实。

**5. H型体型**

① 壮实型的H型，胸围、腰围、腹围、臀围差不大，侧腰没有内凹的线条。

② 单薄纤瘦的H型，通常表现为胸腰差小，胸椎下收慢，臀腰差小，正面看几乎呈直线型。

**6. X型体型**

顾名思义胸部丰满性感，腰肢纤细，胸腰差和臀腰差都大于一般正常体型的差量，呈沙漏型，亚洲女性拥有这样身材的比例较小。

不同体型在设计旗袍时需要区别对待，不能只强调裹紧，尺寸的放松还需要按照身材部位的特点作不同放量的处理。

# 第二节　人体的特殊性

人体的三维构成绝非是垂直、水平和纵深三个方向的叠加，人体站立时身体各个部位的倾斜角度，更增加了身体的变化性，组成千姿百态的人体。

以人体中轴为中心，人体躯干部位在各纬度上具有不对称性，纵向上表现为腰节长短不一、臀围高低不等都影响身体外形。如此复杂的曲面关系在笔者这么多年从事服装定制，亲手量过不下6 000名女性的身体，哪怕三维尺寸相同，也是很难遇到形体非常接近的体型。

而针对不同的人体，再加上面料、年龄，职业、习惯、场合、喜好的要求，制作出来的服装也是完全不同的，精确地说一人一版还不够，一衣一版才足够体现每件服装跟人体之间的合理性。下面来分析一下女性身体实际出现的各种样态。

## 一、人体站立时身体各部位角度的观察

成年女人体站立时身体的正常倾斜角度线见图2-2-1。

正常人体站姿时，脖子略向前倾斜，上半身躯干略向后倾斜，盆腔略朝前倾，人体的重心落在脚掌中间。实际生活中由于每个人站立时各部位倾斜角度不同变化出各种体态，在旗袍制版制作中需要作相应变化和调整。

假设把一个标准尺寸的女性人体按照后腋点、胸、腰、腹、臀五个主要形成女性体征的部位做裁切切片，得到图2-2-2不同颜色的五个切面。

① 以腰为基础面，分别把上半身和下半身的横切面叠合，女性人体横切面示意和叠合效果 见图2-2-3。

② 以腰部横切面中心为轴心，注意肩膀的前冲和后展，胸部、腹部、臀部的位移带来的体型的显著变化：前倾和后仰姿态的身体部位位移后的变化比较（图2-2-4）。前倾和后仰都会带来纵向上皮肤和骨骼的延长和折叠，反映在衣服上为前起吊（肩后展，身体后倾）和后起吊（肩前冲、含胸、驼背）。

③ 以腰部截面的中心为轴心，如果站立时脊柱带动的倾斜角度不同，横切面的这4个部位可以看出叠加的位置也不同，身体会向前后或者左右偏移。左右偏移的情况：a.身体朝前侧倾（脊柱扭转）；b.身体向一边侧弯。从横切面上看中心线对不齐，各部位有偏差。形成高低肩、脊柱侧倾等问题，反映在服装上有穿不正、一侧起绺等诸多问题，详见图2-2-5。

④ 人体的厚薄变化。除了常见的脊柱倾斜和扭转，人体在厚度不同情况下切面的体征状态也是完全不同。圆体型的人通常骨架窄，腔体厚。同样围度尺寸的情况下，圆体型人的身体表面要比扁体型的人表现为起伏更大。人体因为厚度和宽度的不同呈现出的体型完全不同，在制版处理方式上也不同。圆厚体型的胸下、后腰省道更大，扁体型的人则可以均匀分布在各个剖缝线上。

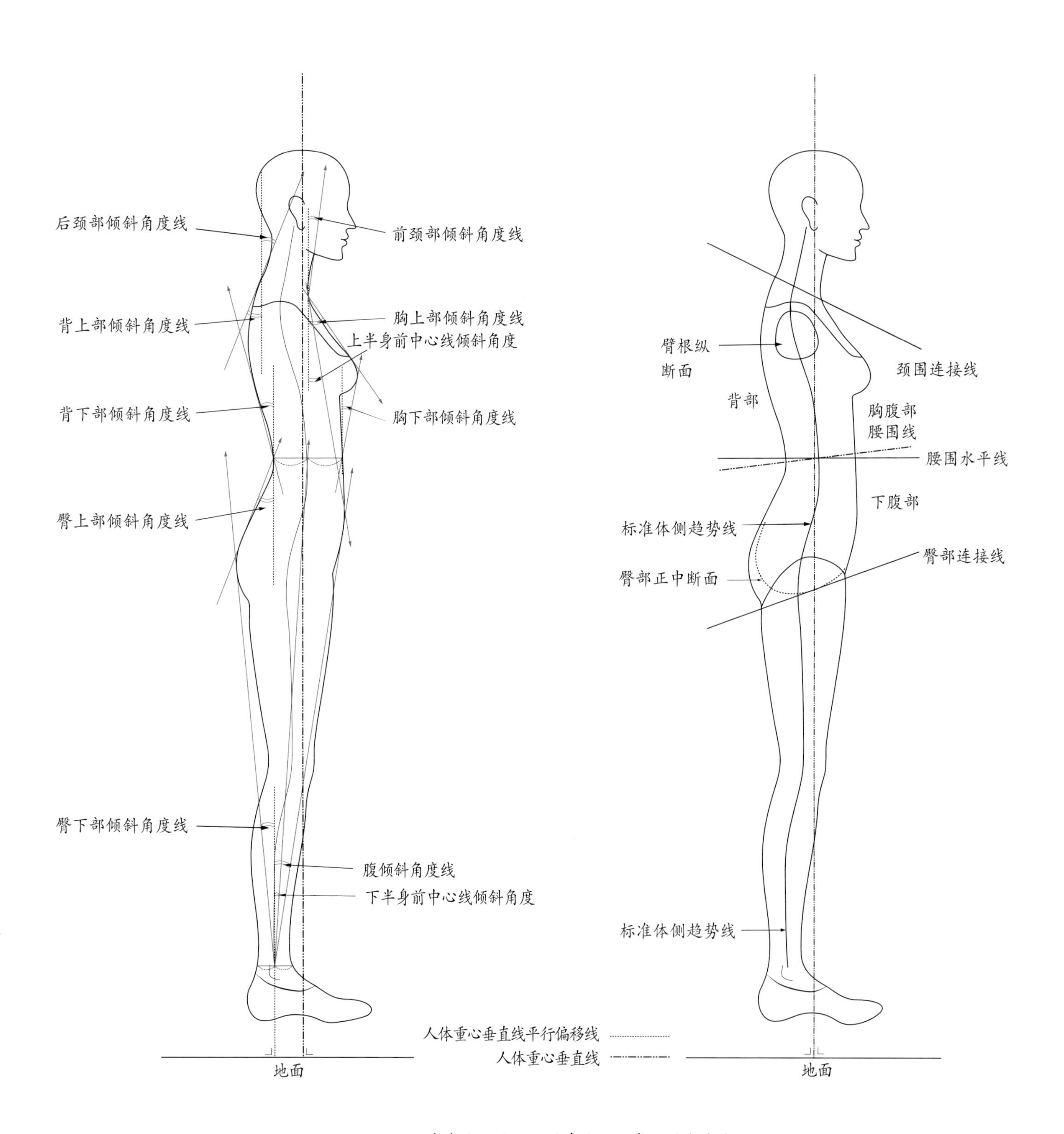


◎ **图2-2-1** 成年女人体站立时身体的正常倾斜角度线

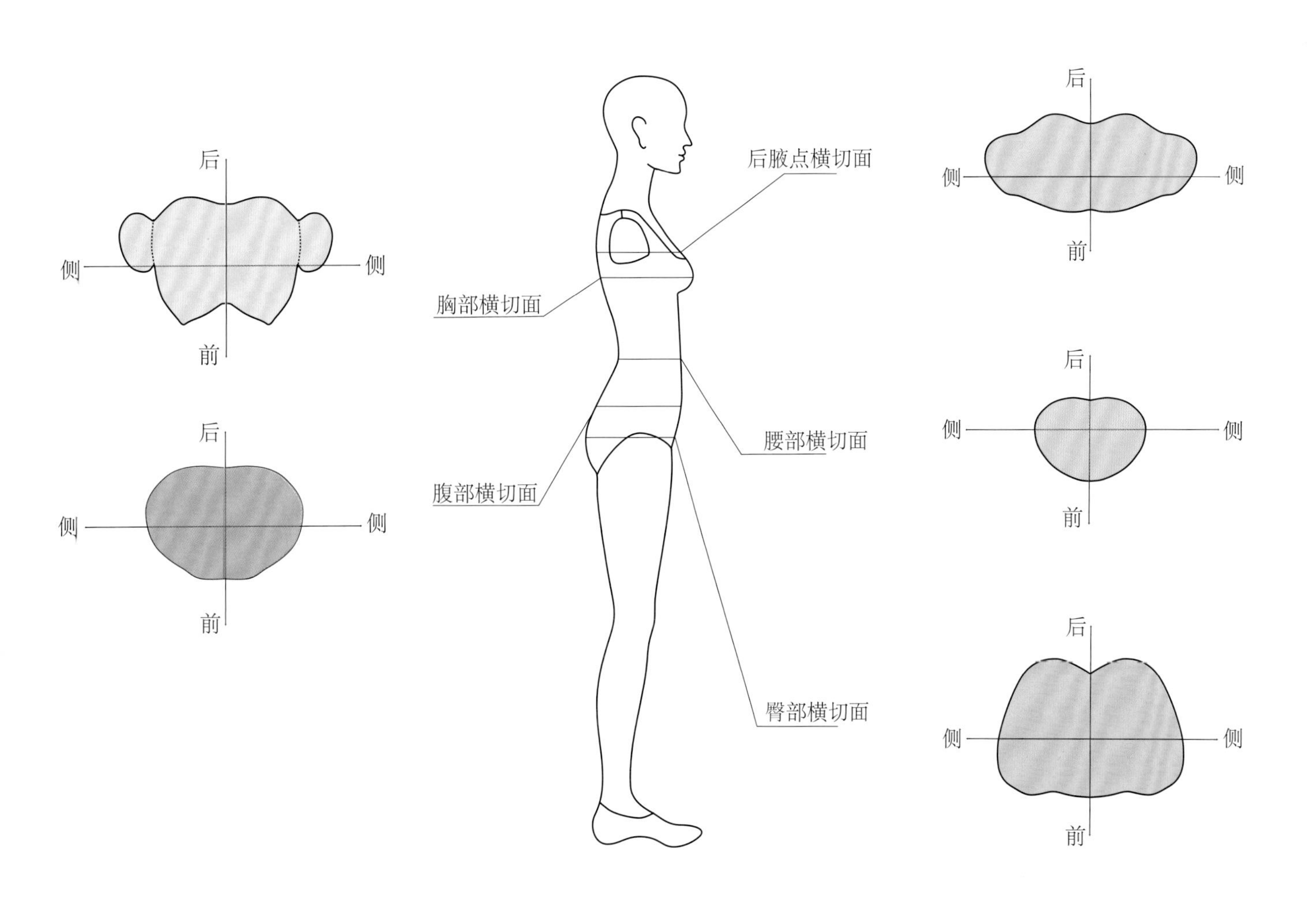


◎ **图2-2-2**　人体的后腋点、胸、腰、腹、臀五个切面图

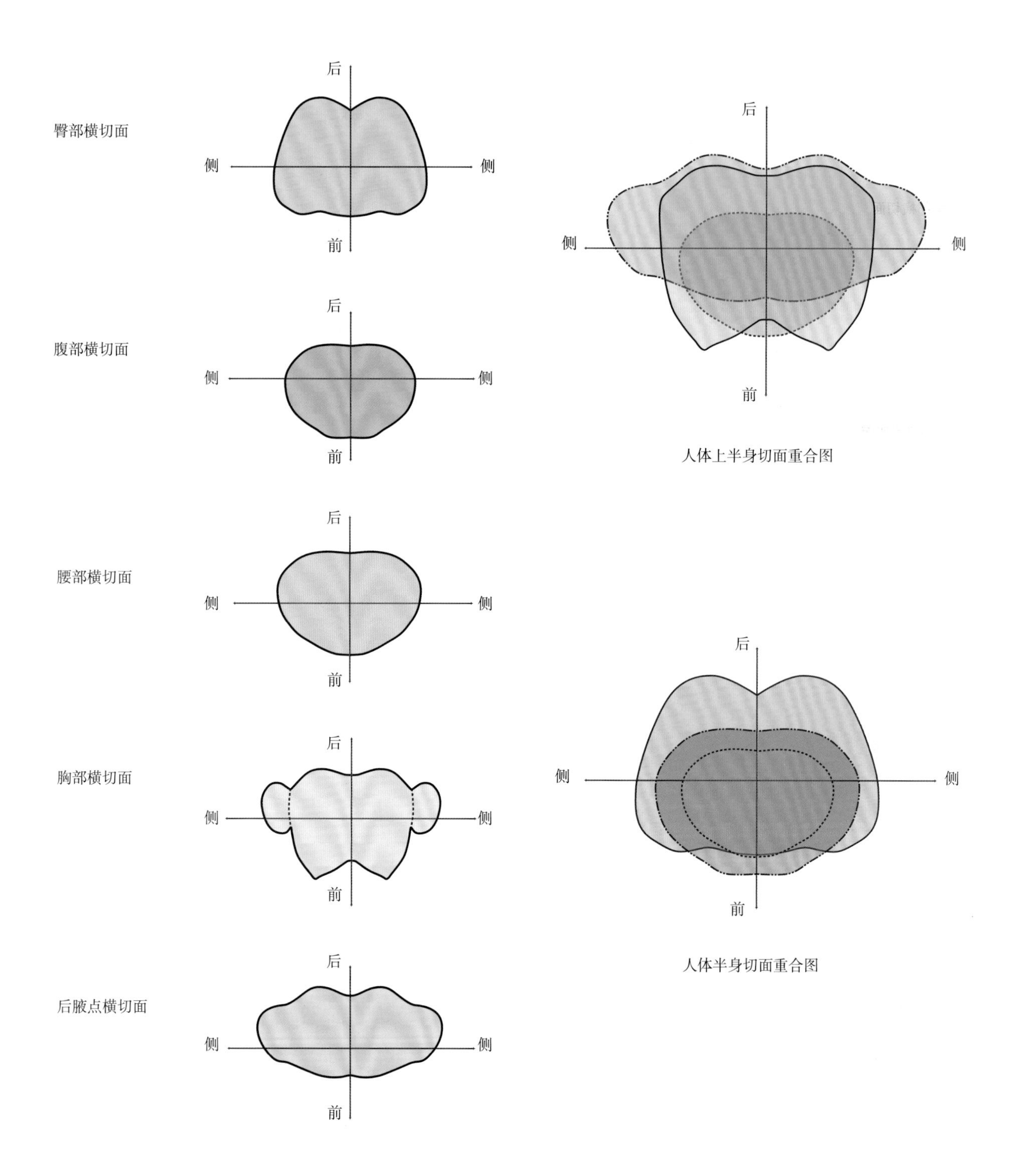


◎ **图2-2-3** 正常体各部位横切面及重合图

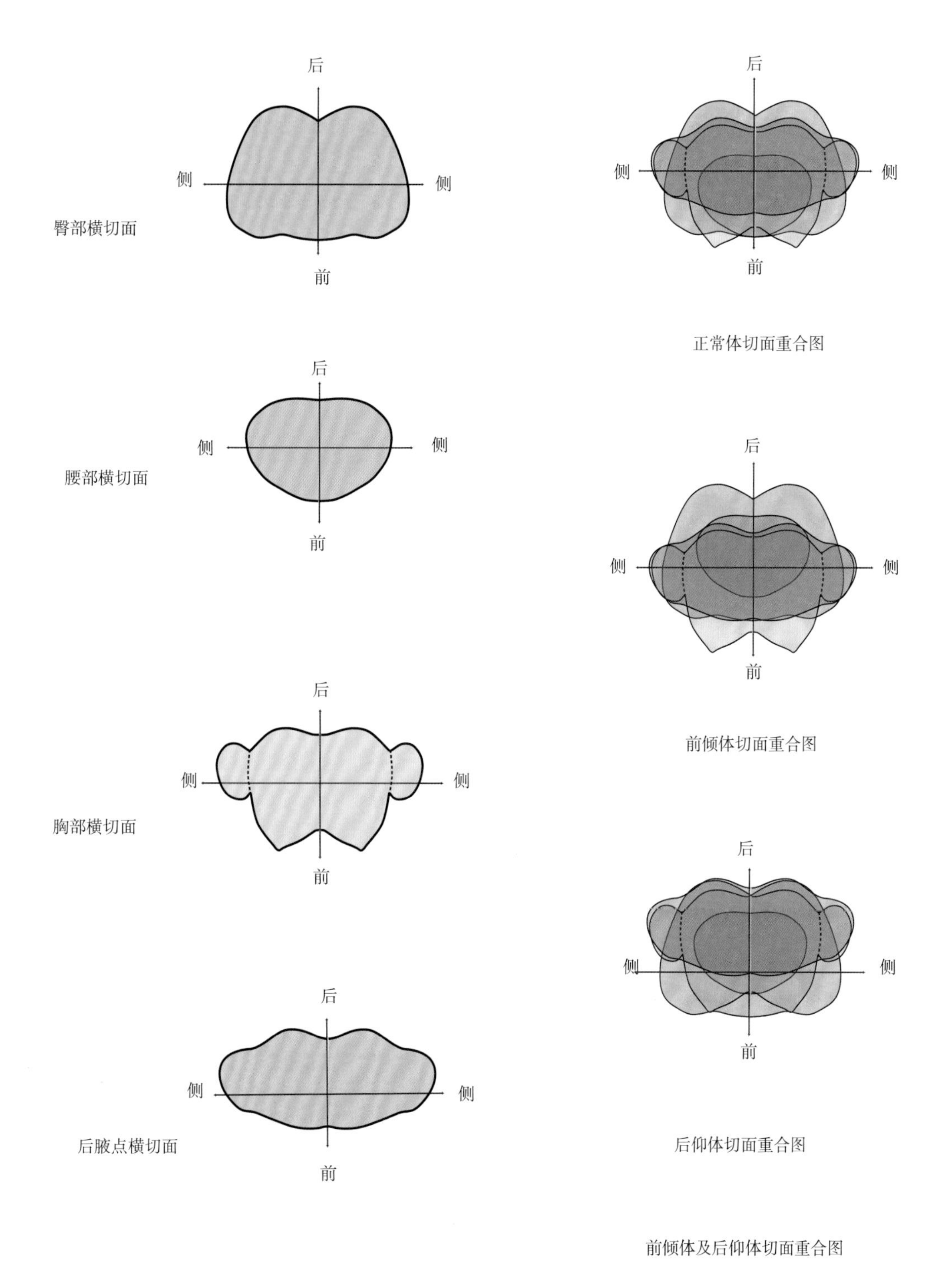


◎ **图 2-2-4**　前倾体及后仰体切面重合后的变化

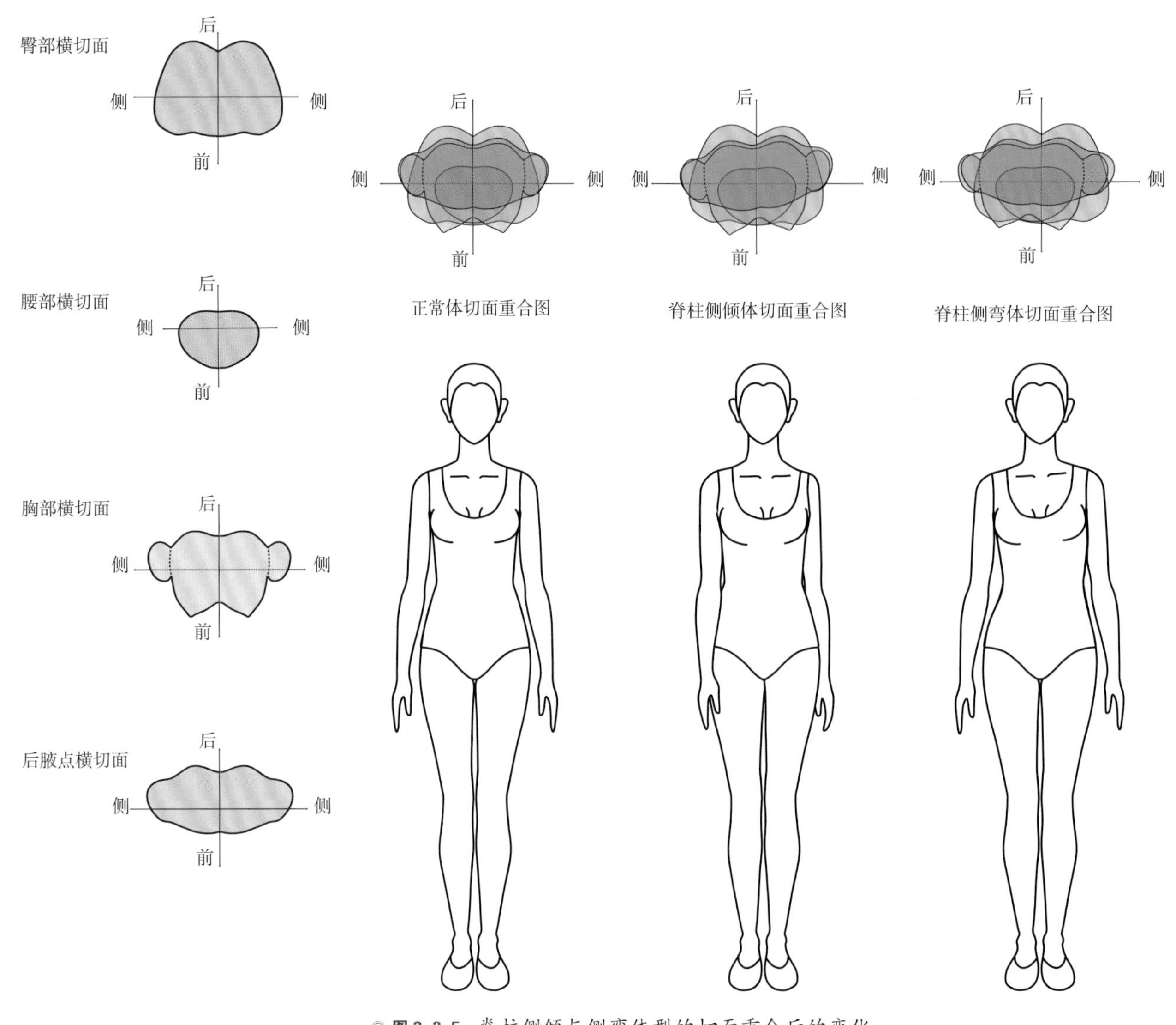


◎ **图2-2-5** 脊柱侧倾与侧弯体型的切面重合后的变化

**1. 圆体体型的横切面分析（图2-2-6）**

圆体体型的人体骨架不大，脂肪和肌肉将骨骼包裹得厚实。正面看宽度不大，但是有厚度。测量尺寸上的特征为胸宽小、胸围大。

**2. 扁体体型的横切面分析（图2-2-7）**

扁体体型的人骨架宽大，脂肪分布薄，正面看肩、髋骨等较宽，侧面看比较扁，实际测量时尺寸也不见得特别大。正因为偏体体型隆起不明显，需要注意省道量不能集中，而是要均匀分配。

测量尺寸上的特征为：胸宽尺寸大，胸上围与胸围尺寸接近。

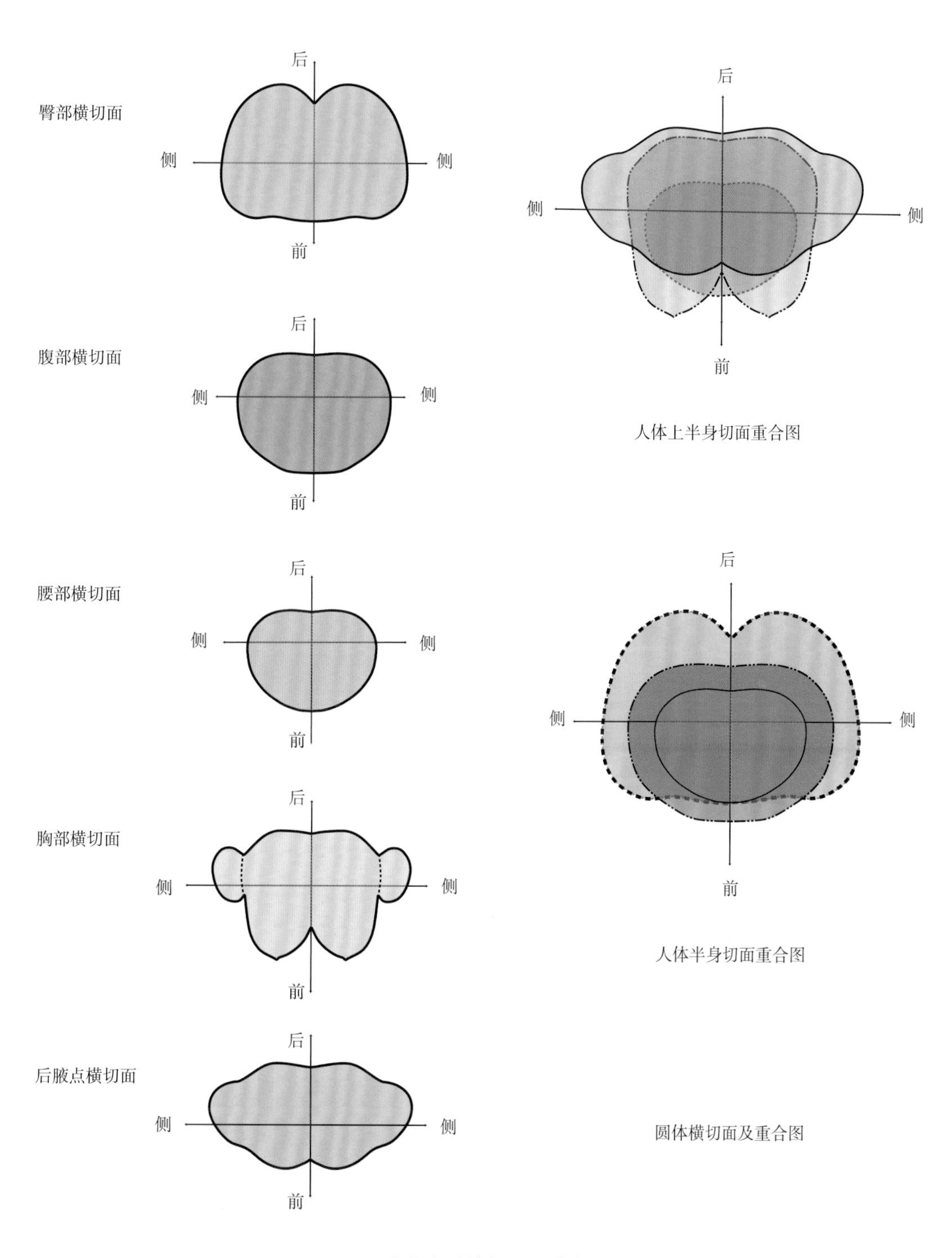


◎ **图2-2-6** 圆体体型横切面及重合图

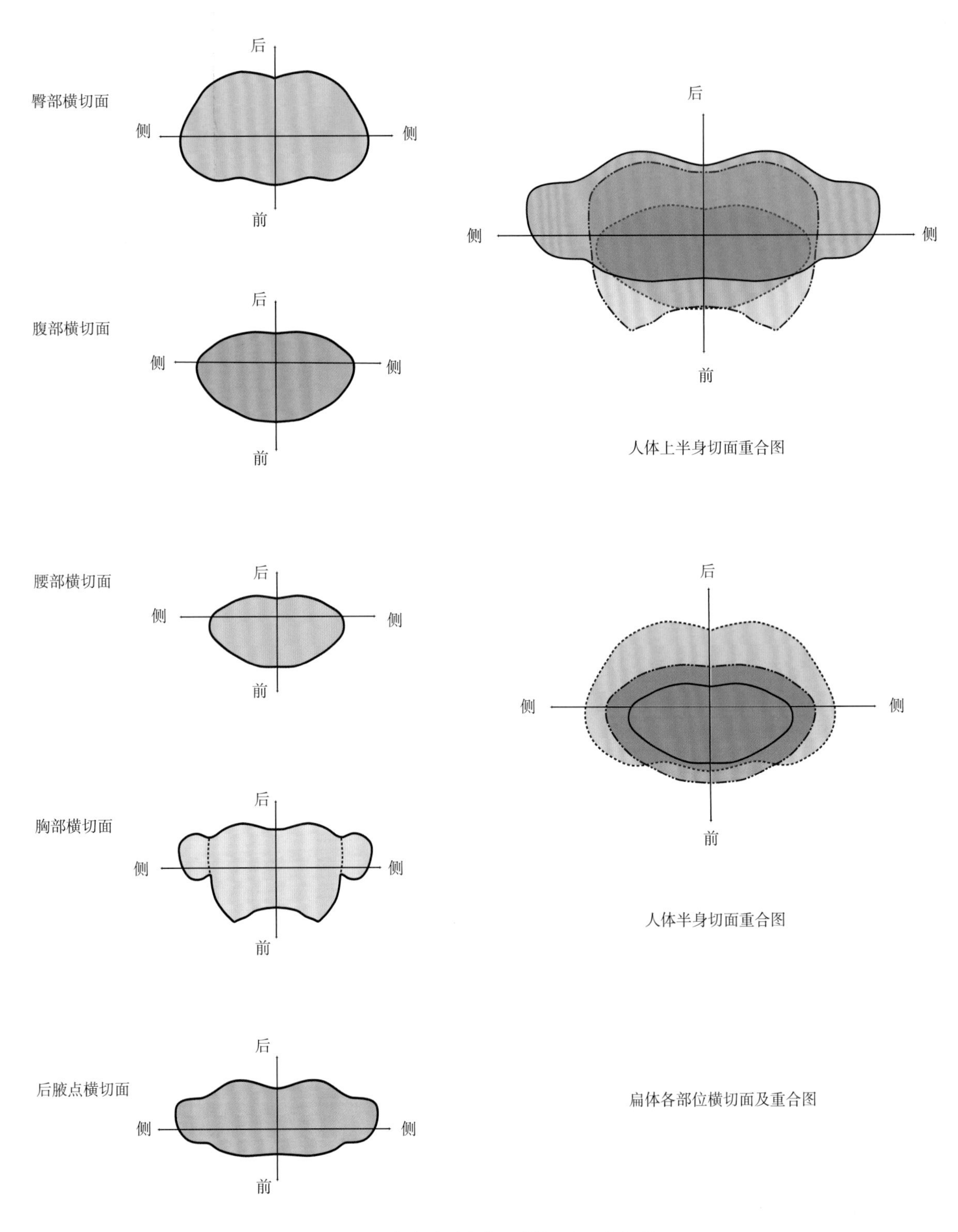


◎ **图2-2-7** 扁体体型各部位横切面及重合图

## 二、人体直立时身体的立面视图的区别

量身除了观察人体脊柱的变化、体型的圆扁，还要判断习惯性的站立状态，这对前后片侧缝的分割和前后片长短分配起着非常重要的作用。用站立时的正面和侧面图片可以更清晰地说明身体的各种变化。

**1，站立的侧视图（图2-2-8、图2-2-9）**

①① 前倾体型：脖子前倾，挺胯含胸，下半身身体由足跟开始前倾。

② 后仰体型：两肩后展，上半身挺胸挺胯后仰，后腰受挤压。

③ 驼背体型：驼背含胸的人体可见胸椎、颈椎部位向前拱起，背部覆盖有比较厚实的肌肉和脂肪，此类人体的颈椎曲度与脊柱一样向前、向下倾斜，注意裁片纸样的前后衣长需要反向调整，前短而后长。

④ 胸部部位变化引起的常见偏差

a. 胸部平坦体型与胸部饱满体型变化见图2-2-10、图2-2-11。

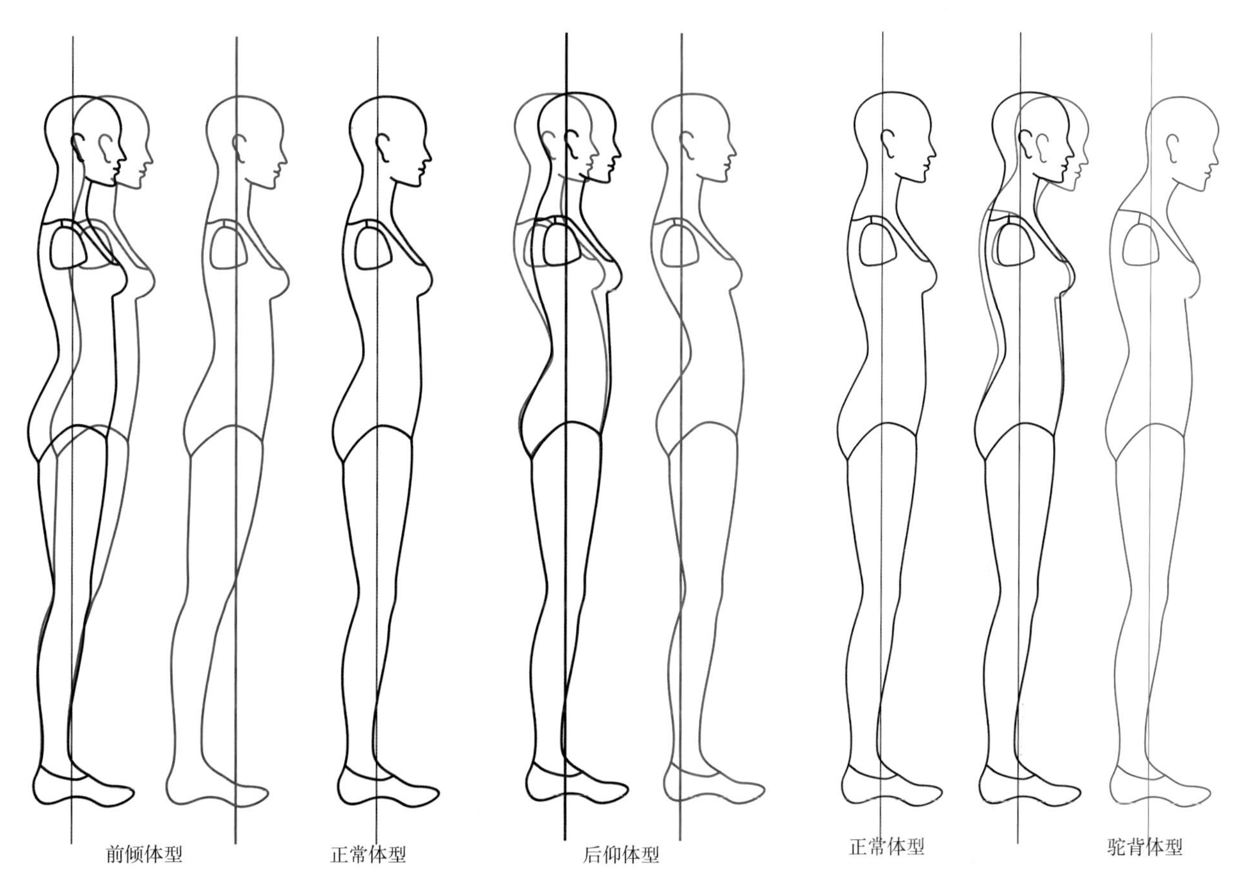


◎ **图2-2-8** 前倾体型、后倾体型与正常体型对比示意图

◎ **图2-2-9** 驼背体型与正常体型对比示意图

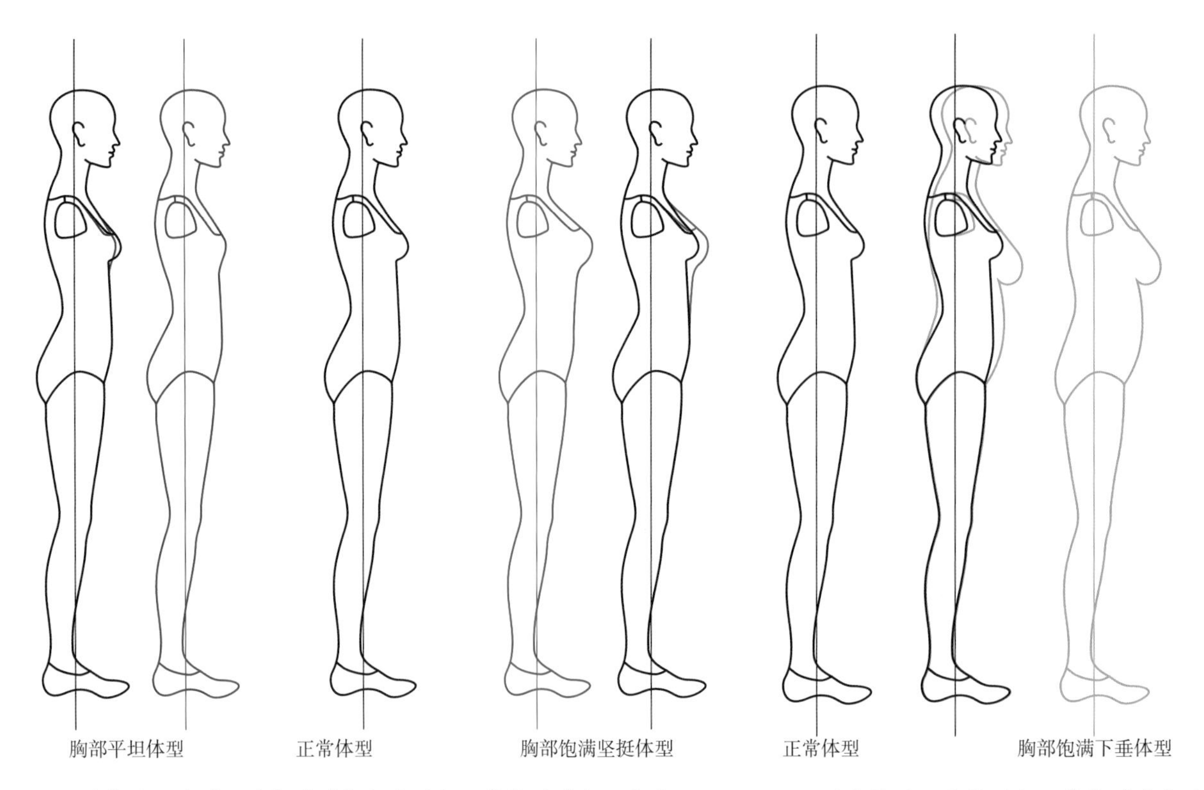


◎ **图2-2-10** 胸部平坦体型、胸部饱满坚挺体型与正常体型对比示意图　◎ **图2-2-11** 胸部饱满下垂体型与正常体型对比示意图

b. 胸部外扩体型与聚拢体型（女性除自然状态外，胸部的形态会因紧身内衣或运动型内衣的不同而改变胸型）见图2-2-12。

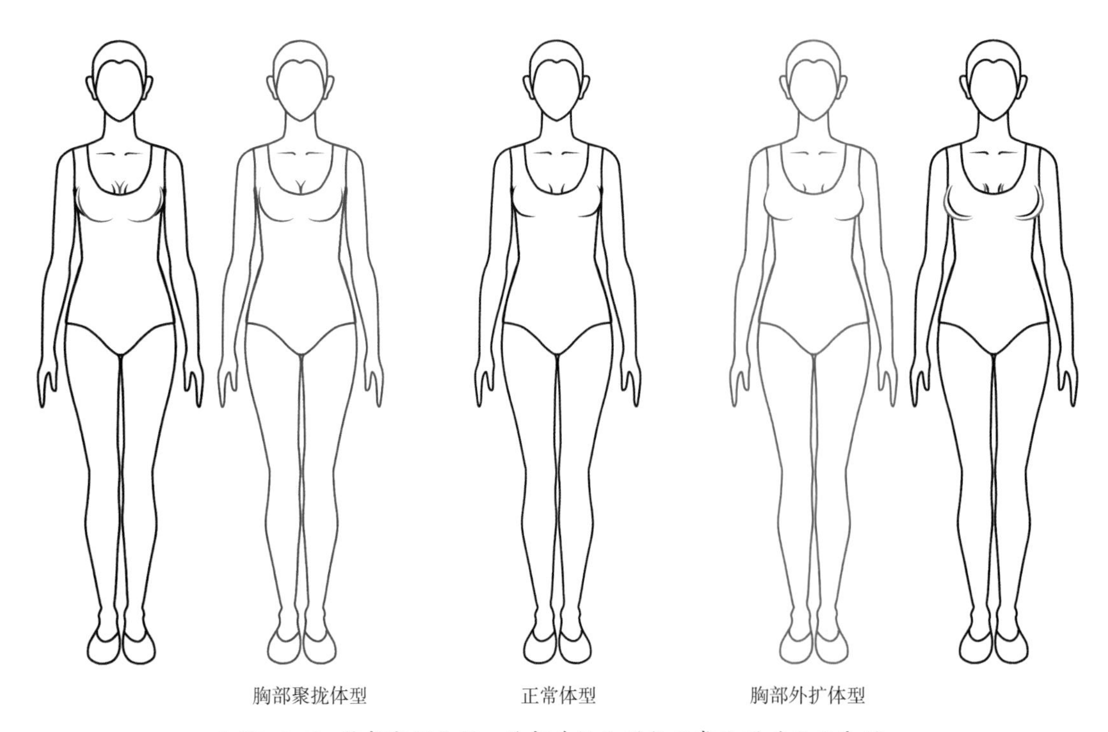


◎ **图2-2-12** 胸部聚拢体型、胸部外扩体型与正常体型对比示意图

**2. 脖子的形态**

脖子形态可分为扁脖和圆脖，见图2-2-13。图中圆形横切面图示的虚线为上颈围一周，实线为脖根一周。脖子形态的不同也造成虚实线在一起的造型不同。

领在旗袍的造型上非常关键，所以脖型的测量和观察也需要认真对待，在尺寸接近的情况下，扁脖的脖根粗，前后呈扁圆形；圆脖的脖根窄，前后呈椭圆形。

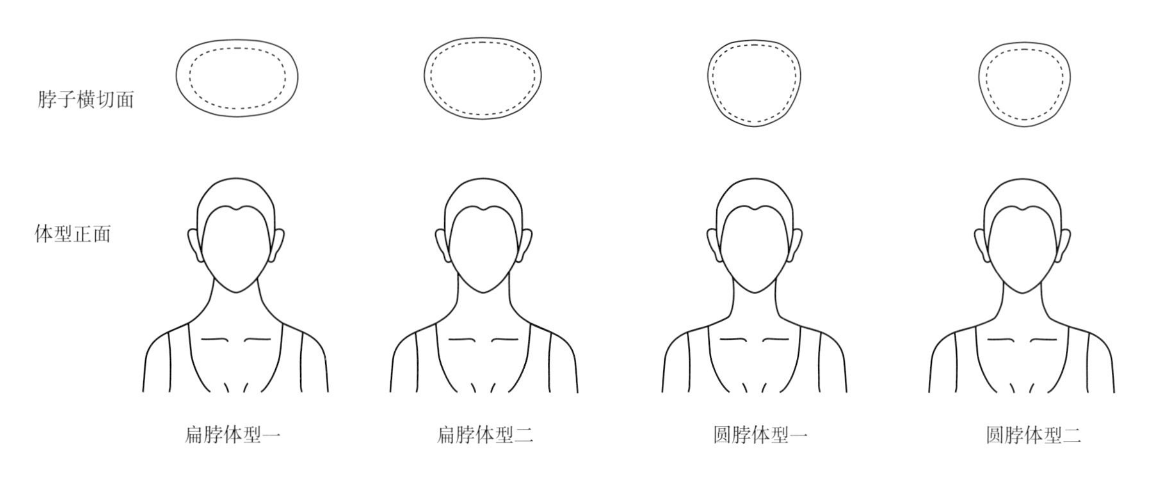


◎图2-2-13　扁脖与圆脖横切面与正面示意图

脖根粗大和纤细在横开领的尺寸处理上不同。圆脖体型的领圈：横开领小、直开领深；扁脖体型的领圈：横开领大、直开领浅。脖根围、颈围相差不大的，领子纸样的起翘量小。脖根围、颈围相差大的，领子纸样的起翘量大，见图2-2-14

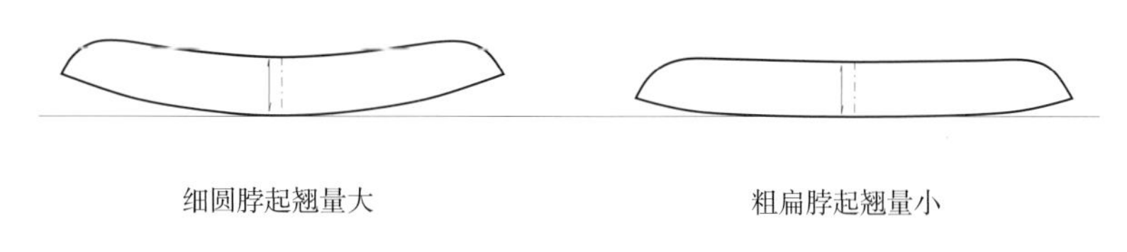


◎ 图2-2-14　细圆脖与圆脖起翘量的不同

**3. 腰腹部的变化**

图2-2-15所示为腰围上部分胃凸，腰围下半部分腹部凸起情况。胃部隆起或者下腹凸起，对前片大身的省道线会产生巨大的影响，甚至会出现异形省道，这在本书的特体制版中会有图示。

**4. 臀围的不同形态**

臀围的不同形态见图2-2-16。臀围形态不同造成的体型变化：a. 臀塌，后脊柱线曲线起伏不明显；b. 臀翘，后腰凹。

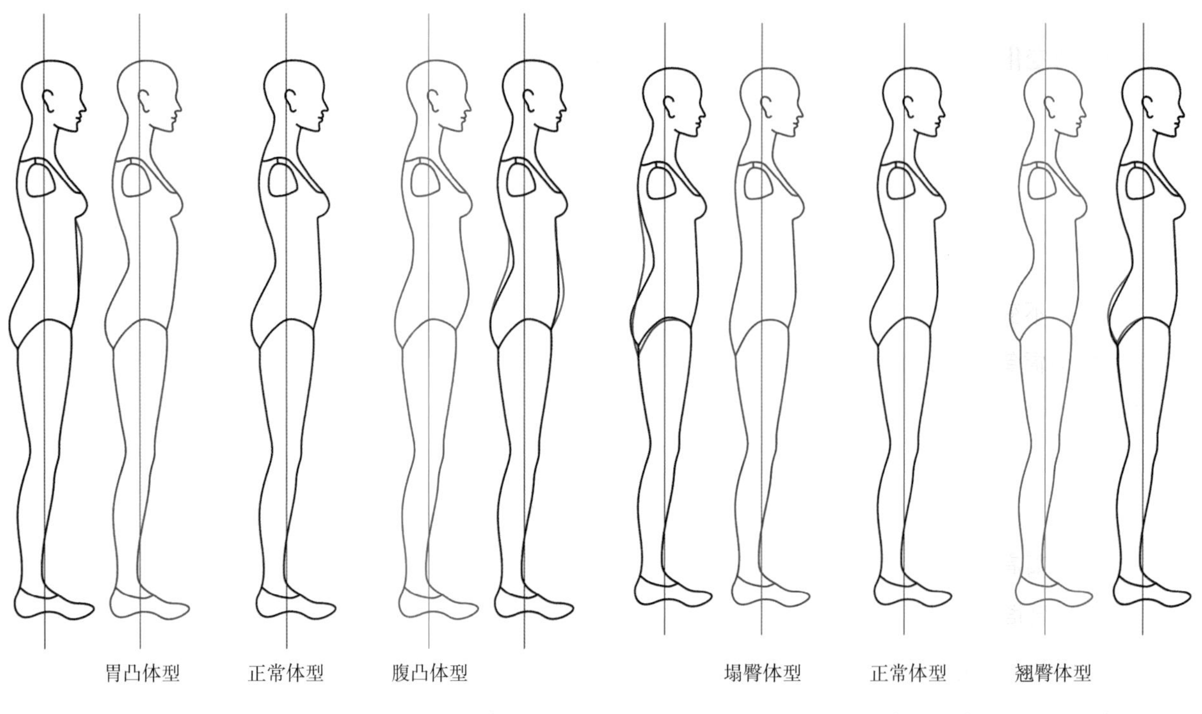


◎ **图2-2-15** 胃凸、腹凸体型侧面示意图

◎ **图2-2-16** 塌臀、翘臀体型侧面示意图

**5. 腿形的变化**

腿形的变化见图2-2-17。大腿根部肌肉凸出的体型，需要量臀下围做参考；小腿肌肉发达的体型后衣片处理时需考虑小腿肚的凸起会引起旗袍后片下摆被小腿肚顶起后两侧向上起绺问题，需减短后片后中长而达到问题的解决。

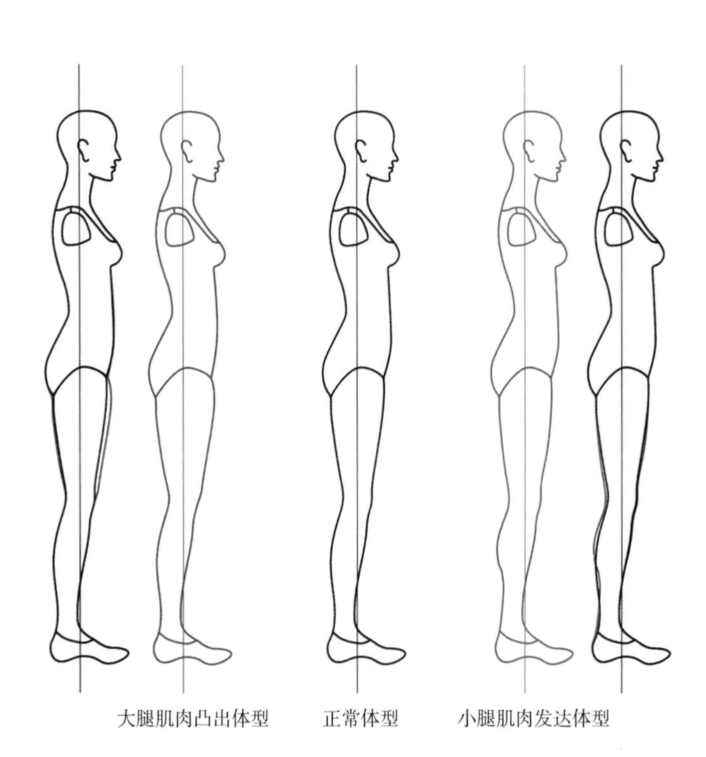


◎ **图2-2-17** 大腿肌肉凸出、小腿肌肉发达体型侧面示意图

### 6. 肩部的变化

肩膀在人体着装中是非常重要的部位，是衣身和袖衔接的部位，设计师需要清晰地了解、判断肩部的形态从而得到制版制作调整的依据。

（1）高低肩（图2-2-18）

长期不变坐姿、背包、使用左右手、翘二郎腿的习惯等都能引起高低肩，高低肩的人穿着旗袍很容易造成一侧腋下堆积，后片颈后不平等问题，必需要在制板中进行调整，并分左右肩单独画样制板。

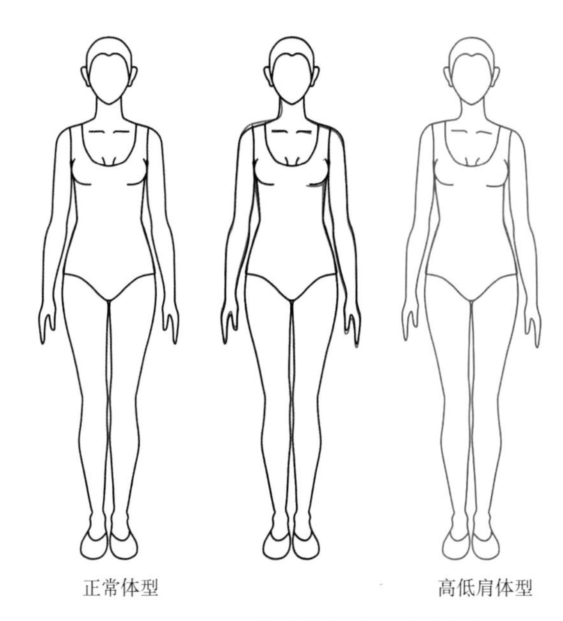


◎ **图2-2-18** 高低肩体型正面示意图

（2）溜肩、中凹肩和平肩（图2-2-19）

溜肩是指两肩外端点垂角较大；平肩是指肩的外端点和肩颈交接处接近水平状态；中凹肩的人一般都比较瘦，因为锁骨窝比较深，没有脂肪和肌肉填充，在肩膀中部形成一个明显的下陷。

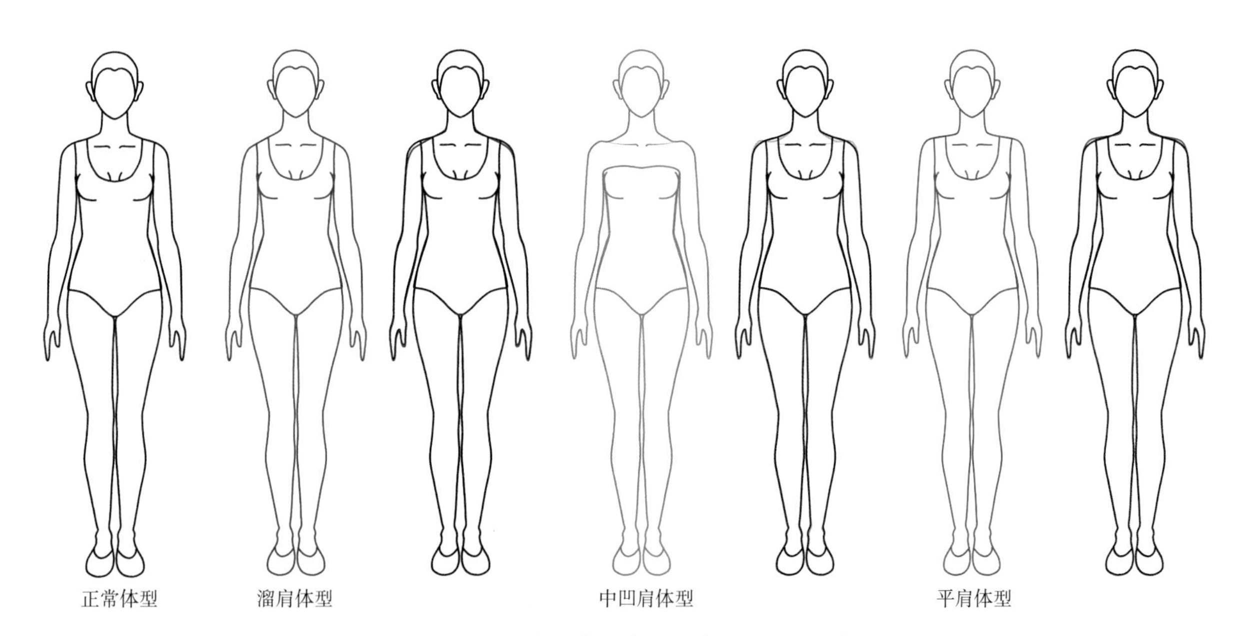


◎ **图2-2-19** 溜肩、中凹肩、平肩体型正面示意图

（3）前冲肩和后展肩（图2-2-20）

肩胛骨前冲与前胸形成一个盆地，这样的肩型称为前冲肩。两肩向后胸椎前突的体型称为后展肩，肩部前后变化的体型结构对制版非常重要，是上半身衣服服贴程度的关键。前冲肩的体型，穿着普通的成衣容易造成前胸两腋部分有堆量，肩膀后展的体型又容易造成前片绷紧，后背起鼓包的问题。

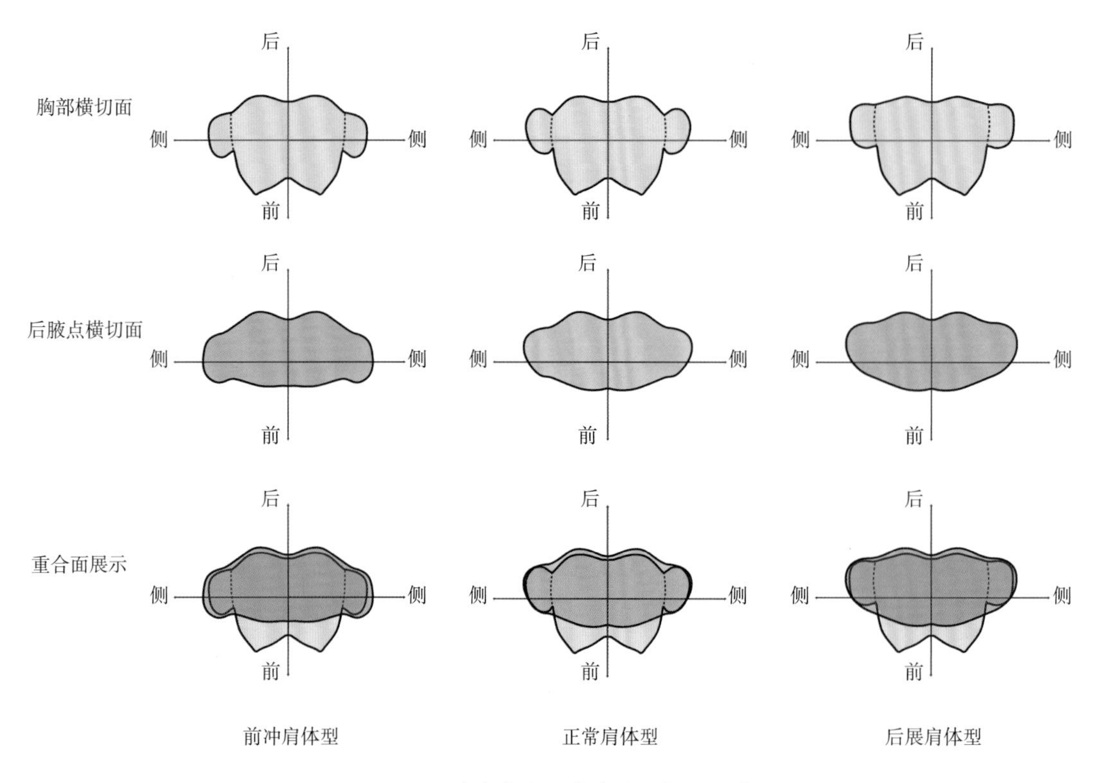


◎ **图 2-2-20** 前冲肩和后展肩平面切面示意图

**7. 后背长短的变化（图 2-2-20）**

后腰节长短决定腰节线的高低，制板上也可以通过调节腰节长短来达到体型上的平衡和美观。

熟悉了人体的基本形态和站立姿态不同后，在旗袍裁剪制衣的过程中，要注意制版上的值并非完全是测量数字，因为穿衣还有满足呼吸、饮食、运动以及穿衣习惯的需要，所以面料和皮肤之间还有一定的松量，而且每个人年龄、体感、喜好不同，放松尺度也要仔细考虑。

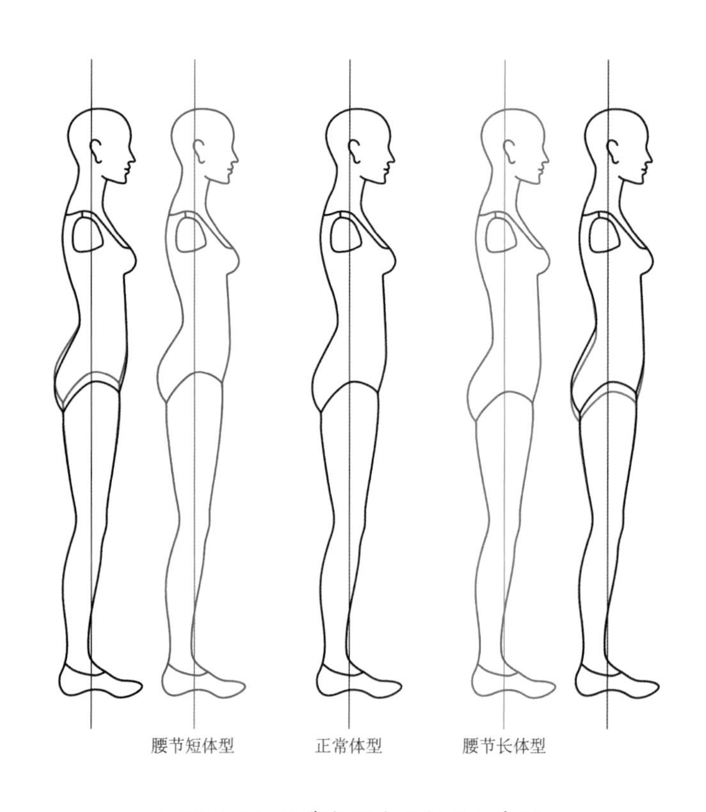


◎ **图2-2-21** 后背长短变化侧面示意图

## 第三节　一件好的旗袍需要满足的外形要求

◎ 图2-3-1

① 圆角前领的下方有0.5~1cm的直线，以保证领口的密合性。

② 大襟：大襟和小襟要与裁剪线完全对合，有花纹、图案、条格的情况下需要对条、对格、对图案，不破坏整体感。

③ 省道：胸省通常在腋下，缝合后省道线要求光洁、平滑，省尖不起包；腰省拔开，使之贴合身体的起伏；胸省与腰省对合处面料不起窝。

④ 侧缝：沿身体曲线起伏，腰节贴臀围处不起空鼓。

⑤ 开衩：站立时前后片如贝壳般相向闭合，开衩口上端封止口线襻。

⑥ 下摆：平整，不外翻，里布不吐。

⑦ 小襟：与大襟对称，抬手时不变形，不与大襟分离。

⑧ 侧缝拉链（或扣）：齐整，不露齿，不带紧面料造成起吊，前后片对齐。

⑨ 腋下扣：扣住是对角45°，起到带紧大身的作用。

⑩ 后腰：贴合人体起伏，不落空，不紧绷。

⑪ 后领：贴脖，不可后仰。

⑫ 袖子：无袖的袖窿要包合人体夹圈一周，不夹紧，不露腋窝肉，见图2-3-2。装袖的旗袍袖吃势均匀，袖山饱满，袖肥松量合适，袖子如手臂自然形态，并略前倾，见图2-3-3。

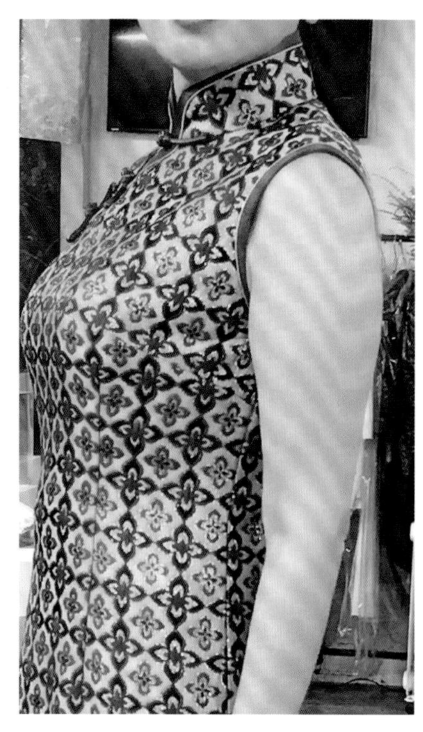

◎ 图2-3-2-1 不露腋窝肉

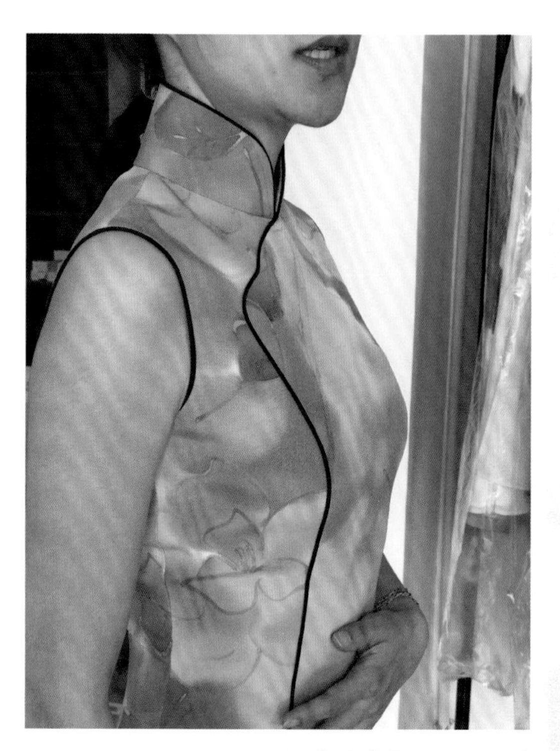

◎ 图2-3-2-2 不露腋窝肉

◎ 图2-3-3-1 袖子如手臂自然形态，略前倾

◎ 图2-3-3-2 袖子如手臂自然形态，略前倾

第三章

# 人体尺寸的测量

# 第一节 尺寸测量在旗袍高级定制中的重要性

◎ 图3-1-1 客户试样衣图

## 一、旗袍制作前的观察、问询和试样衣

试样衣：预先准备各种类型的样衣、整洁安静的试穿环境、更衣量体的房间（图3-1-1）。

客户到店后，先进行三围的尺寸测量，然后选择几件合适尺寸和款式样衣让客户试衣。通过试衣判断客户的喜好，包括面料、色彩、长短、松紧程度等，并以此来推荐合适的面料和制作方案。

推荐面料的基本要点：腰、腹围脂肪松软的客户，不适合推荐光滑柔软的缎面，适合略硬朗易塑型的材质。身材瘦小的客户不建议选花朵过大面料和粗格纹面料，宽肩体型的客户不建议选择明显粗条纹、大方块图案面料等。

## 二、客户尺寸的采集测量

体型的精准判断和身体尺寸测量是旗袍定制的最重要一环，测量尺寸的准确程度直接影响到后期的制版和制作结果，俗话说衣不差寸，原本净身尺寸和旗袍的围度空间一圈的松量只有3~4cm，一旦测量有误差，就意味着制版建立在错误的基础上，成衣后不光增加许多的修改工作，也给客户带来不好的体验感。所以一般要求有制作经验、对人体有观察能力的量体师进行尺寸测量。

人体测量需要了解的各部位和名称见图3-1-2。

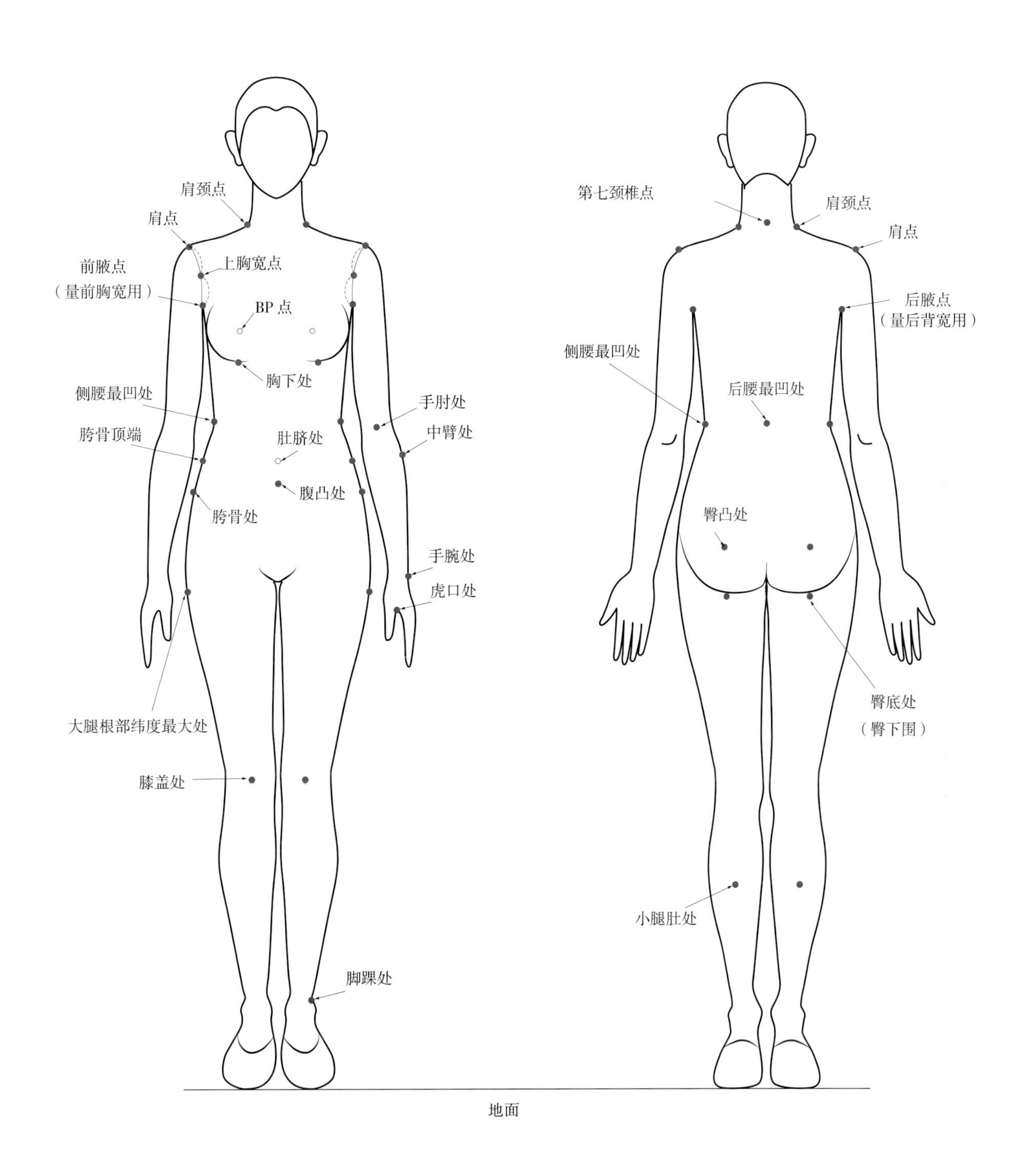


◎ **图 3-1-2** 人体测量需要了解的各部位名称示意图

# 第二节　旗袍高级定制需测量的人体部位尺寸

## 一、高定工作室旗袍尺寸单（图3–2–1）

本尺寸单除了记录客户姓名、电话、身高、体重等基础信息外，重点要记录采集的客户的部位尺寸。

尺寸表有两栏：测量尺寸（净尺寸）和成衣尺寸。净尺寸是客户在身穿适当的内衣裤、正常呼吸自然端立的状态下测量所得。成衣尺寸是按照客户日常穿衣的松紧度喜好和不同面料特性而得出的实际裁剪尺寸。

基础制版的三围尺寸放松量参考：胸围的净尺寸加入放松量3~4cm（无袖的旗袍胸围放松量略小，为2~3cm），腰围放松量为3~4cm，臀围的尺寸加入放松量3~5cm。

图3–2–1为制作旗袍时所需的人体基本尺寸，主要尺寸测量部位、尺寸测量方法下面会做详细的介绍。

## 二、尺寸测量的部位和尺寸测量方法

人体尺寸测量部位和测量点见图3–2–2。

有了人体尺寸后，还需确定制作成衣需要的长短及问询客人对舒适度的要求。成衣旗袍各部位长度测量位置见图3–2–3。

测量开始，要求被测量者穿着适当的内衣、内裤，并穿上适合旗袍的高跟鞋，双手自然下垂站立。工作人员为一名测量者、一名记录者（记录测量数据、拍照。

# 客户定制尺寸单

单位：cm

| 姓名 | | 身高 | | 体重 | | 联系方式 | |
| --- | --- | --- | --- | --- | --- | --- | --- |

| 序号 | 部位 | 测量 | 成衣 | 序号 | 部位 | 测量 | 成衣 | 设计款式图 |
| --- | --- | --- | --- | --- | --- | --- | --- | --- |
| 1 | 胸围 | | | 18 | 胸距 | | | |
| 2 | 胸上围 | | | 19 | 肩颈点到胸下 | | | |
| 3 | 胸下围 | | | 20 | 肩颈点到腹凸 | | | |
| 4 | 腰围 | | | 21 | 左 / 右　夹圈 | | | |
| 5 | 胯上围 / 裙裤腰围 | | | 22 | 左 / 右　臂围 | | | |
| 6 | 腹围 | | | 23 | 袖长 | | | |
| 7 | 胯围 | | | 24 | 袖口 | | | |
| 8 | 臀围 | | | 25 | 前衣长 | | | |
| 9 | 下臀围 | | | 26 | 裙长 | | | |
| 10 | 前肩宽 | | | 27 | 裤长 | | | |
| 11 | 后肩宽 | | | 28 | 全裆长 | | | |
| 12 | 后背宽 | | | 29 | 肩颈点到膝 | | | |
| 13 | 后背长 | | | 30 | 腰到 小腿 | | | |
| 14 | 肩颈点到臀凸 | | | 31 | 前直开 | | | |
| 15 | 颈围 | | | 32 | 大 / 小 腿围 | | | |
| 16 | 前胸宽 | | | 33 | 前腰 节长 | | | 面料小样： |
| 17 | 胸高 | | | 34 | 后腰 节长 | | | |

| 体型特征 | | | | | | 总金额 | | 付款方式 | |
| --- | --- | --- | --- | --- | --- | --- | --- | --- | --- |
| 站姿 | | 肩型 | | 脖型 | | | | | |
| 含胸 | | 溜肩 | | 高脖 | | 设计 时间 | | 设计师 | |
| 挺胸 | | 平肩 | | 矮脖 | | | | | |
| 腆肚 | | 冲肩 | | 圆脖 | | 试衣 时间 | | | |
| 脊柱侧倾 | | 高低肩 | | 扁脖 | | | | 客户确认 | |
| 体型描述： | | | | | | 取衣 时间 | | | |

◎ **图3-2-1** 客户定制尺寸单示意图

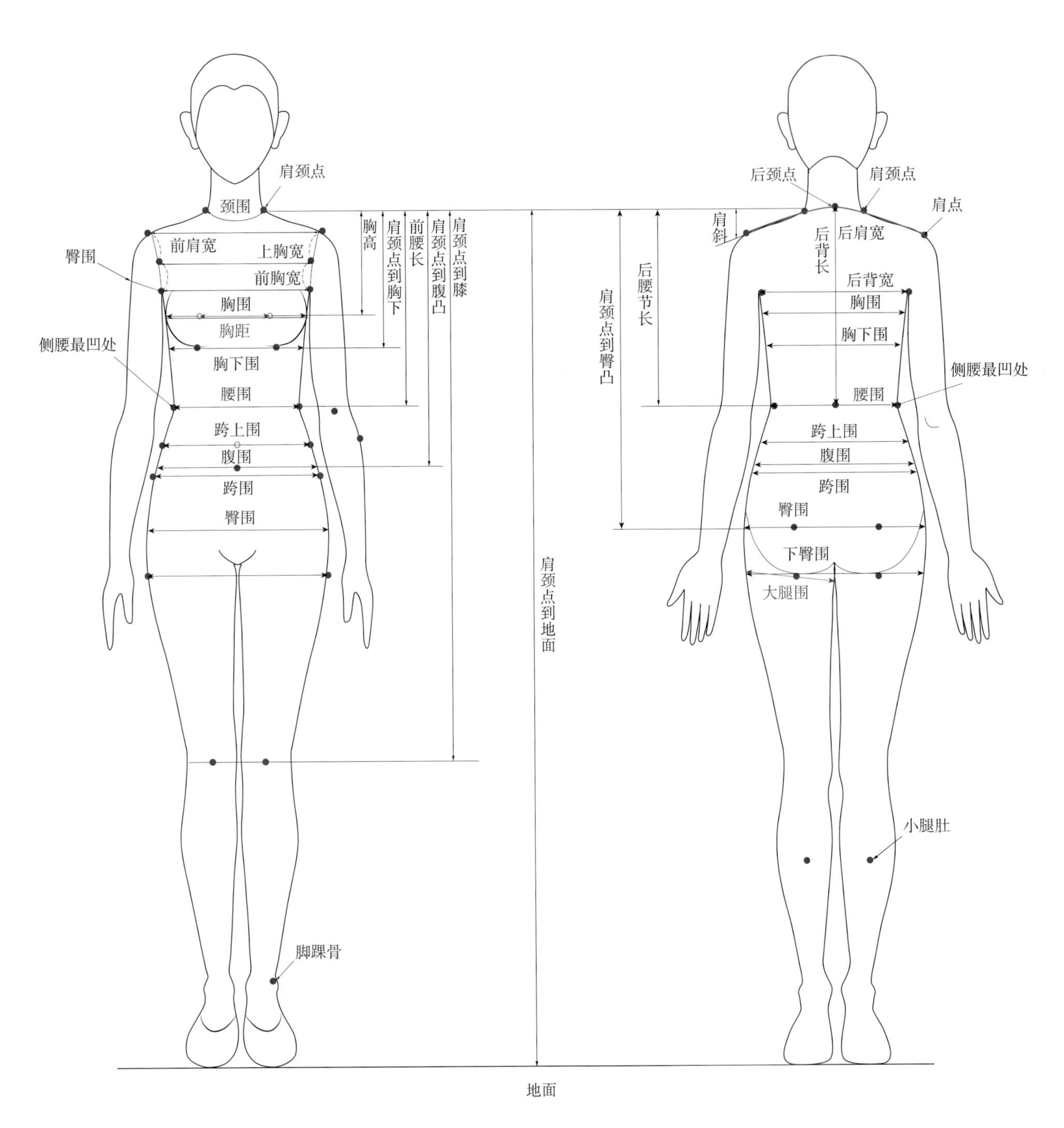


◎ **图3-2-2** 人体尺寸测量部位和测量点示意图

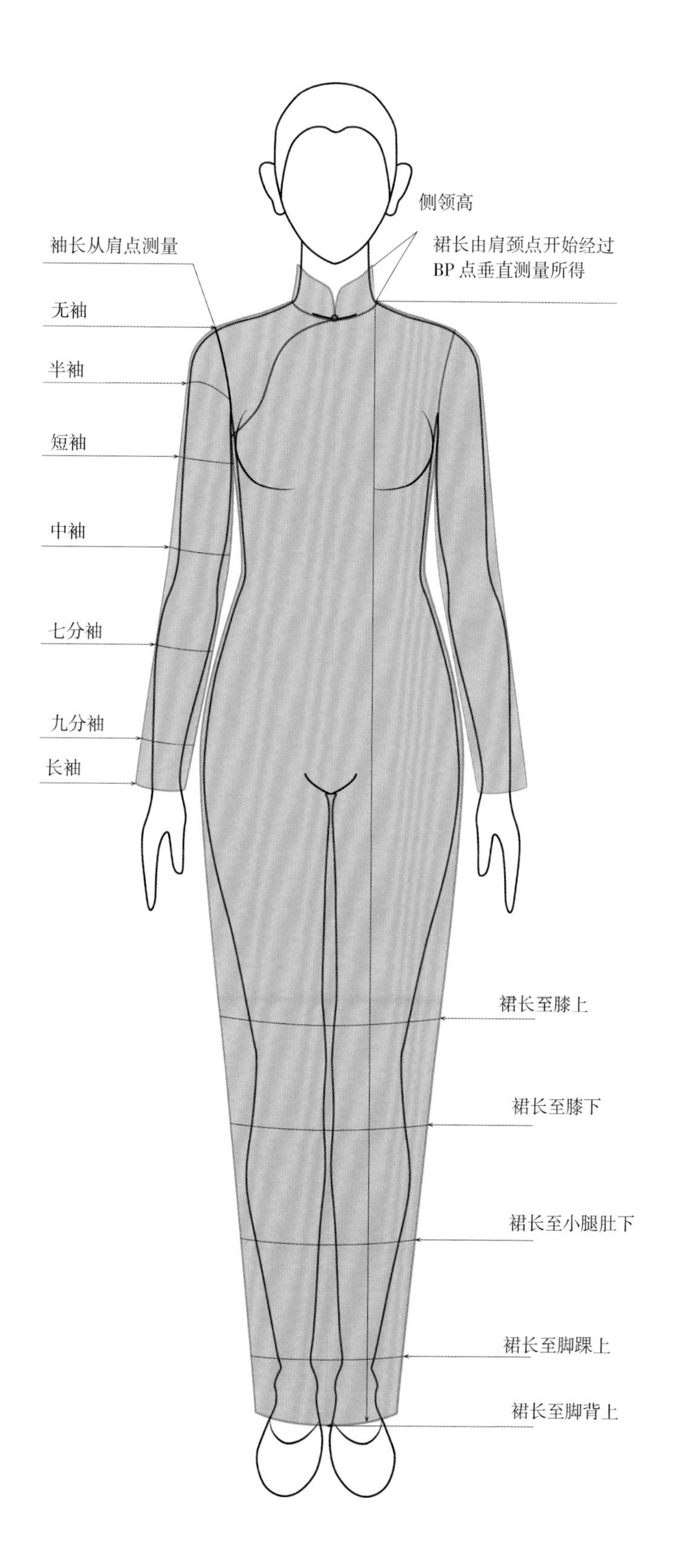


◎ **图 3-2-3** 成衣旗袍各部位长度测量位置

### 1. 胸围测量

女性胸围尺寸的差别很大，不光需要仔细测量，还需要问询是否在生理期，生理期间身体会略有浮肿围度尺寸会比平常时候大1~2cm，手指放置于两胸间，保证卷尺不把手指的厚度量进去。手指放置两胸间，保证卷尺不把手指的厚度量进去。见图3-2-4。

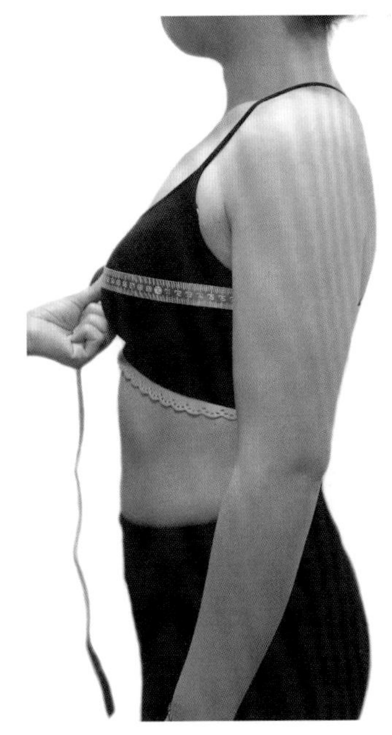

胸围测量侧面图

胸围测量正面图

◎ **图3-2-4** 胸围测量

### 2. 胸上围测量

测量时软尺穿过腋下呈现前高后低，围量一圈所得尺寸，见图3-2-5。

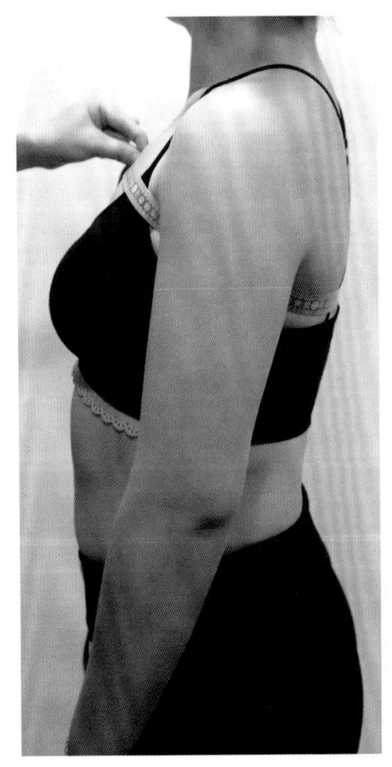

胸上围测量侧面图

胸上围测量正面图

◎ **图3-2-5** 胸上围测量

### 3. 胸下围测量

胸下围需吸气测量（人在呼气与吸气时，吸气扩张胸腔变大，呼气时胸腔收缩，考虑旗袍需要在穿着时吸气状态下也不感觉紧绷，因此胸下围约有3~4cm差量，胸下围基础数据应以吸气后胸下围尺寸为参考，再考虑放松量，见图3-2-6。

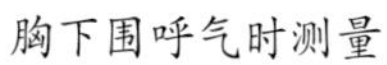

胸下围呼气时测量

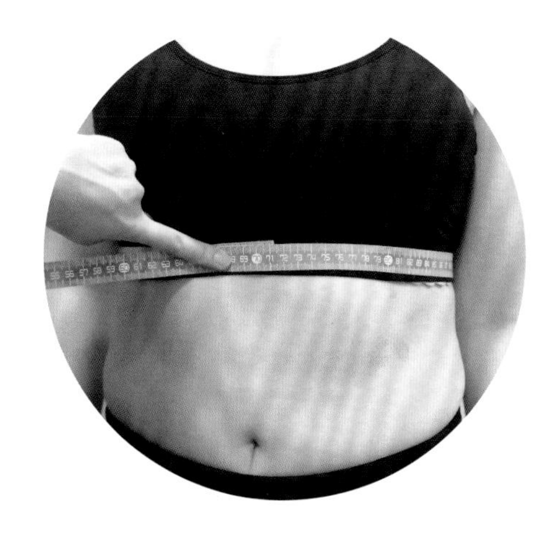

胸下围吸气时测量

◎ **图3-2-6** 胸下围测量

### 4. 腰围（腰部最细处水平一圈）测量

见图3-2-7。

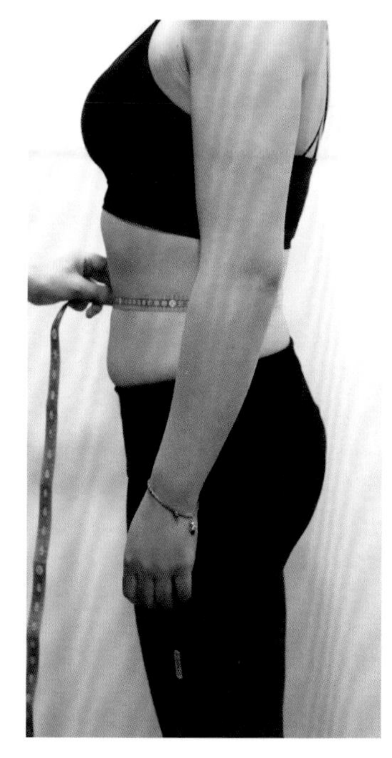

腰围测量侧面图

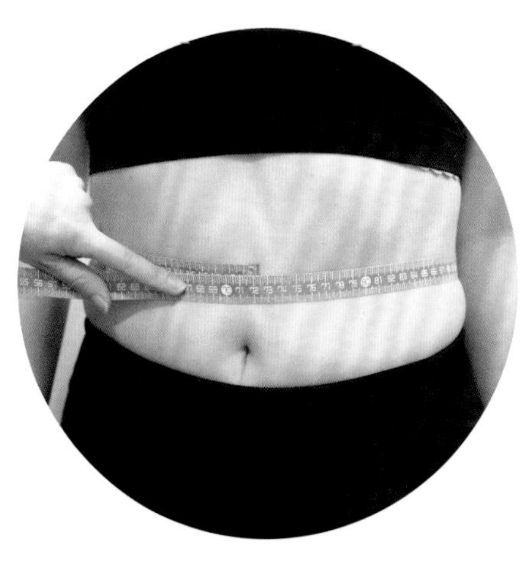

腰围测量正面图

◎ **图3-2-7** 腰围测量

**5. 胯上围（通常为肚脐点下一寸右处）测量**

见图3-2-8。

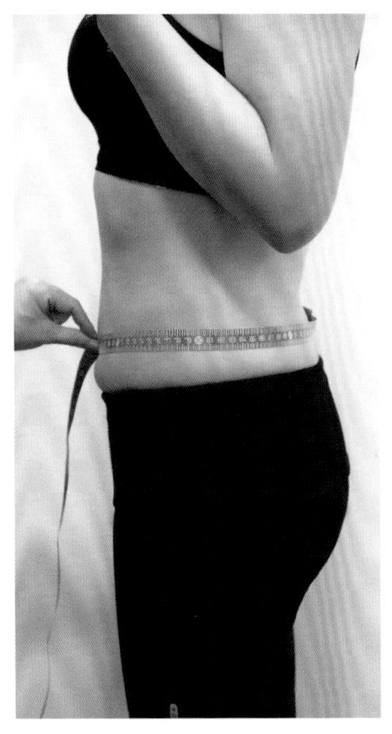

胯上围测量侧面图

胯上围测量正面图

◎ **图3-2-8** 胯上围测量

**6. 胯围测量（胯骨最宽处一圈）**

见图3-3-9。

胯围测量正面图

胯围测量侧面图

◎ **图3-2-9** 胯围测量

**7. 臀围（臀围最大处一圈）测量**

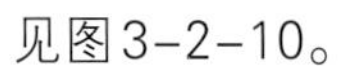

见图3-2-10。

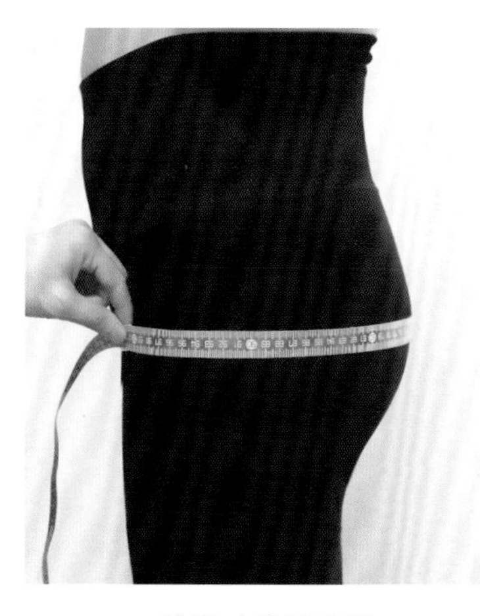

臀围测量侧面图

臀围测量正面图

◎ **图3-2-10**　臀围测量

**8. 前肩宽测量**

为防止旗袍成衣前襟有堆量，外肩点过锁骨窝点保持水平测量，见图3-2-11。

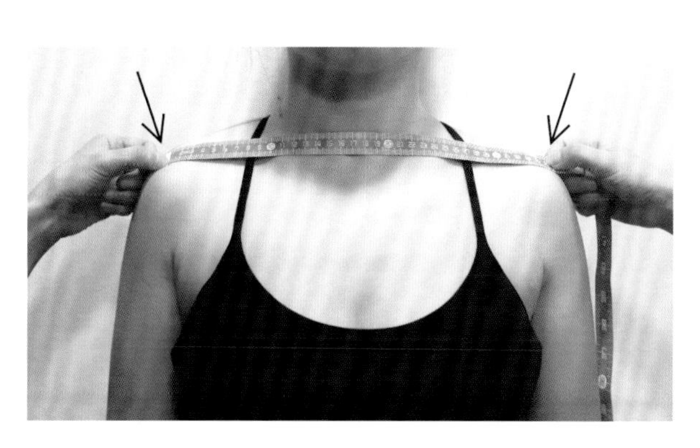

◎ **图3-2-11**　前肩宽测量

**9. 第七颈椎点位置确定脖子向前倾时后颈凸起点**

见图3-2-12。

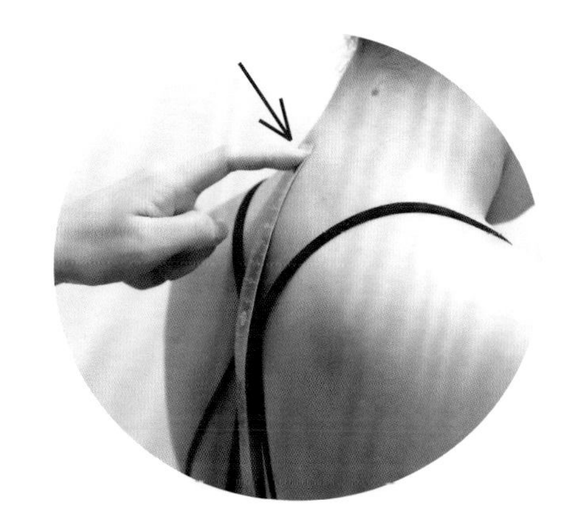

◎ **图3-2-12**　第七颈椎点位置

**10. 后肩宽测量（肩点过第七颈椎点的弧形线条）**

见图3-2-13。

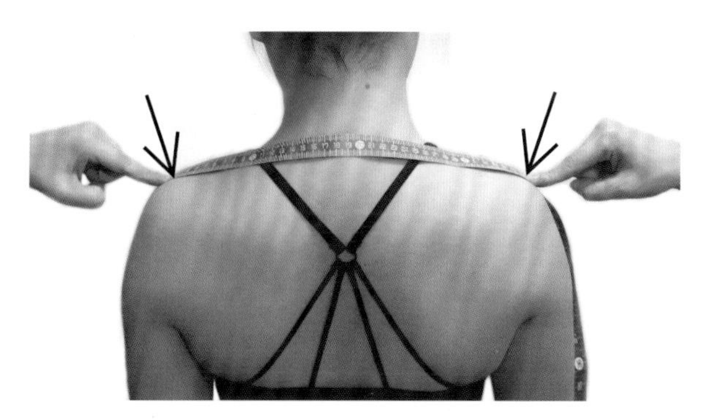

◎ **图3-2-13**　后肩宽测量

**11. 后背宽（后背两腋窝点间的直线离距）测量**

见图3-2-14。

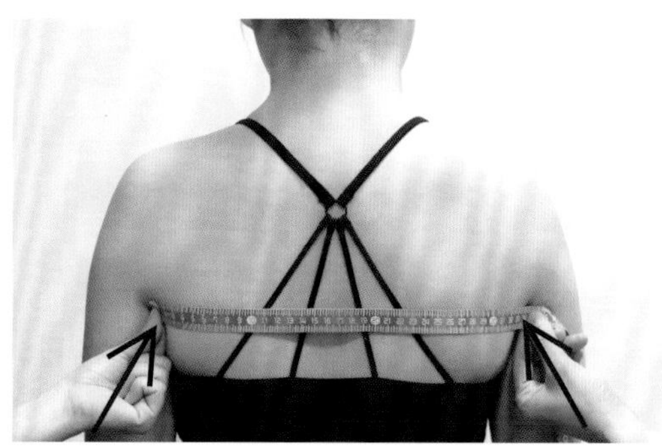

◎ **图3-2-14**　后背宽测量

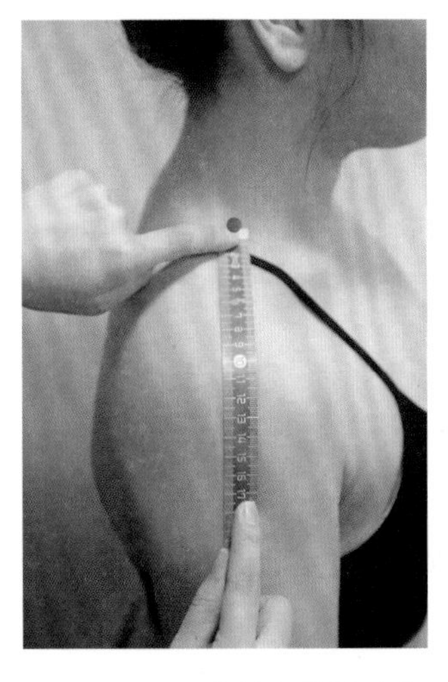

◎ 图3-2-15 肩颈点位置确定

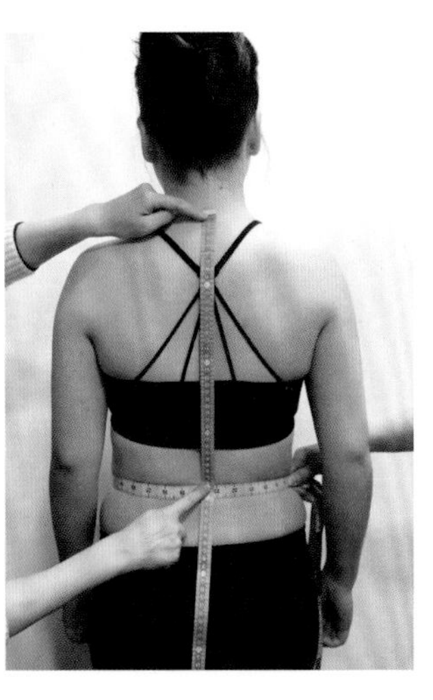

◎ 图3-2-16 后背长测量

12. 肩颈点位置确定

在颈根围上找到肩部前后的分离点，即肩颈点，见图3-2-15中手指尖点的位置。

13. 后背长测量

第七颈椎点随体型到腰节的距离。在腰节处可以围一把皮尺作为水平线辅助测量，见图3-2-16。

14. 肩颈点至臀凸的尺寸测量

从肩颈点略贴着身体垂直向下，往下量到臀部最凸的地方。如果找不准臀围最高点，可以先在臀围线上围一把皮尺做辅助线。这个数据决定后衣片的长短和归拔，在旗袍制作中非常重要，见图3-2-17。

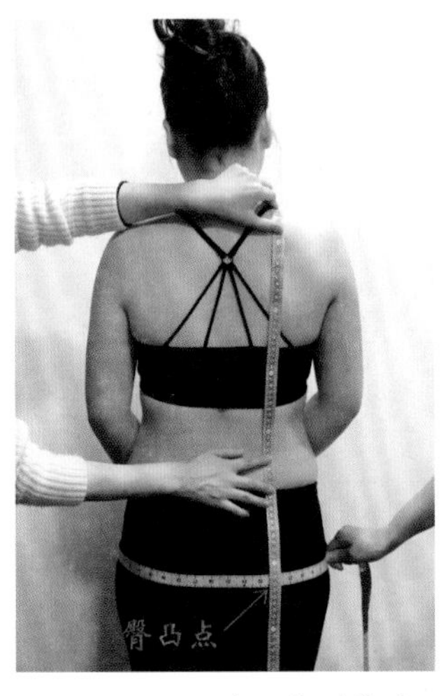


◎ 图3-2-17 肩颈点到臀凸

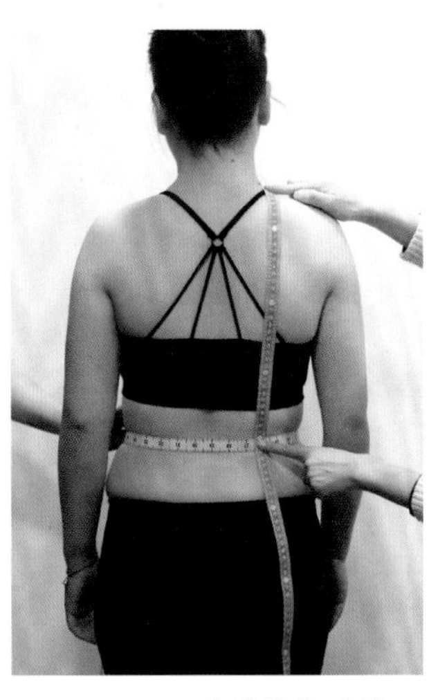

◎ 图3-2-18 后腰节长测量

15. 后腰节长测量

后腰节长是从肩颈点到后腰围水平线的垂直距离。后腰节长与后背长不同，正常体态下前腰节略长于后腰节，反之，说明有驼背、含胸等身体特征，在制版时需要调节造型线，见图3-2-18。

16. 颈围测量

① 上颈围：问询客户喜欢的领子高度处，测量时放半个手指围量一圈，见图3-2-19。

② 下颈围颈根围：沿着脖子根部放入半指围量一圈。测量颈围时同时需要记录客户脖子的特点扁脖、圆脖等。

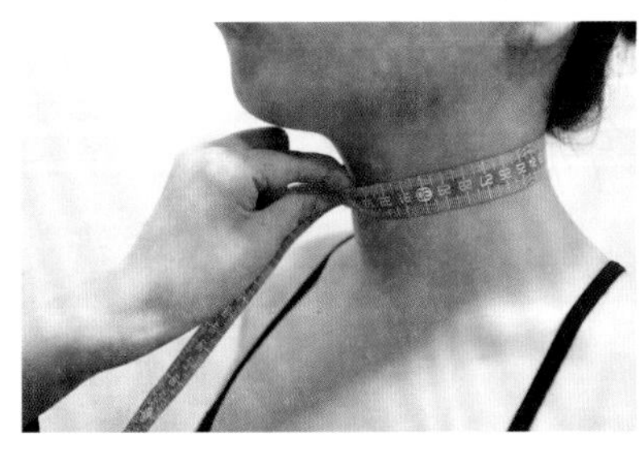

上颈围测量

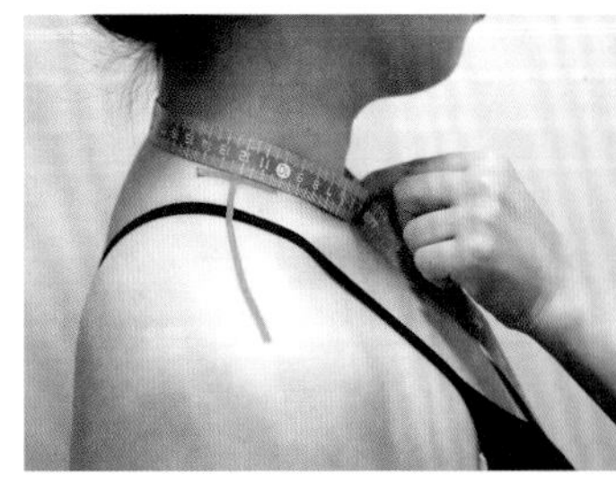

下颈围测量侧面

下颈围测量正面

◎ 图3-2-19 颈围测量

无袖的前胸宽测量正面图

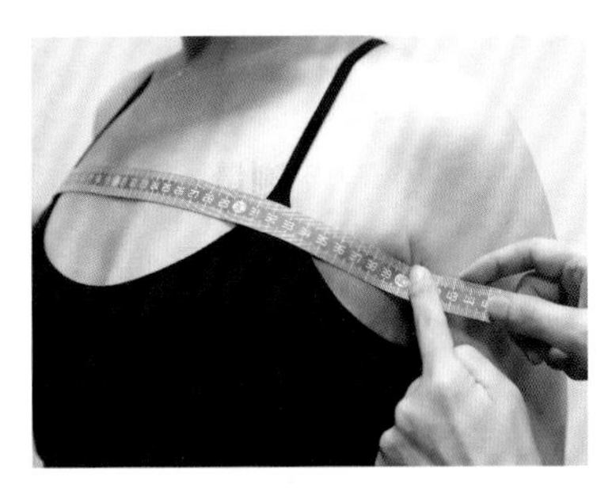
无袖的前胸宽测量侧面图

◎ **图3-2-20**　前胸宽的测量

### 17. 前胸宽测量

指两个前腋窝的间距。测量时点到点即可，制作制版时需要按照款式加放不同的量。如果做无袖，则量到腋窝完全覆盖的地方，保证穿无袖衣服时不会露出腋下的皮肤而觉得不雅。见3-2-20。

### 18. 胸高测量

从肩颈点量到胸凸点的垂直距离，女性胸点的高低受内衣肩带的松紧影响较大，如果发现内衣肩带较松，要帮助客户调整好内衣，保证胸部完整包紧在罩杯内，不空杯。见图3-2-21。

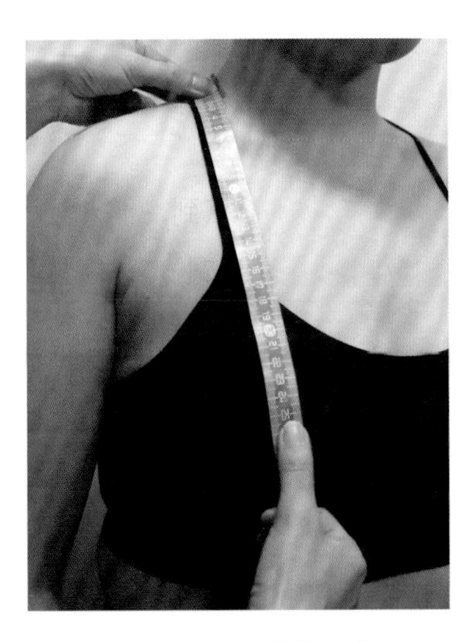
◎ **图3-2-21**　胸高测量

### 19. 胸距测量

是指两个胸凸点的水平距离。这个距离除了受胸围大小影响外，也与客户平时穿着内衣习惯有关。舒适型的内衣胸距大，提胸塑形型的内衣胸距就小。因此在测量前最好要求预约的客户佩戴常穿的内衣前来。

◎ **图3-2-22**　胸距测量

### 20. 肩颈点到胸下的距离测量

从肩颈点过胸凸点到罩杯下随体型测量的距离。这个尺寸可以反映胸部隆起部位的高低，以及胸下围与腰围之间的尺寸。见图3-2-23。

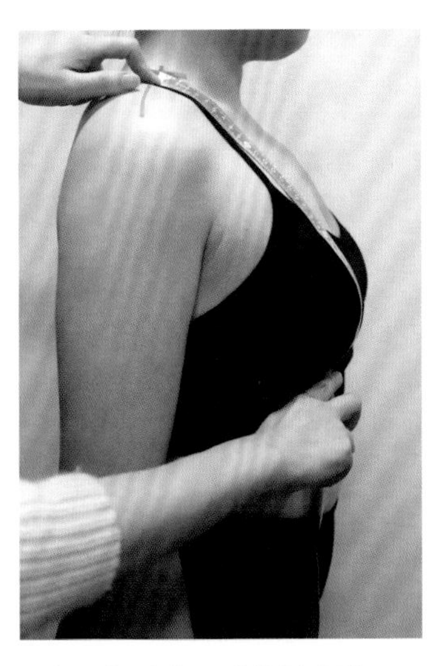
肩颈点到胸下测量侧面图

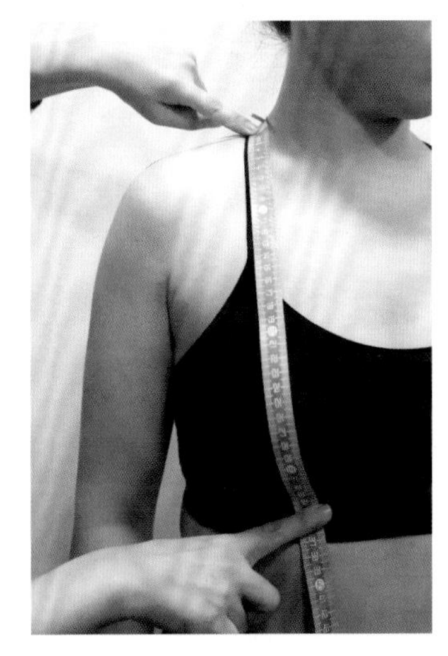
肩颈点至胸下测量正面图

◎ **图3-2-23**　肩颈点到胸下的距离测量

### 21. 前腰节长的测量

前腰节长是指从肩颈点过BP点到前腰节的距离。这个尺寸与后腰节尺寸的差值越大，越能说明这个人体的站姿挺拔，胸围较大。反之，有驼背或含胸的问题。

### 22. 夹圈的测量

胳膊根部围量一周的尺寸。这个尺寸作为袖窿大小尺寸的参考依据。

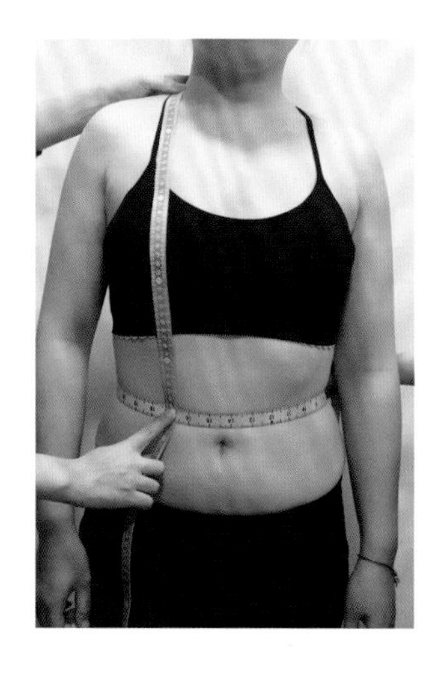

◎ **图3-2-24** 前腰节长的测量

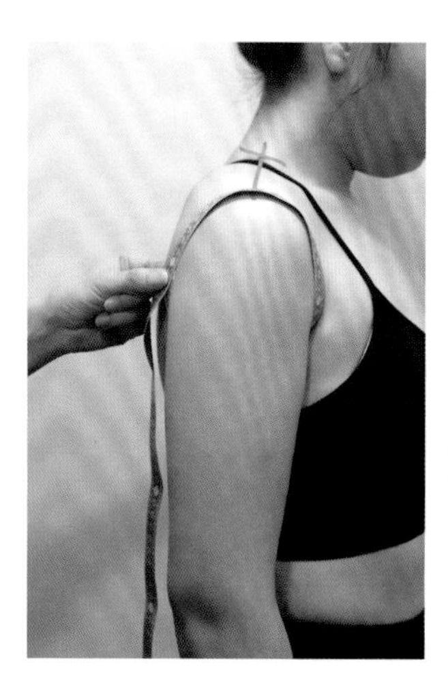

夹圈测量侧面图

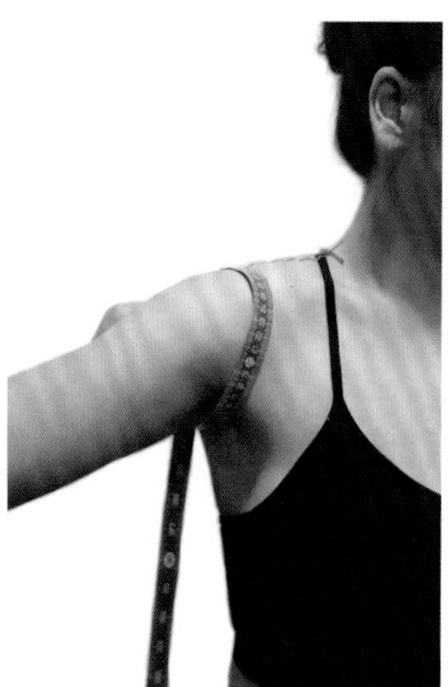

夹圈测量正面图

◎ **图3-2-25** 夹圈的测量

### 23. 手臂不同部位的围度测量

大臂根围：手臂根部最大处一周的尺寸。如果袖长不同，按照成衣需要的衣服位置还需测量肘臂围、小臂围、腕围。见图3-2-26。

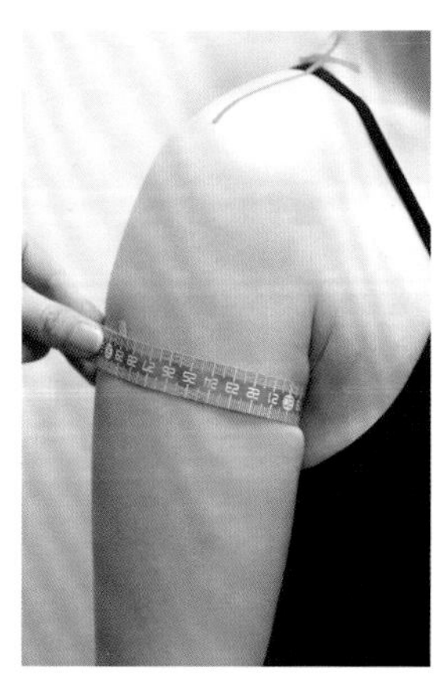

大臂根围

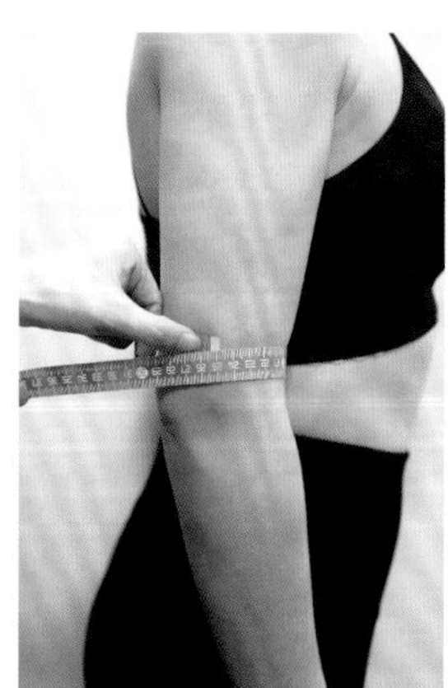

肘臂围

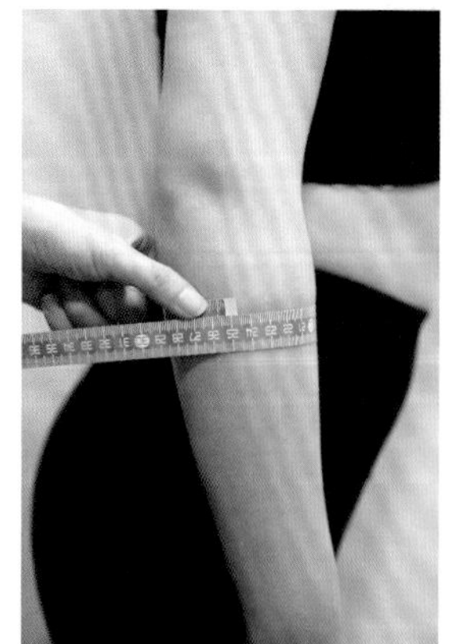

小臂围

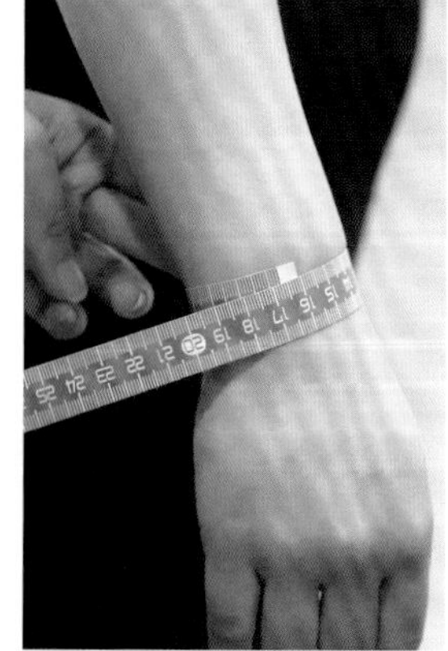

腕围

◎ **图3-2-26** 臂围的测量

**24. 全臂长**

从肩点过肘关节到手腕的长度。制板时衣袖的长度需要配合围度尺寸。见图3-2-27。

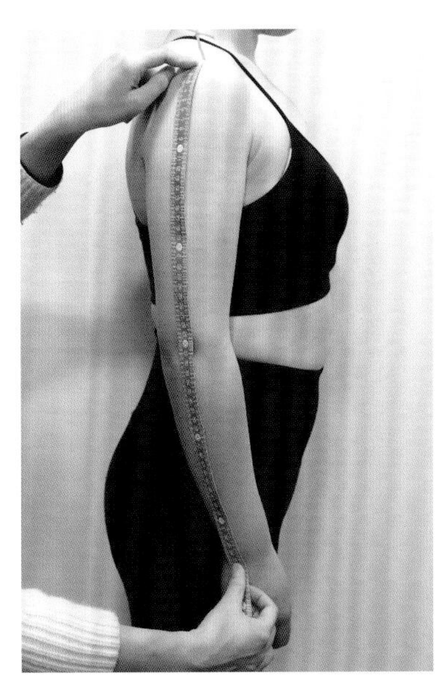

◎ 图3-2-27　全臂长测量

**25. 肩颈点到膝测量**

从肩颈点量到膝盖骨的长度，可以做为裙长在膝上膝下的参考尺寸。其他裙长可按照客户的需求测量，见图3-2-28。

个体尺寸测量时的注意点：了解女性身体特征，如女性身体上的各种凸起，前有胸凸、胃凸、腹凸，后有肩胛骨凸、臀凸，准确量好各凸起部位围度尺寸后，还需要确定凸起位置处于人体的哪个高度，以达到制版上精准找到相应点。从肩颈点测量到胃凸、腹凸的距离时，皮长需要过胸凸点。

前后腰节长的差：肩颈点（同一出发点）往下贴体测量到腰部水平一圈线前、后的距离差。（笔者注：在多年的测量过程中，常发现测量时姿态过于放松，试衣时又过于挺拔产生的前后腰节差而造成旗袍前吊或者后腰堆量，对测量者的测量后制版尺寸的矫正要求特别高，同时也有站立时挺胸收腹，而实际穿衣时又体态放松造成的起绺）。因此可以要求被测量者穿着样品旗袍以及与之相匹配的高跟鞋，自然的姿势站立时获得。

记录人还需关注一下客户肩部的一些特点及身体的扁圆特征等。

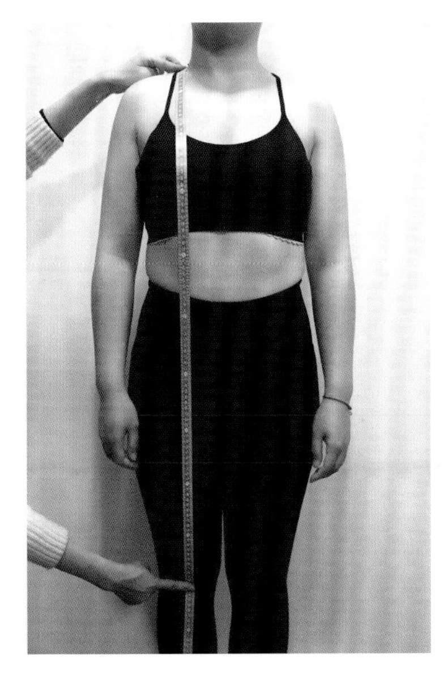

◎ 图3-2-28　肩颈点到膝的距离测量

**26. 特殊肩部的测量**

还有一些特殊的肩部，测量时需要注意：

① 溜肩倾斜角度测量可通过手机的水平仪得到，看肩点的下垂角度；在制版制作时肩斜角度应有不同体现，并且在人台上试样的过程中要把人台肩斜调整到与客户的肩斜角度一致再观察服装是否吻合客体。

② 中凹肩体型要测量肩部两个下凹点距离；高低肩必须记录哪一侧高哪一侧低。

# 第三节　人体尺寸测量的过程和记录

## 一、测量前的观察和了解

观察入店后顾客对款式选择的喜好；了解色彩偏好、年龄、禁忌、着装的场合以及希望达到的效果等。

初次定制的顾客应多提供样品试穿，给到顾客最直观的穿着效果，并记录穿着样品时呈现的结构问题；老顾客定制时要提供新款式、新面料等，避免与以前款式重复而有老旧感。

## 二、测量中的问询

① 平时着装的习惯：宽松、运动、合体、极合体。

② 体型是否易变化：易胖、易瘦。易变化体型的预判（体重下降期留多一些缝头，体重上升期减少放松量；或者年轻女性还在长身体，高度会有变化等）。

③ 生理期间要考虑尺寸有浮动现象，围度尺寸会比平时大2~3cm。

④ 内衣裤：不同类型的内衣裤对体型的影响非常大，如聚胸与否、胸点高度都会受影响。量体时所穿内衣类型应该与穿旗袍时的内衣相同，如果不同，测量时需要帮助调整内衣肩带，以手臂活动时胸部不挪移为好。若测量时穿了运动型内衣需告知客户在试衣服时穿上与旗袍相适合的内衣。腹部有赘肉的女士最好穿包住整个臀部到腰的内裤，或者调整型内衣裤，以达到最佳的旗袍穿着状态。

## 三、测量中体型的观察和记录

上一章已经讲到女人体的各种站立、发育情况等变化形态，在人体尺寸测量时需要注意顾客身体的各部位的特殊性，这些在制板时需要相应进行调整和平衡，使有些不对称、比例不协调的部位得到合理处理。以下做了一些体型常见问题的归纳。

体型常见问题有：

肩膀：高低肩、平肩、溜肩、前冲肩、后展肩、肩凹陷。

脖子：扁脖、圆脖。

躯干部分：胸部、胃部、腰部、腹部、臀部、体型的厚薄变化等；

腿部：大小腿肌肉分布不匀，如大腿根部肌肉外翻造成臀下围尺寸比臀围大；小腿腿部肌肉比常人强壮且外鼓；站姿特别等。

手臂：左右手臂粗细差别大。

测量的同时助手要拍摄正、背、侧三张照片作为制版制作时的参考。

下面展示一些不同客户体型测量记录过程中身体部分有特殊问题的图片，读者可以对不同客户体型的观察起到熟识强化作用。

**1. 脊柱侧倾造成的高低肩**

见图3-3-1。

高低肩背面图

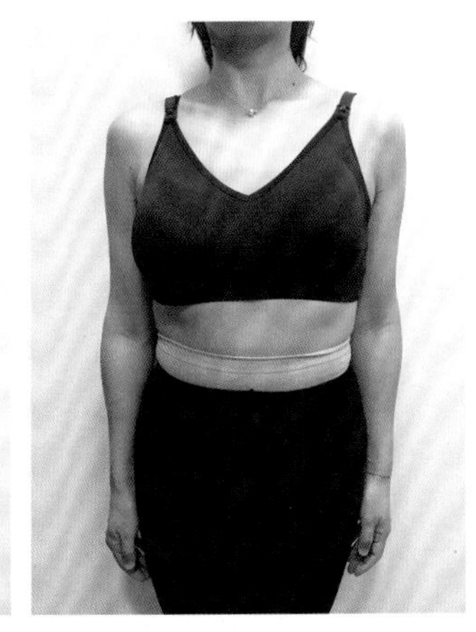

高低肩正面图

◎ 图3-3-1　高低肩

**2. 前冲肩**

如图3-3-2所示，锁骨外端点向身体前侧明显突出隆起，肩膀在前胸上半部分形成一个盆地形状。对于冲肩明显的人体，肩斜线要向前偏，装袖的对肩点也跟着向前移动。具体制版方法见冲肩体型的制版方法。

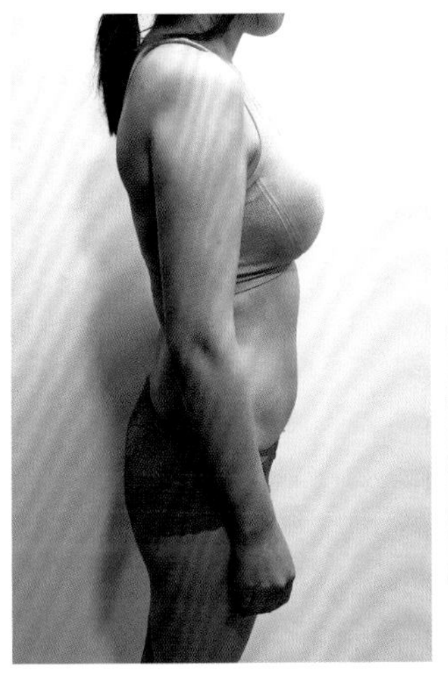

前冲肩示意图

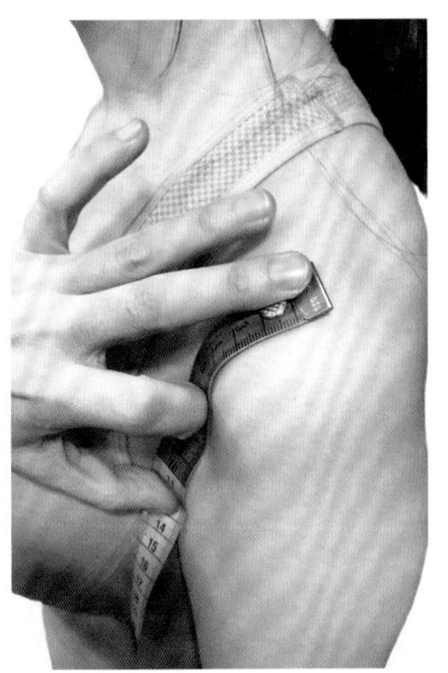

前冲肩骨点示意图

◎ 图3-3-2　前冲肩

**3. 中凹肩**

人体的锁骨向肩点两侧斜上挑，肩线中间形成一个明显凹槽（图3-3-3），常见于消瘦的女人体。中凹肩的体型在制版时，肩斜线的凹点像侧腰一样需要挖一个肩部省道，下挖的弧线按照肩部需要去掉的量而定。

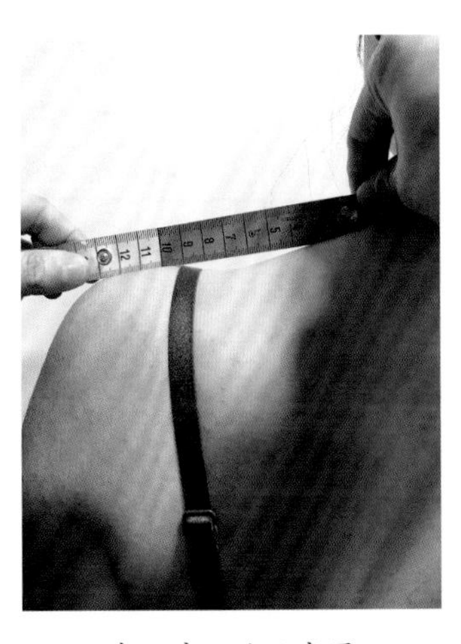

中凹肩凹陷示意图

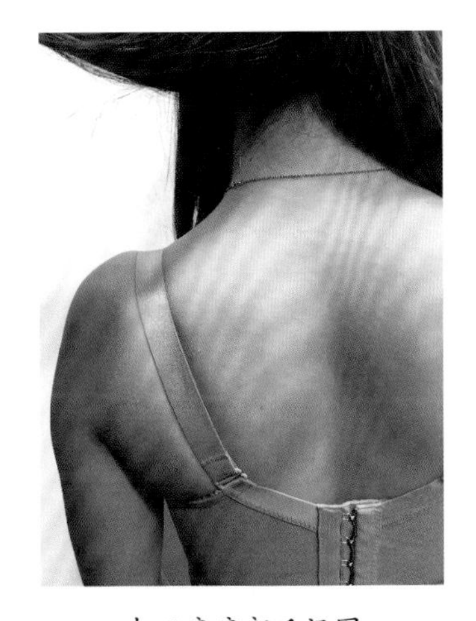

中凹肩肩部后视图

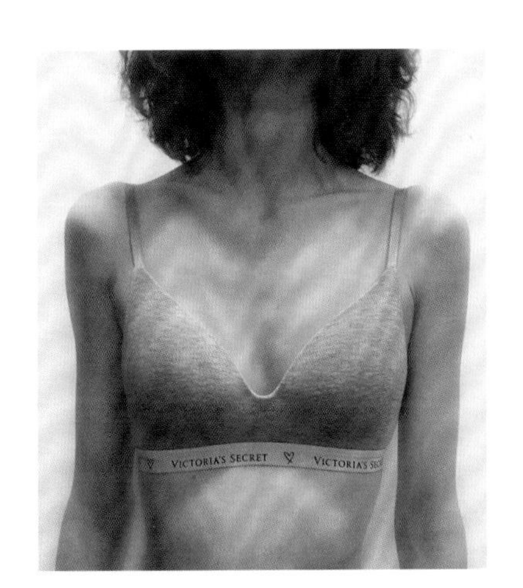


中凹肩肩部前视图

◎ 图3-3-3　中凹肩

## 4. 溜肩、平肩及特平肩

见图3–3–4。

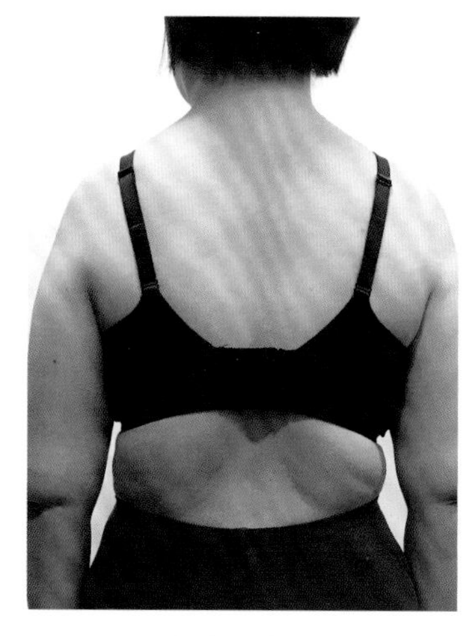

溜肩示意图

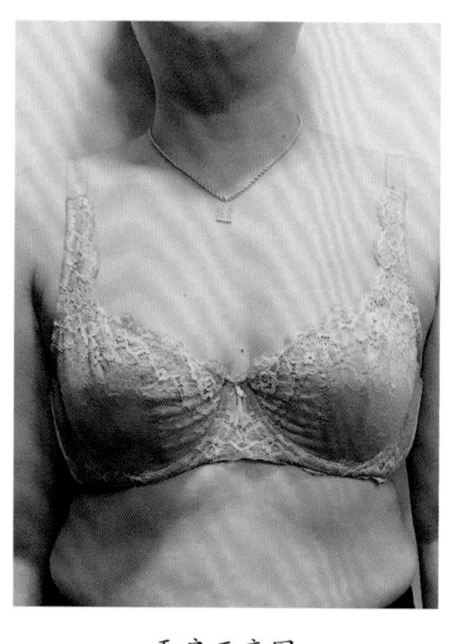

平肩示意图

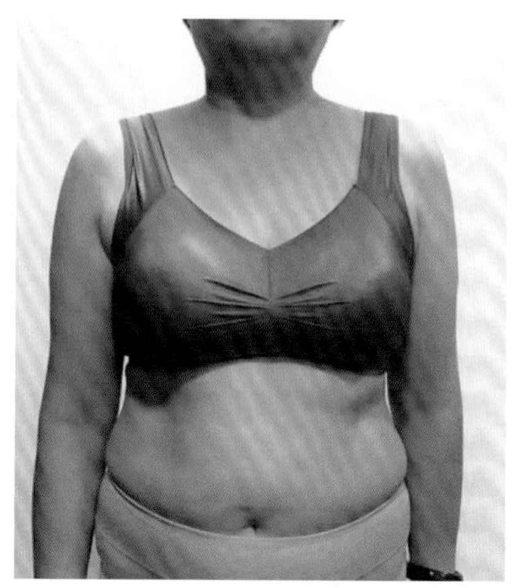

特平肩示意图

◎ 图3–3–4 溜肩、平肩及特平肩

## 5. 特殊颈部（图3–3–5）

① 特别扁宽的脖根。勃子上下几乎一样宽窄，且颈根部扁宽。

② 颈椎周围肌肉隆起，俗称富贵包（背部脂肪、肌肉厚，大椎下有脂肪团凸起）。

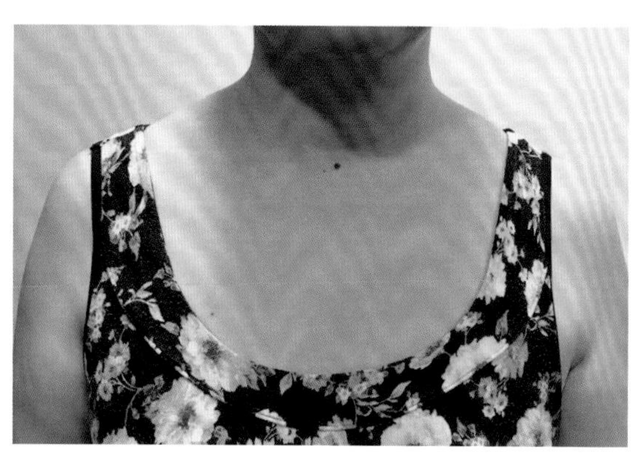

颈根部扁宽示意图

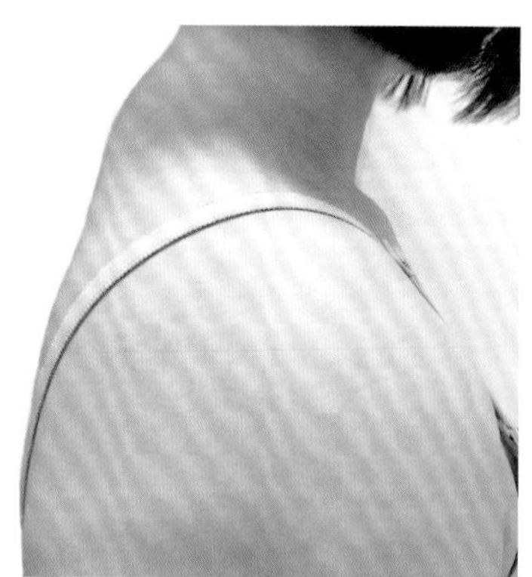

富贵包示意图

◎ 图3–3–5 特殊颈部

## 6. 胸部的不同形态（图3–3–6）

① 苹果型体型，典型表现是胸部特别丰满上半身比下半身大。

② 胸大。胸腔骨架小，但胸围球面大，身体圆厚 。

③ 胸小。胸的球面小，骨架单薄瘦小。

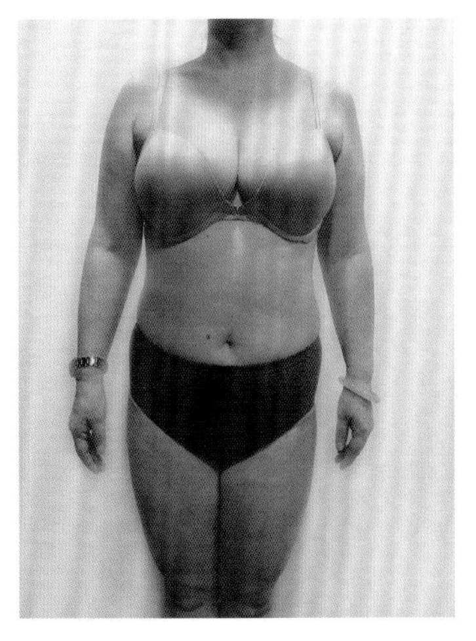

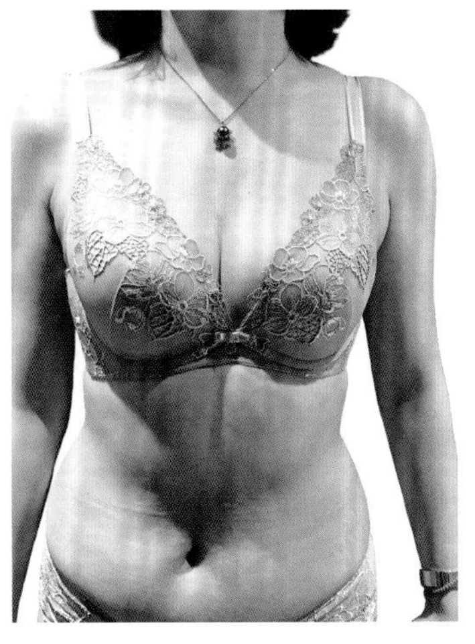

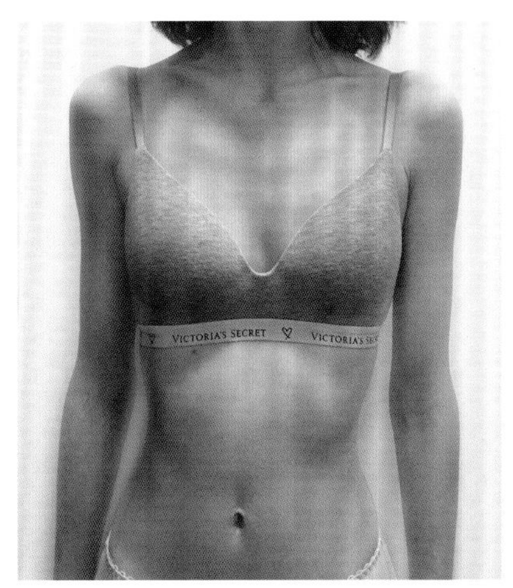

胸部特别丰满示意图　　大胸示意图　　小胸示意图

◎ **图3-3-6** 胸部的不同形态

**7. 中年以后女性的胃腹部**

女性进入中年后脂肪逐渐囤积在腰腹部，造成这个位置的不同隆起形态。如胃凸、腹凸，以及梨形身材中腹部的膨大（俗称游泳圈），见图3-3-7。

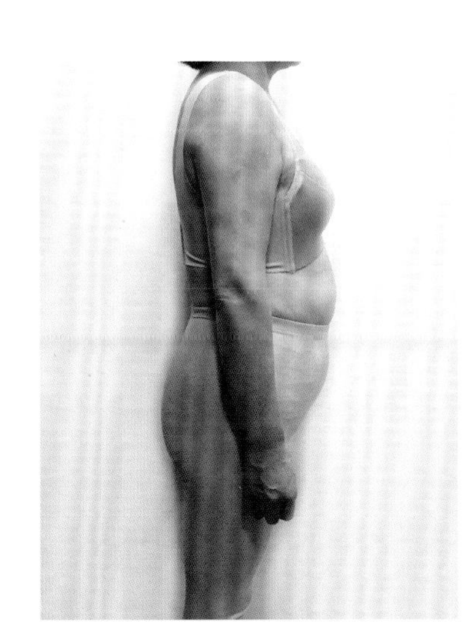

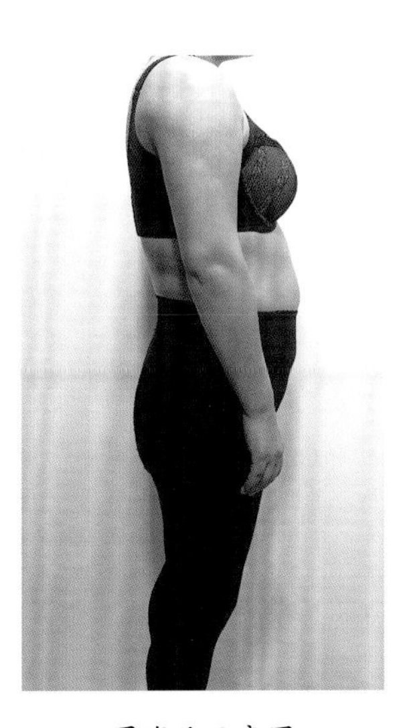

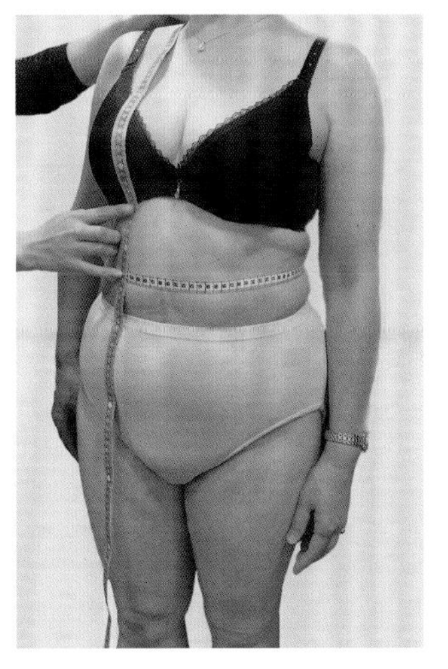

胃凸示意图　　胃腹凸示意图　　腹部及两侧脂肪堆积示意图

◎ **图3-3-7** 胃腹部的隆起

对于胃凸、腹凸的体型，制版时要注意省道前后片的分配，这一类体型的人躯干部分最细的常常是胸下，前片的省道最凹处在胸下，往腰围、腹围处快速消失，甚至前片不设省（制版参考第四章F女士腹凸体型的制版技法）。

游泳圈体型的女士从侧腰节下向外隆起，需要在画侧缝线时过腰就向外画弧线。后省尖远离臀围线就闭合。前省尖过腹凸点后马上消失（省道的制作方法见第四章Q女士腹部肥大体型的制版）。

**8. 臀部的不同形态**

常见正常臀凸、扁塌臀、翘臀，见图3-3-8。

臀围翘量不同，制版制作时后腰省的长度后弧度也要跟着变化。

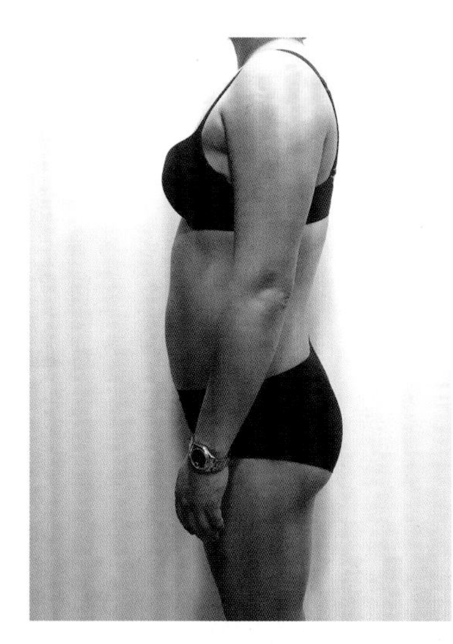

正常臀凸

扁塌臀

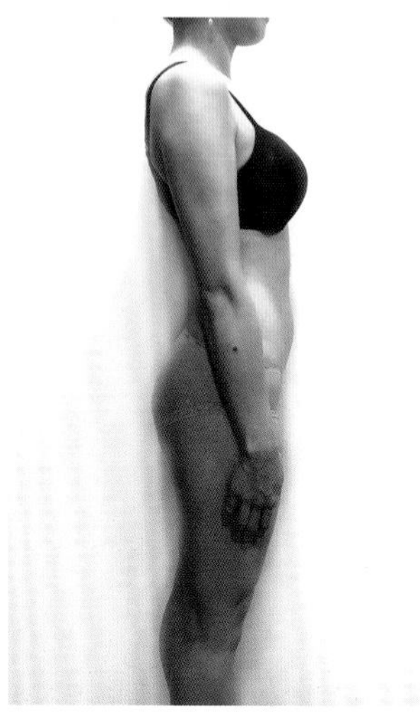

翘臀

◎ **图3-3-8** 臀部的不同形态

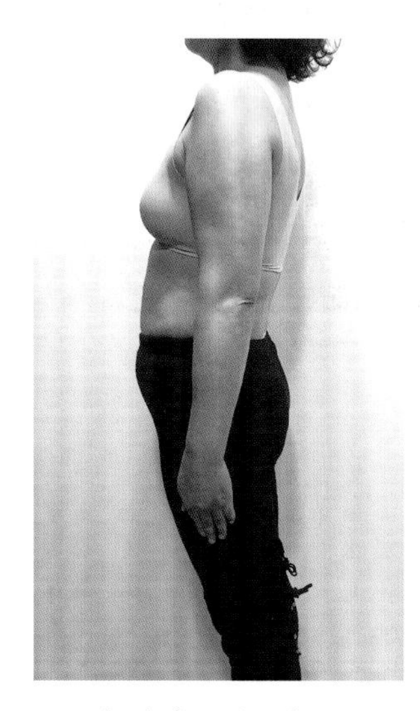

挺胸前倾型示意图

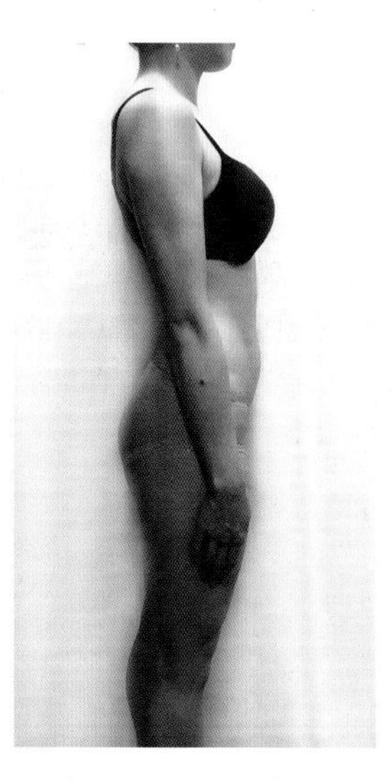

挺胸后仰型示意图

◎ **图3-3-9** 站姿的不同

**9. 站姿的不同**

常见类别有挺胸前倾型和挺胸后仰型（图3-3-9）。女性长期的站姿不止确会影响盆骨的形态，穿着服装的效果也会受到非常大的影响。（1）挺胸前倾，人体重心在前；（2）挺胸后仰型，人体重心靠后。见图3-3-9。

制版的处理：

**（1）前倾型**

前倾型的人体服装上最容易出现后片贴体、前片露膝盖，纸样上需要加长前衣长，减短后衣长，增大前片宽度，减小后片宽度。

**（2）后仰型**

挺胸后仰型的体型一般臀围比较大，盆骨会有前倾表现，臀围翘的人在处理腰省时前后省的分布要前小后大，而且挺胸后仰型人后腰最凹点不在腰的最细处，而在腰尾椎的连接处。后省道在过腰围线后并不马上收窄，而是省道在保持人体向下凹的距离过凹点后向臀围收尖。

**10. 宽肩窄臀长腰节体型**

见图3-3-10。

**11. 含胸驼背**

含胸驼背一般有两种：①肩胛骨凸起，含胸。②生理年龄造成的人体骨骼老化，脊柱不再有力支撑人体站立，腰腹部堆积很多脂肪。见图3-3-11。这两类体型都需测量前后腰节长度，相应要调整纸样，达到前后片的平衡。

**12. 扁薄体型和圆厚体型（图3-3-12）。**

制版处理：

① 扁薄体型身体纤细，围度尺寸小，身体起伏小，制版的省道尺寸也相应小。

② 圆厚体型制版制作时在注意各部位省道大小的情况下，还要注意小部位的隆起，在无法打省、转省的部位，通过归拢来达到与人体的吻合尤其重要。

**13. 长腰节和短腰节（图3-3-13）**

腰节长、短腰节的不同表现：

① 长腰节，胸腔和盆骨之间距离较长，形成腰部细长的空间，臀围也跟着偏下。

② 短腰节，盆骨距离胸椎近，腰短，臀围高，腿长。

③ 长腰节的特征。一般来说人在自然站立时从侧面看，肘关节就在人体腰节的位置。腰节长的女性上半身长，腰线点会低于肘关节，视觉上会有臀围低、腿偏短的感觉。

④ 短腰节的特征。腰节短的女性因为肋骨与盆骨距离近，就显得腰短而腿长，腰线在肘关节的上面。在制作纸样时要按照人体不同腰节的高度而调整腰围线。

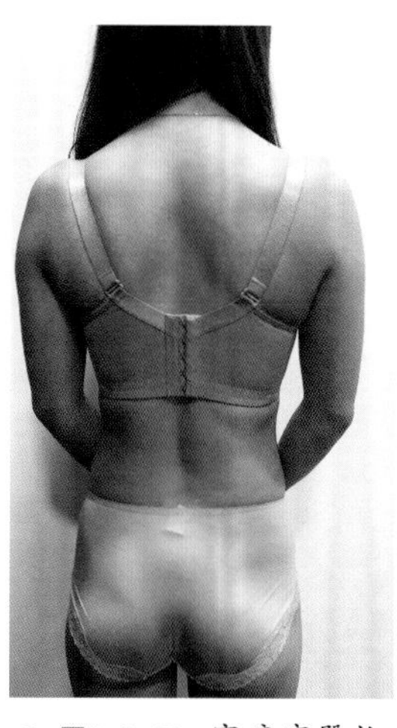

◎ 图3-3-10　宽肩窄臀长腰节体型示意图

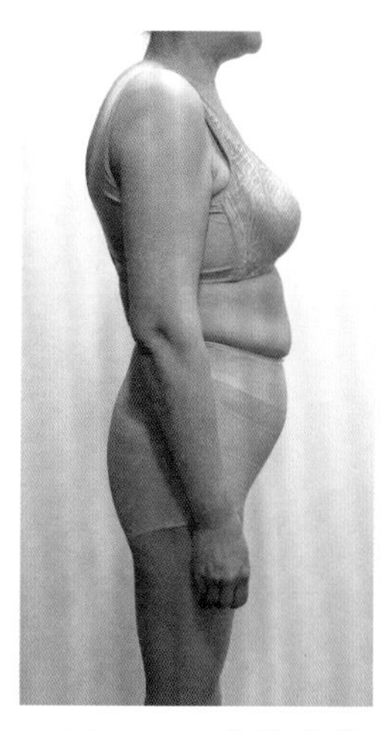

◎ 图3-3-11　含胸驼背骨盆前倾示意图

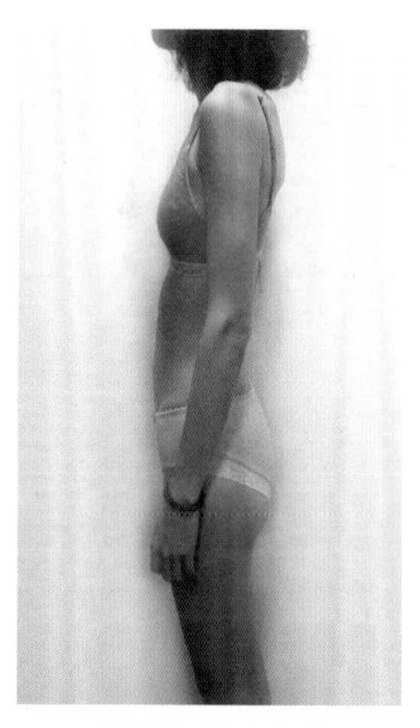

扁薄体型示意图

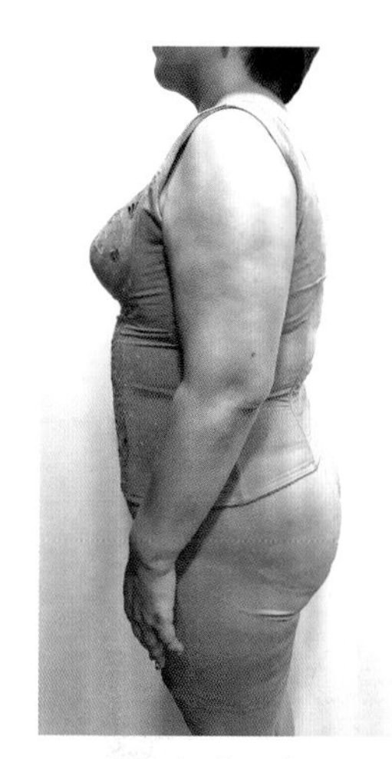

圆厚体型示意图

◎ 图3-3-12　扁薄体型和圆厚体型

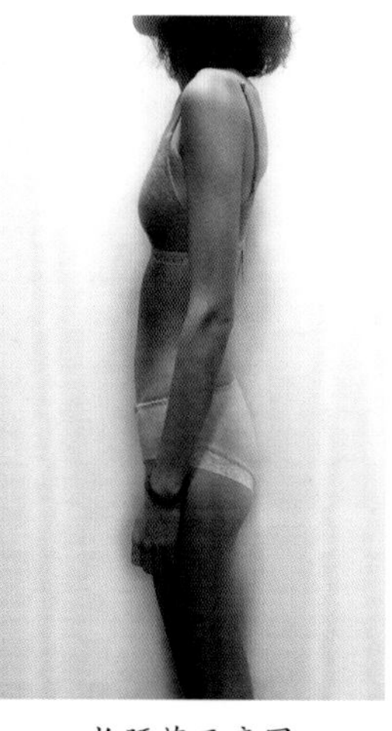

长腰节示意图

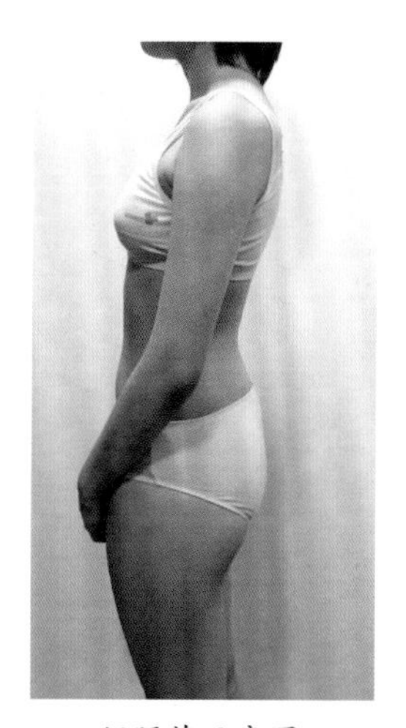

短腰节示意图

◎ 图3-3-13　长腰节和短腰节

第四章

# 旗袍基础版的制作方法

旗袍的制版一般有三种方法：

一、原型法。先做一个裁剪的文化原型，以文化式原型作为基础版，客户的版型在这个基础版上调整修正。

二、立裁法。按实际身材直接用纸张或面料进行裁剪，别缝固定画线，得到裁剪制版。

三、比例法。按身材尺寸合理分配前后左右的尺寸进行打板。该方法灵活多变，也容易掌握。本书以这个方法为主，局部采用立裁法。

本章除了介绍接近标准身材的制版技术外，还在工作室多年的测量经验基础上归类了12大类非标准体型特征的制版方法。并阐述了按客户身材数据实例的制版，在放松量、线条分割、前后片尺寸比例分配、肩斜角度、省道的变化、前后腰节长的调整等方面的处理，以供大家参考。

本书制图均以厘米（cm）为单位。

## 第一节　原型法、立裁法及比例法

服装制版制作有三种方法：原型法、立裁法、比例法。

### 一、原型法

原型法是利用基础制版的结构尺寸的原型基础，按设计要求进行调整各个部位及线条，操作直观。但是原型法不对应服装具体的款式形态，对不同体型的领、肩、袖、侧缝差等调整需要多次反复，初学者很难掌握。

原型法得到的裁片线条如下，以84cm胸围标准人体为例。目前的原型制图方法参照的是日本原型法。衣身和裙子的基础制版上衣原型图方法见图4-1-1、裙子原型制图方法见图4-1-2。

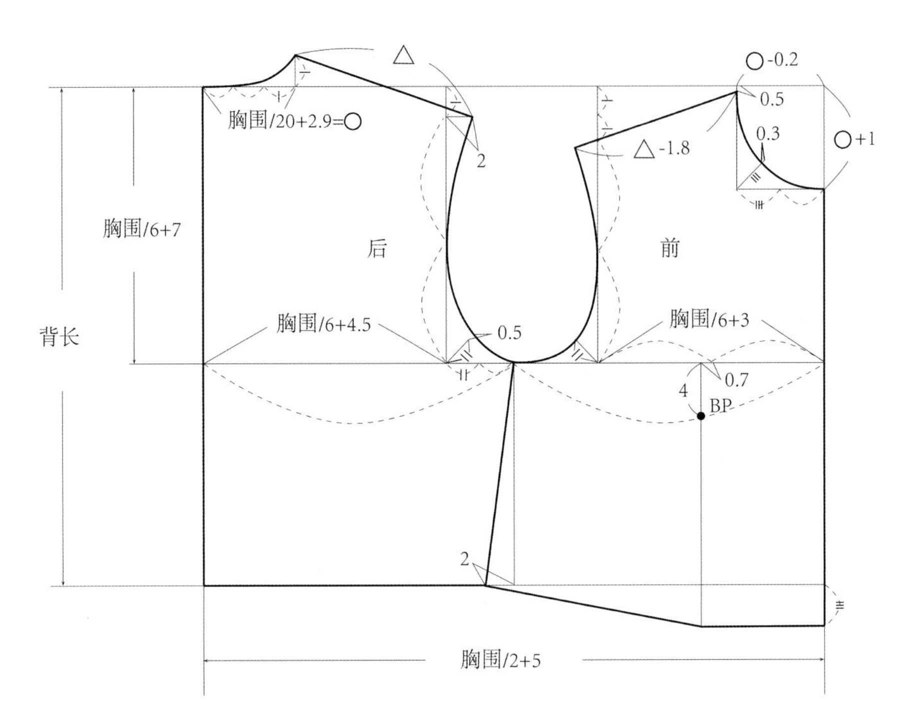


◎ 图4-1-1　原型法衣身制图

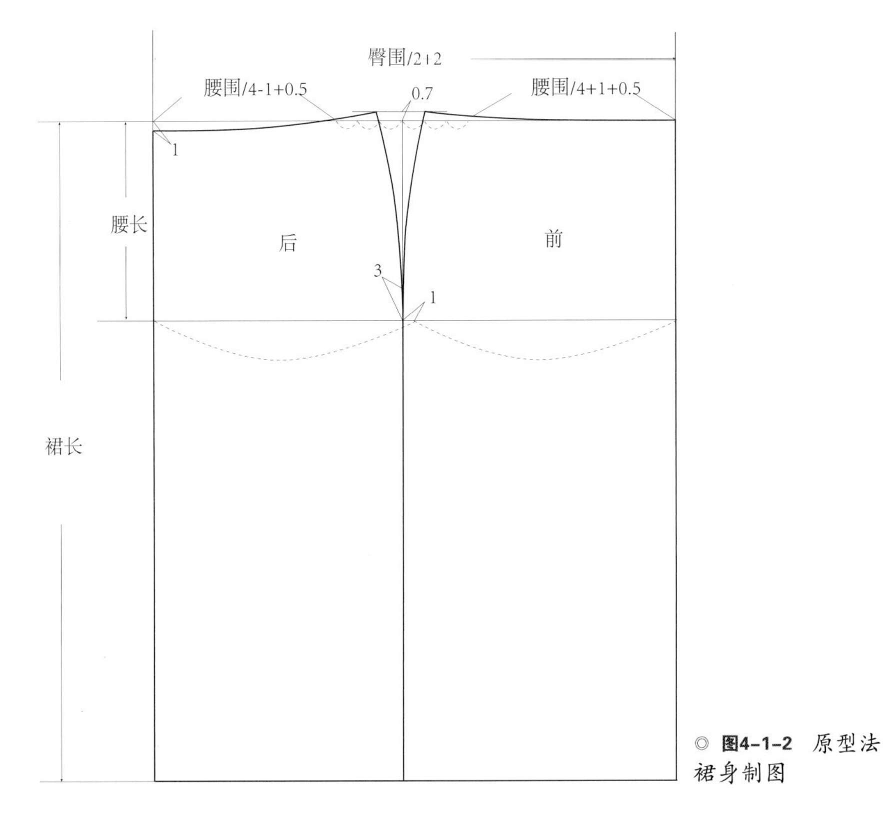


◎ 图4-1-2　原型法裙身制图

## 二、 立裁法

旗袍的立裁方法一般以人体为模特，用与制作旗袍材质相同的面料在人体上直接得到尺寸模板，并制图、再修正，见图4-1-3。这个方法直接而有效，但是需要客户到场，制版制作时间长，对立裁的把握要求也高，制作者需要有多年的实际立裁经验。

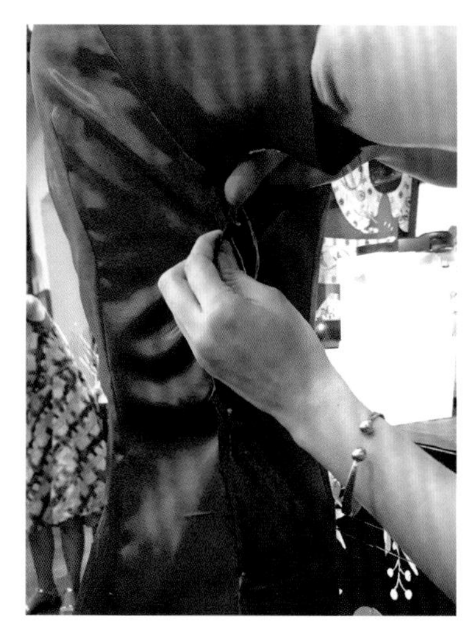

在人体上缝合

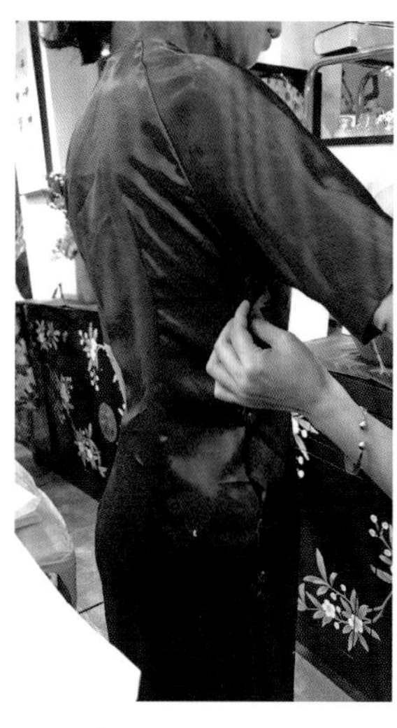

在人体上量尺寸

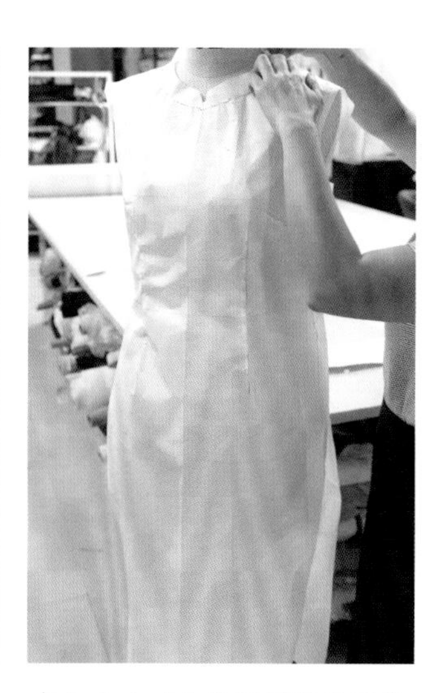

在人台上对立裁纸样进行调整

◎ **图4-1-3** 立裁法

## 三、比例法结合立裁法

比例法是一种简单、灵活的较大众化的服装裁剪方法，通过对人体的多部位测量，制版尺寸可控性强，使用者可以逐渐积累经验，最后获得自如制版能力。作者经过多年裁剪和人体衣身的矫正，总结出了比例结合局部立裁技法来解决人体各种特殊体型制版制作方法，本方法有效而准确。

以下介绍的是比例法的制版方法。

## 第二节　旗袍基础版的制作

本书旗袍的制版方法均采用比例法结合立裁法，示例尺寸采用国标84A人台，同时介绍了其他特殊体型（①胸大臀小、②胸小臀大、③短腰节、④长腰节、⑤上半身挺胸、⑥驼背（含胸）、⑦站立重心前倾、⑧站立重心后倾、⑨腰腹部大、⑩胃凸、⑪溜肩、平肩、⑫高低肩等）的详细细节部分制版方法。

最后还介绍了分片式连肩袖的制版与古式袍的制版。

表4-2-1为制版制图用纸及制图常用符号。

**表4-2-1　基础制图用纸及常用制图符号**

| 一 | 制版制图用纸 | | | | | |
|---|---|---|---|---|---|---|
| | 1. 打板用60克重的牛皮纸或者白纸，要求纸张韧性好，不易破损 | | | | | |
| | 2. 复板时，净样用牛皮纸制版，要用滚轮沿要取版的轮廓线走一遍，做好标记；毛样用透视性好的白纸 | | | | | |
| 二 | 制图符号 | | | | | |
| | | 完成线 | | 拔开 | | 归拢 |
| | | 基本线 | | 并合符号 | | 剪开 |
| | | 对称线 | | 线段相等 | | 拉链止口 |
| | | 等分线 | ○□☆ | 等量符号 | | 连口符号 |
| | | 缩缝 | | | | |
| | B | 胸围 | W | 腰围 | H | 臀围 |
| | BP | 乳凸点 | N | 领围 | SP | 肩端点 |
| | SNP | 肩颈点 | AH | 袖窿弧线 | S | 后肩宽 |
| | L | 衣（裙）长 | SL | 袖长 | | |

下面以身高为160cm、胸围84cm标准尺寸，女性挺拔姿态下穿着旗袍时测量得到的尺寸为例（表4-2-2）。

**表4-2-2 客户定制尺寸表**

单位：cm

| 姓名 | | 84 标准码 | | 身高 | | 160 | 体重 | | 联系方式 | |
|---|---|---|---|---|---|---|---|---|---|---|
| 序号 | 部位 | 测量 | 成衣 | 序号 | 部位 | 测量 | 成衣 | 设计款式图 | | |
| 1 | 胸围 | 84 | 87 | 18 | 胸距 | 14 | 14 | | | |
| 2 | 胸上围 | | | 19 | 肩颈点到胸下 | 31.5 | 31.5 | | | |
| 3 | 胸下围 | 72 | 78 | 20 | 肩颈点到腹凸 | | | | | |
| 4 | 腰围 | 64 | 68 | 21 | 左 / 右 夹圈 | 39 | 42 | | | |
| 5 | 胯上围 / 裙裤腰围 | | | 22 | 左 / 右 臂围 | 28 | 31 | | | |
| 6 | 腹围 | | | 23 | 袖长 | 56 | 56 | | | |
| 7 | 胯围 | | | 24 | 袖口 | | | | | |
| 8 | 臀围 | 90 | 94 | 25 | 前衣长 | 125 | 125 | | | |
| 9 | 下臀围 | | | 26 | 裙长 | | | | | |
| 10 | 前肩宽 | 36 | 36 | 27 | 裤长 | | | | | |
| 11 | 后肩宽 | 33 | 35 | 28 | 全裆长 | | | | | |
| 12 | 后背宽 | 33 | 35 | 29 | 肩颈点到膝 | | | | | |
| 13 | 后背长 | 37 | 37 | 30 | 腰到 小腿 | | | | | |
| 14 | 肩颈点到臀凸 | 60 | 60 | 31 | 前直开 | | | | | |
| 15 | 颈围 | 36 | 40 | 32 | 大 / 小 腿围 | | | | | |
| 16 | 前胸宽 | 32 | 32 | 33 | 前腰节长 | 41.5 | 41.5 | 面料小样： | | |
| 17 | 胸高 | 24.5 | 24.5 | 34 | 后腰节长 | 39.5 | 39.5 | | | |
| 体型特征 | | | | | | 总金额 | | 付款方式 | | |
| 站姿 | | 肩型 | | 脖型 | | | | | | |
| 含胸 | | 溜肩 | | 高脖 | | 设计 时间 | | 设计师 | | |
| 挺胸 | | 平肩 | | 矮脖 | | | | | | |
| 腆肚 | | 冲肩 | | 圆脖 | | | | | | |
| 脊柱侧倾 | | 高低肩 | | 扁脖 | | 试衣 时间 | | 客户确认 | | |
| 体型描述： | | | | | | 取衣 时间 | | | | |

## 一、84cm标准人台尺寸的基础制版步骤

1. 步骤一：画出后中线、前中线

横向先建立人体的6个基础线条：肩平线，胸围线，胸下围线，腰围线，臀围线，衣长线，为了方便胸省位置的确定，把测量到的胸下围线也在此图中预先画好，见图4-2-3。为了方便前后片对比，本书将前后片同时进行制图（注意此处的尺寸标准除了领围按测量尺寸计算公式外，胸、腰、臀对应的B、W、H均代表成衣的尺寸，N为测量时的下颈围，S为后肩宽成衣尺寸）。

① 画出肩平线。穿旗袍后因为站姿挺立及胸部隆起形成了前后腰节差，前腰节长比后腰节长多2cm。把这2cm分配给肩平线上和腰围线下各1cm。

② 前上平线由于胸部的隆起，需要抬高，抬量1cm。

③ 后腰部由于挤压造成前腰节的上斜，为保持腰节水平，前腰围线向下画1cm，见图2-1-2。

2. 步骤二：画出前后领圈和肩线（图4-2-4）

④ 后横开领：7.2cm，$\frac{N}{5}$。

⑤ 后肩斜：从颈点处量得宽15 ：高5的角度，在此点得到与肩宽相交的点便是后肩线。

⑥ 后肩宽：$\frac{S}{2}$+（0.3~0.5）=18.8~19。人体肩部向前略呈弧形，前、后肩宽的测量数值是不同的，人台肩宽测量得到后肩宽比前肩宽要宽1cm左右，制图时后肩宽的尺寸已含制作时的归缩量。

⑦ 前横领：6.9cm，$\frac{N}{5}-0.3$cm。

⑧ 前直领：7.7cm，$\frac{N}{5}+0.5$cm。

⑨ 前肩斜：角度从颈点处量得宽15 ：高6的角度作一条直线，在此点得到与肩宽相交的点便是后肩线。

⑩ 前肩宽：18cm，$\frac{S}{2}-0.5$cm。

（注意：肩斜线的角度如遇溜肩或平肩时，需相应加大或缩小）

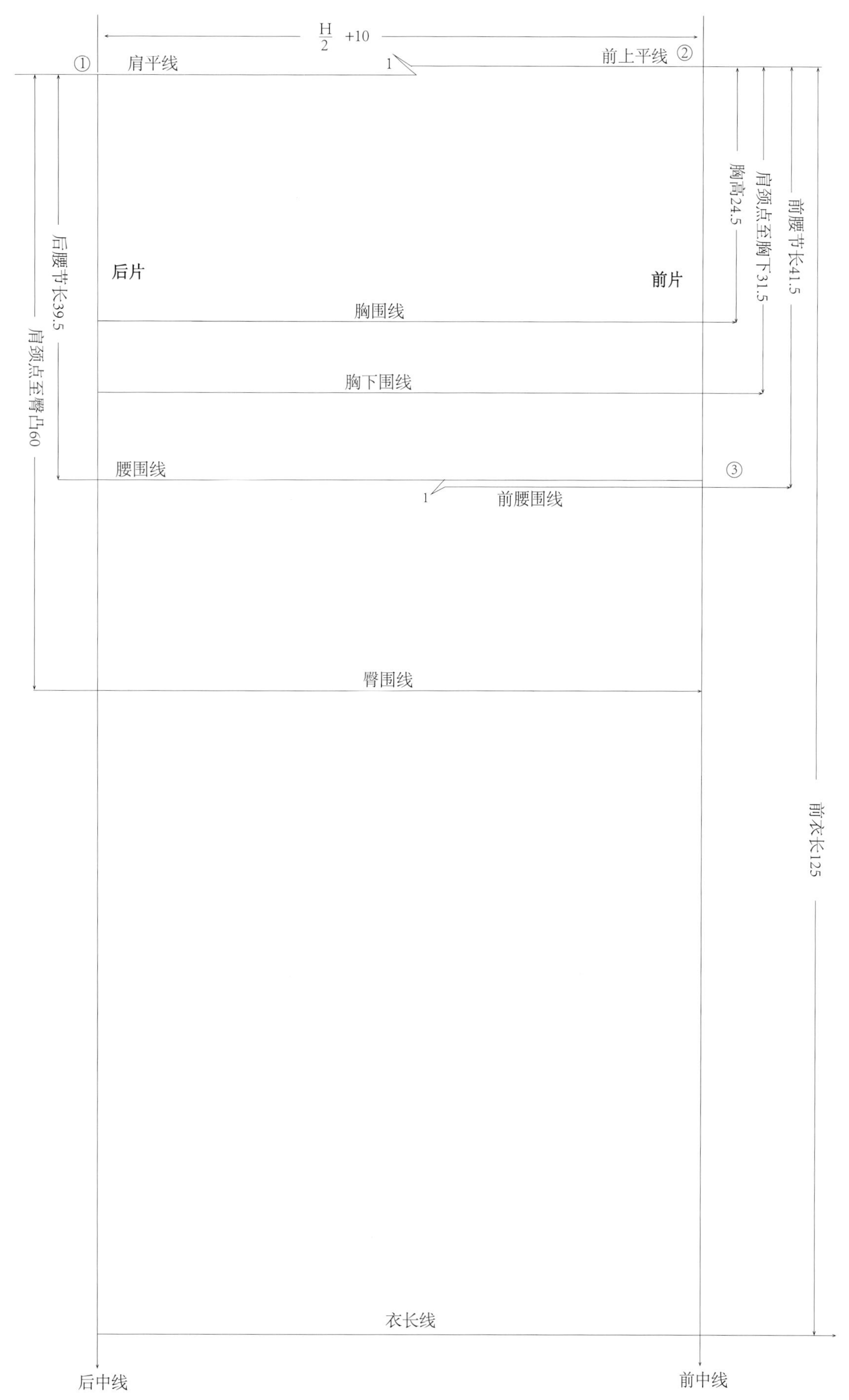


◎ **图4-2-3** 基础制版步骤一

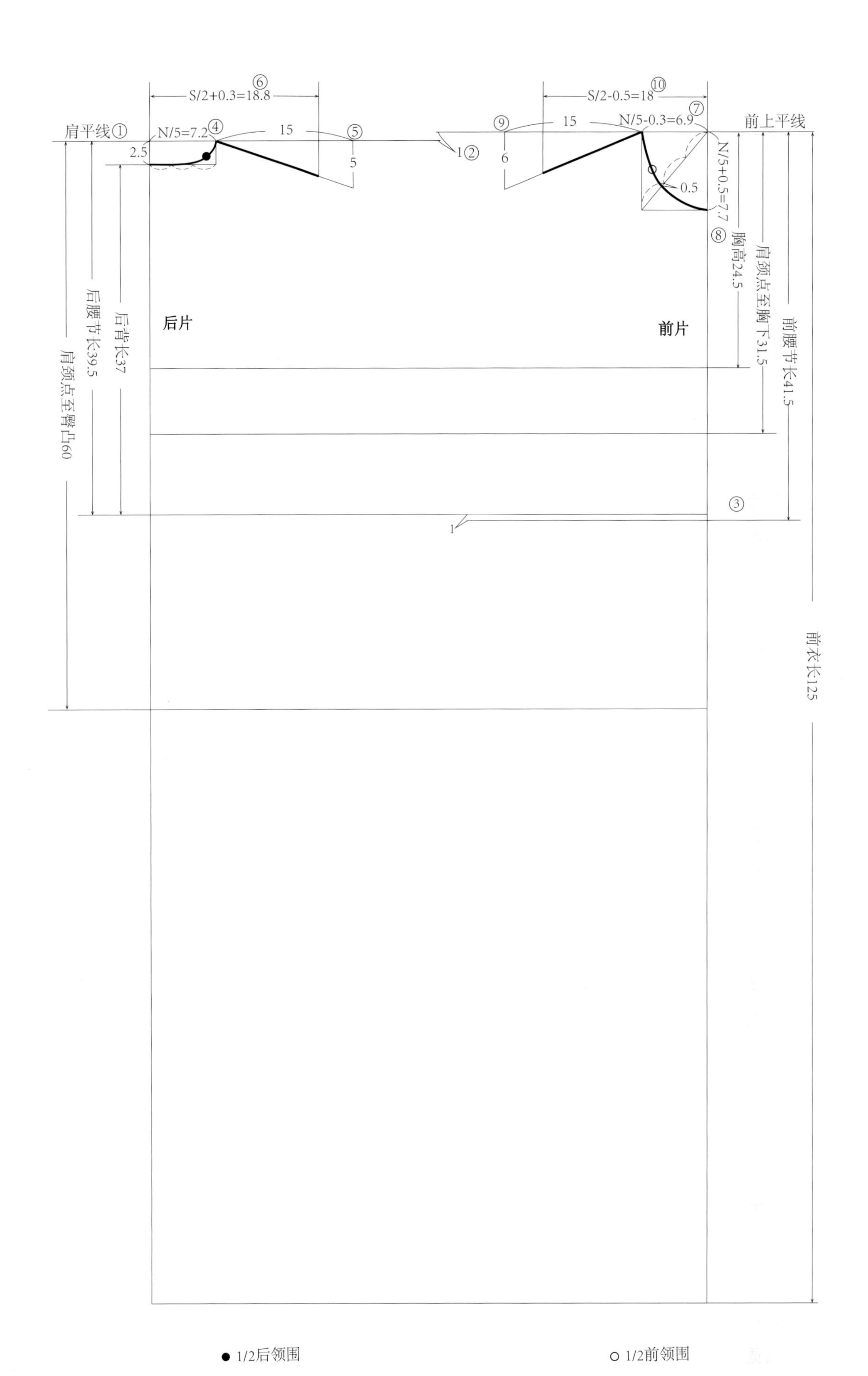


◎ **图4-2-4** 基础制版步骤二

3. 步骤三：依次画出袖窿弧线、胸围大、臀围大（图4-2-5）

⑪ 袖窿深：23.4cm，从肩平线处往下量$\frac{2}{10}$B+6cm。

⑫ 后胸围大：$\frac{B}{4}$=21.75。

⑬ 后背宽：$\frac{背宽}{2}$=18。

⑭ 后冲肩量：后肩宽与后背宽的相差量（此数字随肩宽不同而变动）。

⑮ 前胸围大：$\frac{B}{4}$+0.5cm=22.25。

⑯ 前胸宽：16cm，$\frac{1}{2}$胸宽。

⑰ 胸省预设3.5cm，从袖窿线上抬3.5cm。

⑱ 前冲肩量：前肩宽与前胸宽的差量2cm（此尺寸随肩宽、胸宽不同，可变）。

⑲ 前后臀围大：$\frac{1}{4}$臀围=23.5cm。

4. 步骤四：画出侧缝线（图4-2-6）

⑳ 肩颈点至脚踝处长，总长136cm（此尺寸按160标准人体测量所得）。

㉑ 在脚踝线上，由臀围向中线缩7cm得到成衣下摆的点。

㉒ 人体的臀围至臀下围的距离（臀围的大小决定臀下围线的高低，号型160/84的人台，此尺寸为11cm）。人体在落座时，臀下围处受腰和臀部皮肤延长的牵引，会滑到靠近臀围处，因此臀围到臀下围线这一段的侧缝曲线保持顺直和等量，过臀下围线后再向中心收拢。连顺侧缝线，画好下摆线。

㉓ 衩高：常规尺寸为臀下围线下横向放好手掌，约4~5指的距离。腰节处向下量约38cm处为衩高点。

㉔ 后衣长比前衣长短1cm。

5. 步骤五：按身材尺寸画出省道（图4-2-7）

因为穿旗袍的站立姿态使得前腰上提，为保持腰节和下摆的平衡，前片下摆衣长含了补正1cm的起翘量，后片衣长减短1cm。

㉕ □+■=后胸下围/2。

㉖ 胸省3.5cm，从BP点出发连顺，省道线两侧要保持等长（平胸、球面较大的胸，省量按胸型相应调小或加大）。

㉗ 为防止省道点过于集中，形成鼓包，省尖须距离BP点2.5cm左右。胸省向后退2.5cm后再次画顺。

㉘ 按需要的腰围尺寸画好腰部省道，后腰省1/2处向后中偏0.5cm，作为后腰省中心线；前腰省1/2处向前中挪1cm，作为前腰省中心线。后腰省上省尖穿过胸围线往上2.5~3cm，下省尖距臀围线3~3.5cm(后背厚、背宽宽的体型，上省尖需下降1~1.5cm；胯大、臀大的体型，下省尖需上移1~1.5cm)。注意前腰省、胸下围和腰围之间的连线要圆顺。

㉙ ☆+★=前胸下围/2。

6. 步骤六：画出门襟弧线和小襟（图4-2-8）

㉚ 大襟宽度8cm（可按设计要求改动线条造型）。

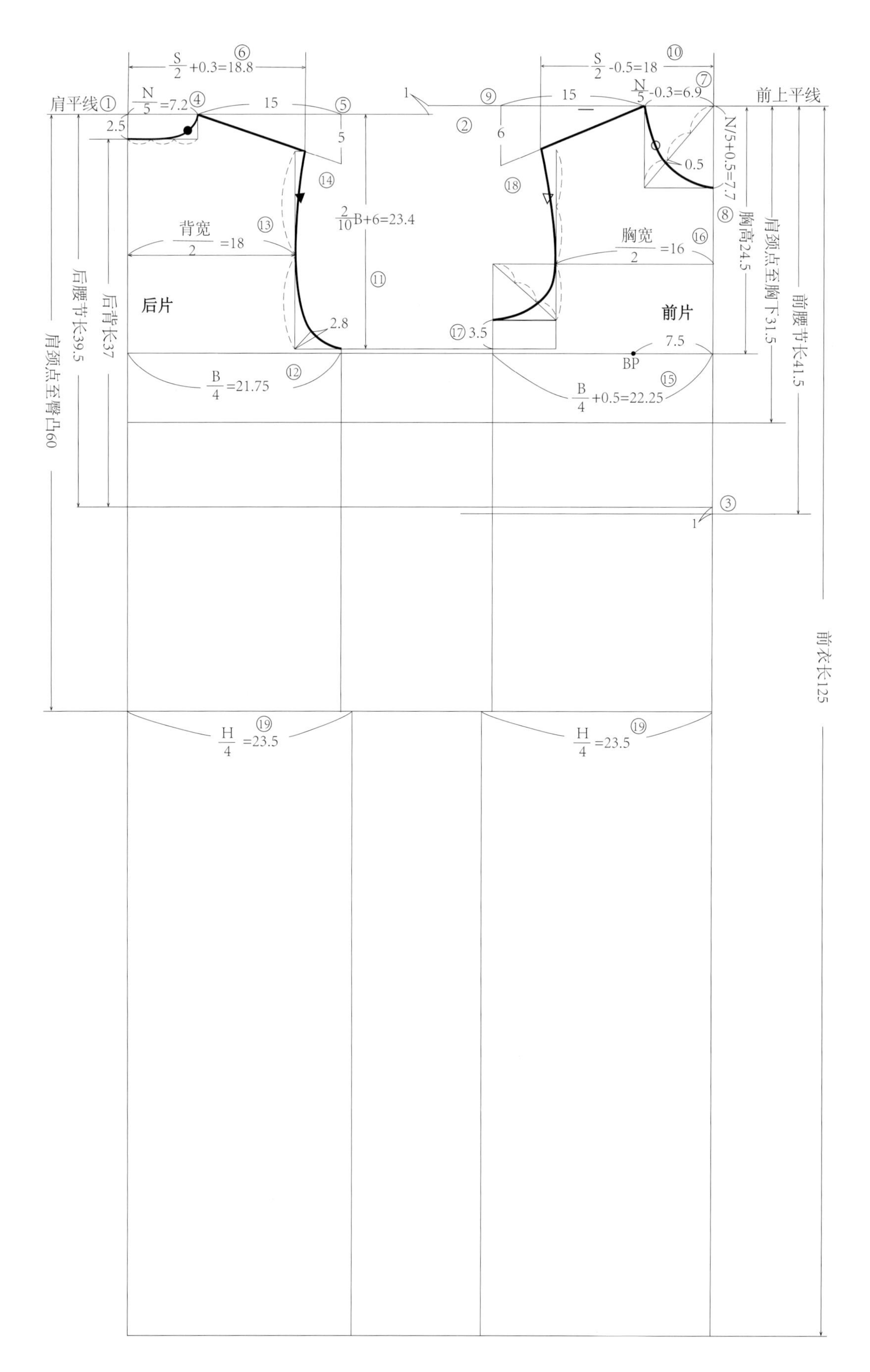


◎ **图4-2-5** 基础制版步骤三

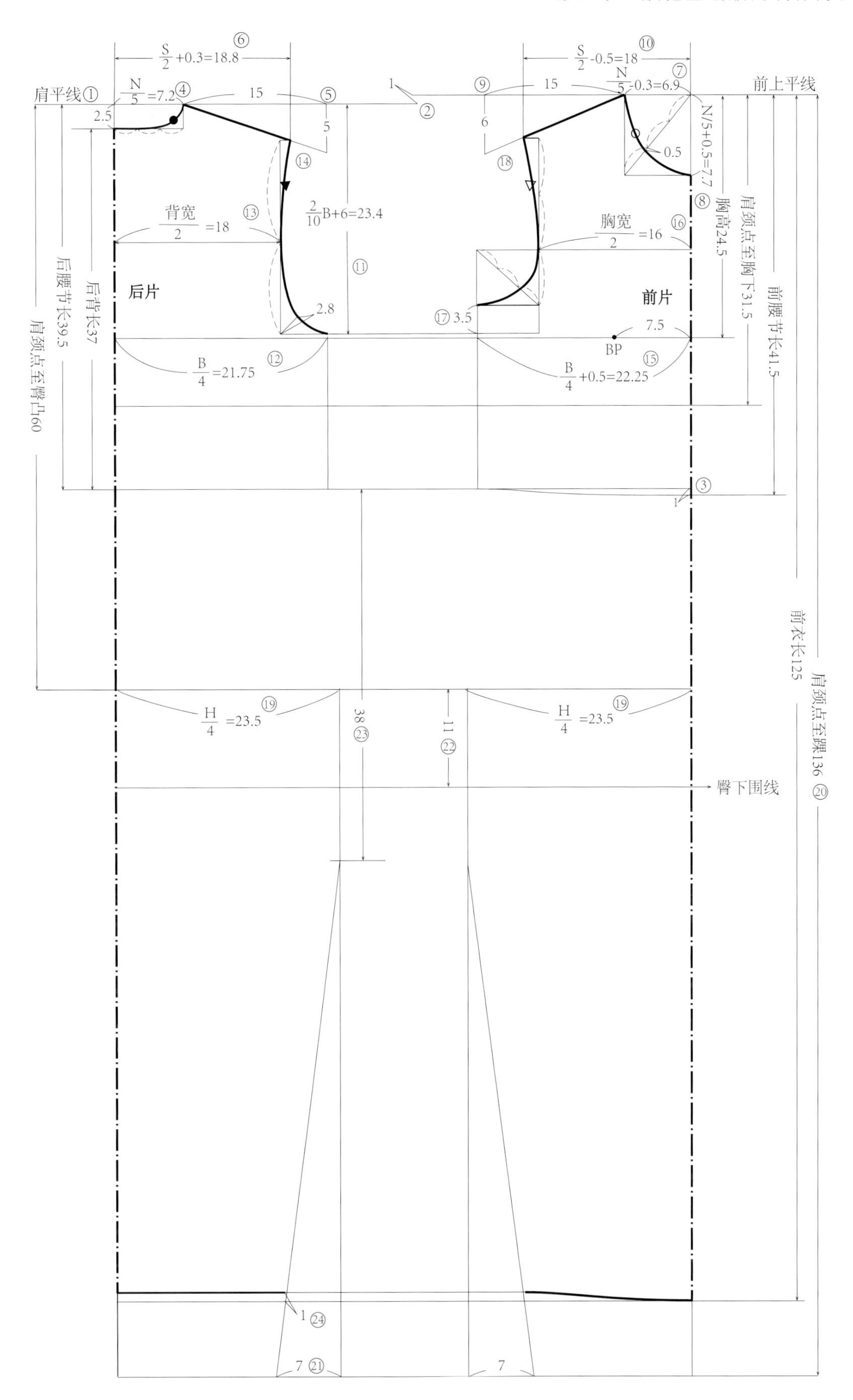


◎图4-2-6　基础制版步骤四

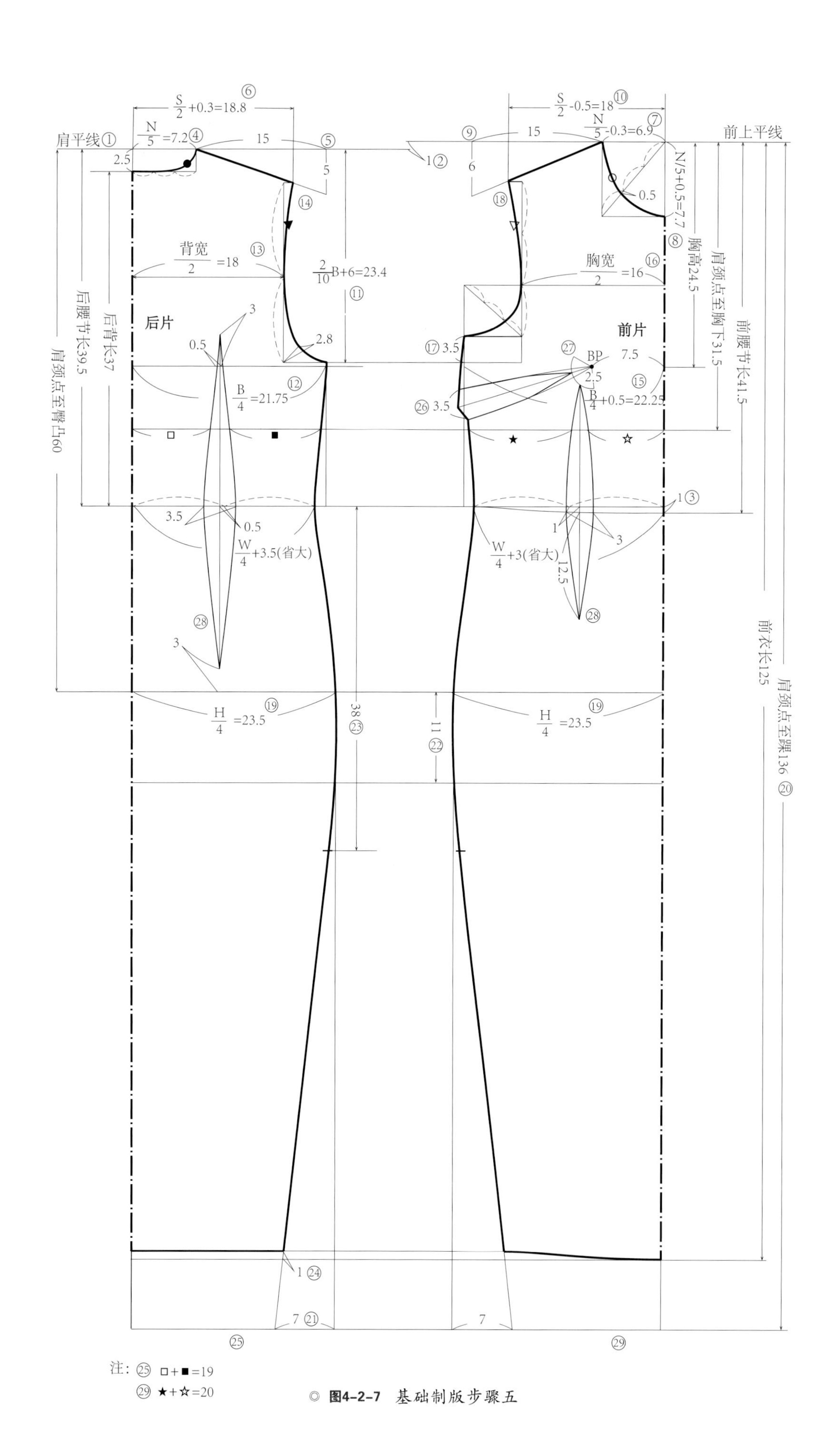


◎ **图4-2-7 基础制版步骤五**

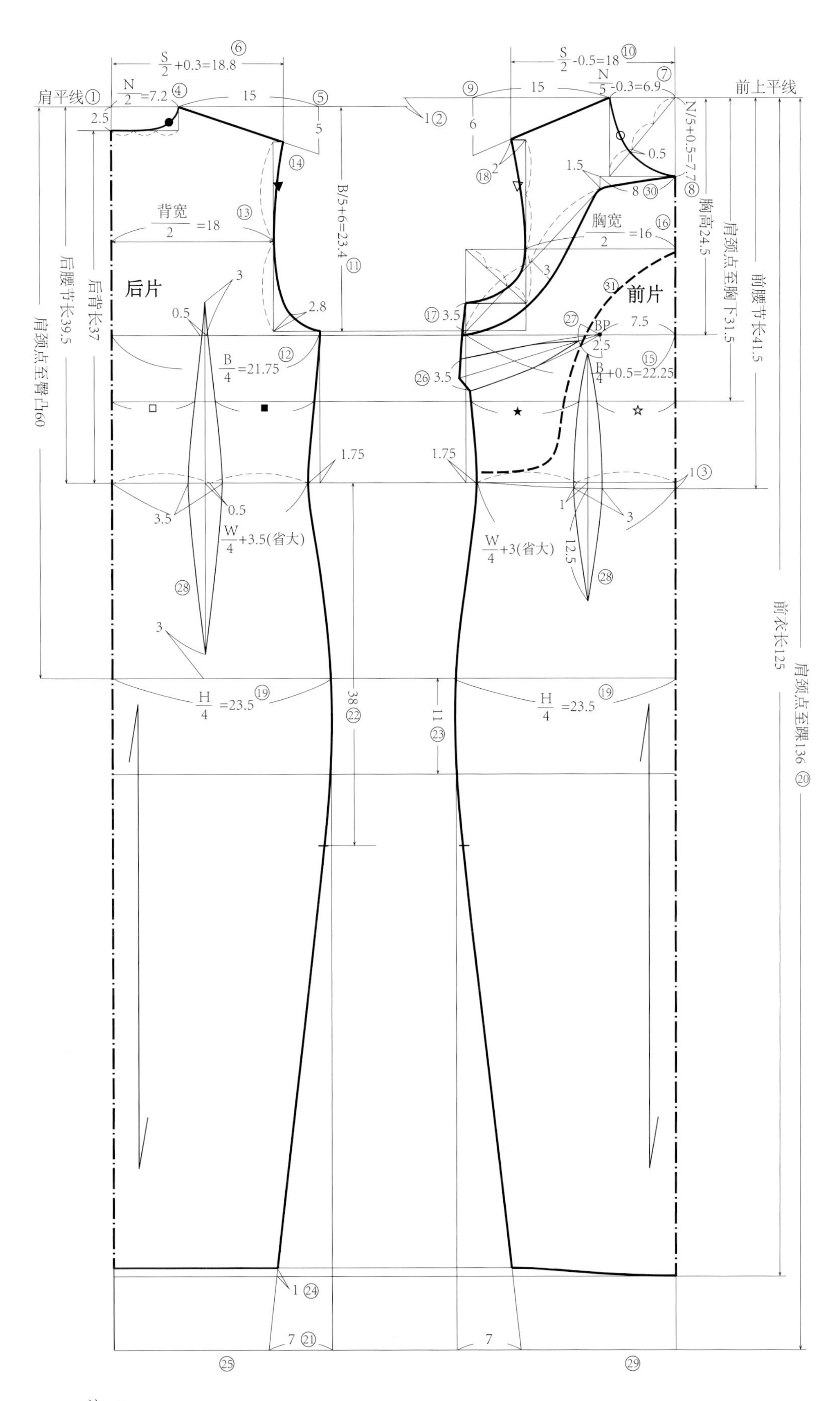


注：㉕ □+■=19
㉙ ★+☆=20

◎ 图4-2-8① 基础制版步骤六

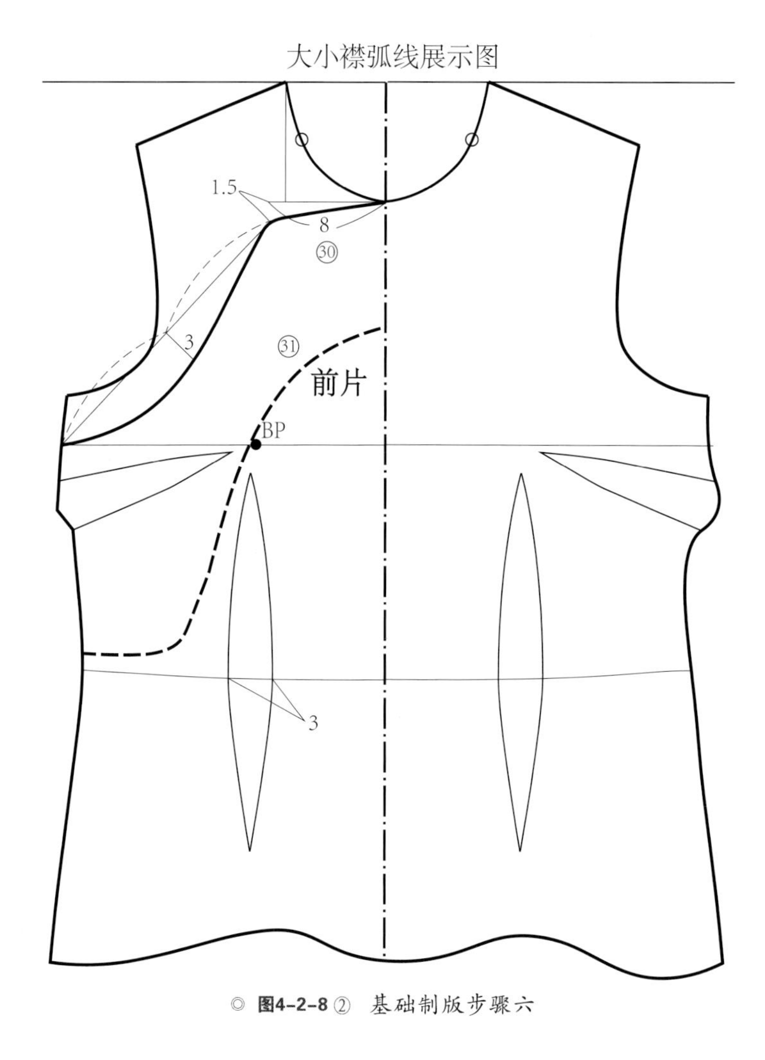


◎ **图4-2-8** ② 基础制版步骤六

㉛ 画出小襟线（在这个图上用虚线表示），小襟不过BP点、前腰节线，画出圆顺弧线。

7. 步骤七：领子的制版打板（图4-2-9）

（1）领子基础线绘制

① 画两条垂直相交的线，水平线上取测量得到的1/2后领圈和1/2前领圈弧线相加。垂直线上取5cm为后领高度。

② 在水平线的领头垂线上上抬3cm，与侧颈点SNP（前领圈和后领圈的交接处）直线连接，在这条直线上量取前领弧长（O），定为a点，并从a点往上作垂线，取领高4.5cm，定为b点；直线连接b点和c点，最后从b点偏进1.5cm为上领门的参考点d，直线连接d点和a点，ad直线即为领头辅助线。

（2）领子轮廓线绘制

连接并画顺领子领底、领上、领头的造型线。

① 经a点到后领中点画顺领底线。

② 经a点靠近d点连接c点画顺领上口和领头弧线。

③ 略调整前领点角度接近于直角（方便制作上领）。

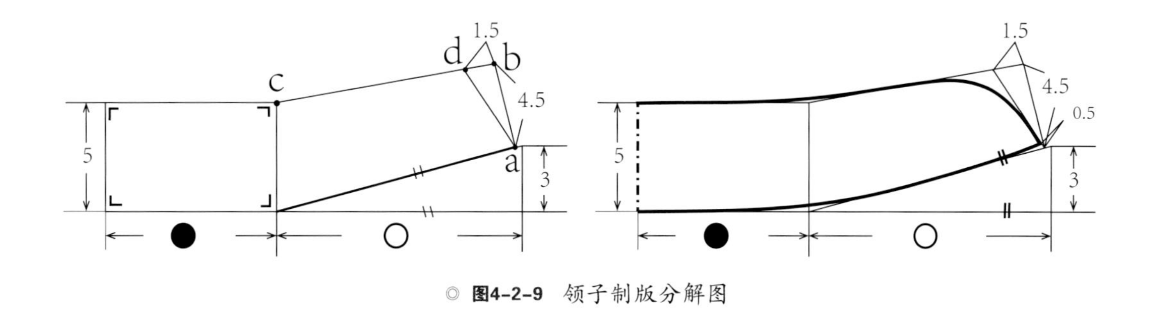


◎ **图4-2-9** 领子制版分解图

8. 步骤八：袖子制版制作（图4-2-10）

（1）基础线绘制

① 定袖肥。先画一条水平线，在水平线上取ab长度为臂围+（3 ~ 4）。

② 定袖山高。分别从a点和b点向上取后AH长和前AH长，并使曲线相交于c，此c点即为袖山顶点。

③ 定袖长。从c点往下画一条垂直线，取袖长为cd。

④ 定袖口线。从d点作一水平线为袖口线，取后袖口大de=$\frac{袖口围}{2}$+0.5cm，前袖口大df=$\frac{袖口围}{2}$-0.5cm。

⑤ 分别连接af和bf这两条线即为袖底线的基础线。

⑥ 确定袖肘线。从袖山顶点往下量取cg=1/2袖长+2.5cm。

（2）袖山弧线绘制

① 画好前袖山弧线。

② 画好后袖山弧线。

③ 检查吃势量。袖山弧线与大身袖窿弧线的差值称为吃势，一般丝绸旗袍吃势总量控制在1 ~ 1.5cm，后袖山吃势量比前袖山吃势量大0.5cm。

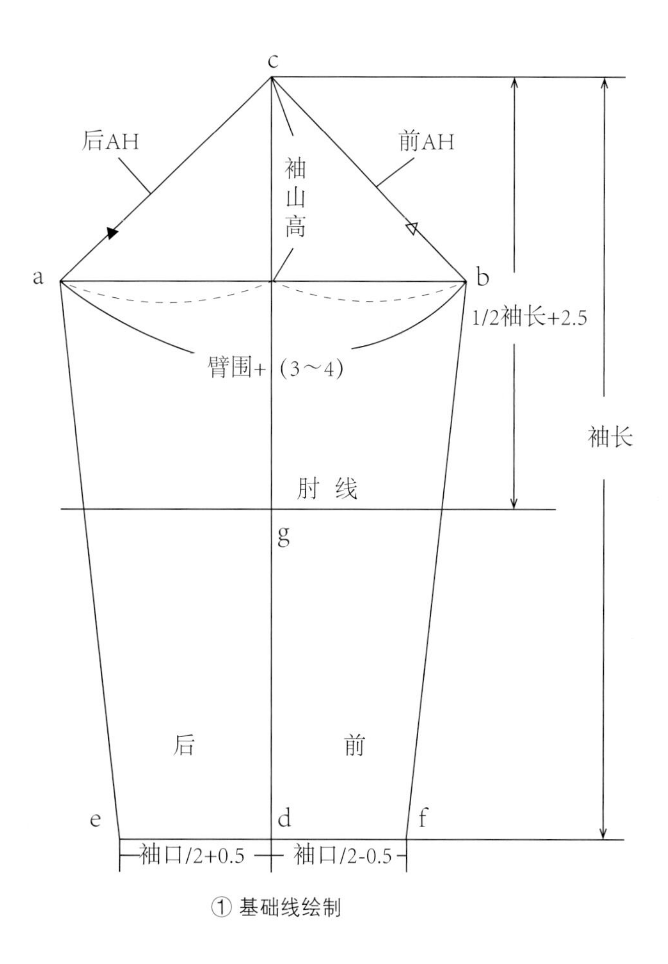


◎ **图4-2-10①** 袖子制版分解图

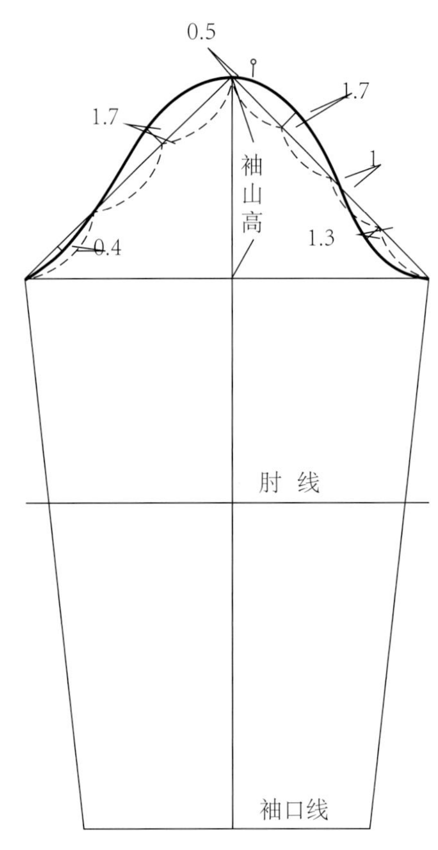


② 袖山弧线绘制

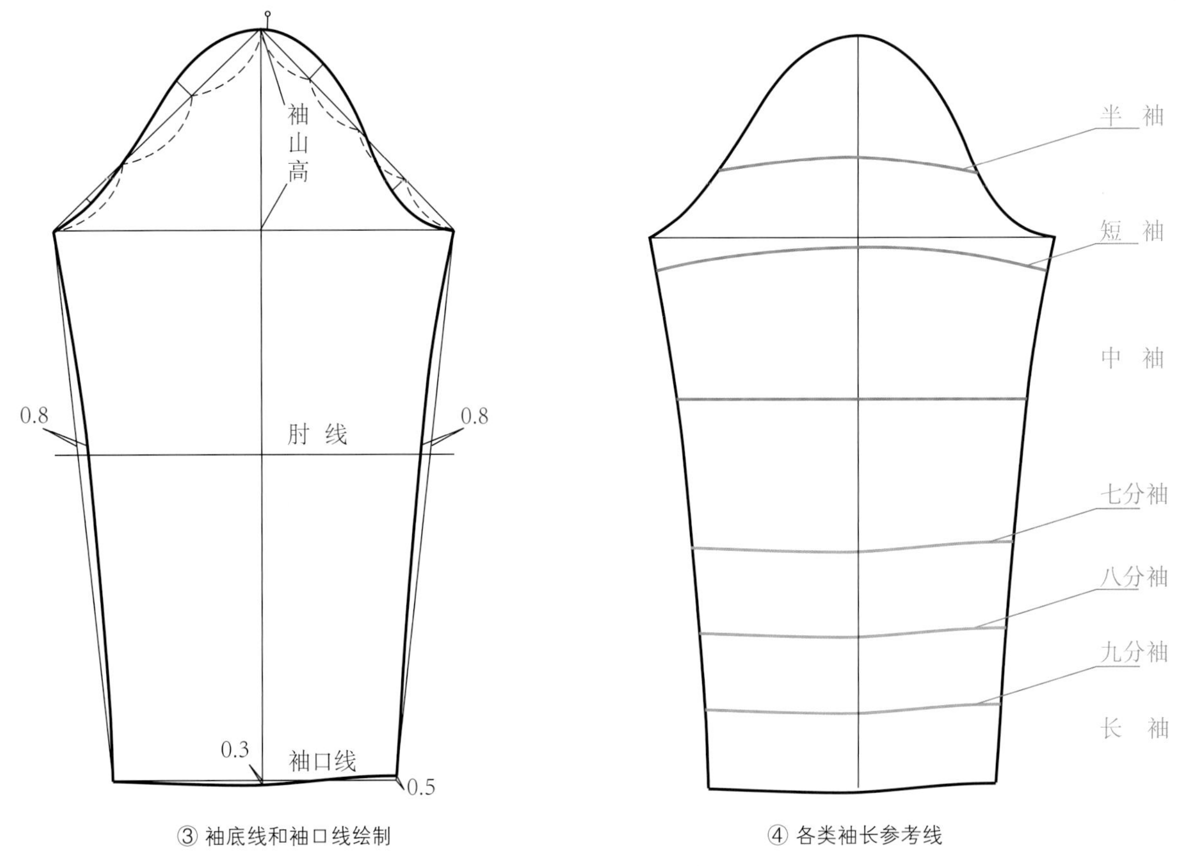


③ 袖底线和袖口线绘制

④ 各类袖长参考线

◎ **图4-2-10②** 袖子制版分解图

## 四、面、里布制版放缝

### （一）面布制版放缝（图4-2-11）

① 一般旗袍底摆放缝折边量4cm，若底摆为滚边工艺，则不需要放缝，镶边工艺放缝1cm。侧缝放缝1cm。

② 定制旗袍的侧缝要为后期改动留有余地，一般情况下侧缝放缝1.5 ~ 2cm。

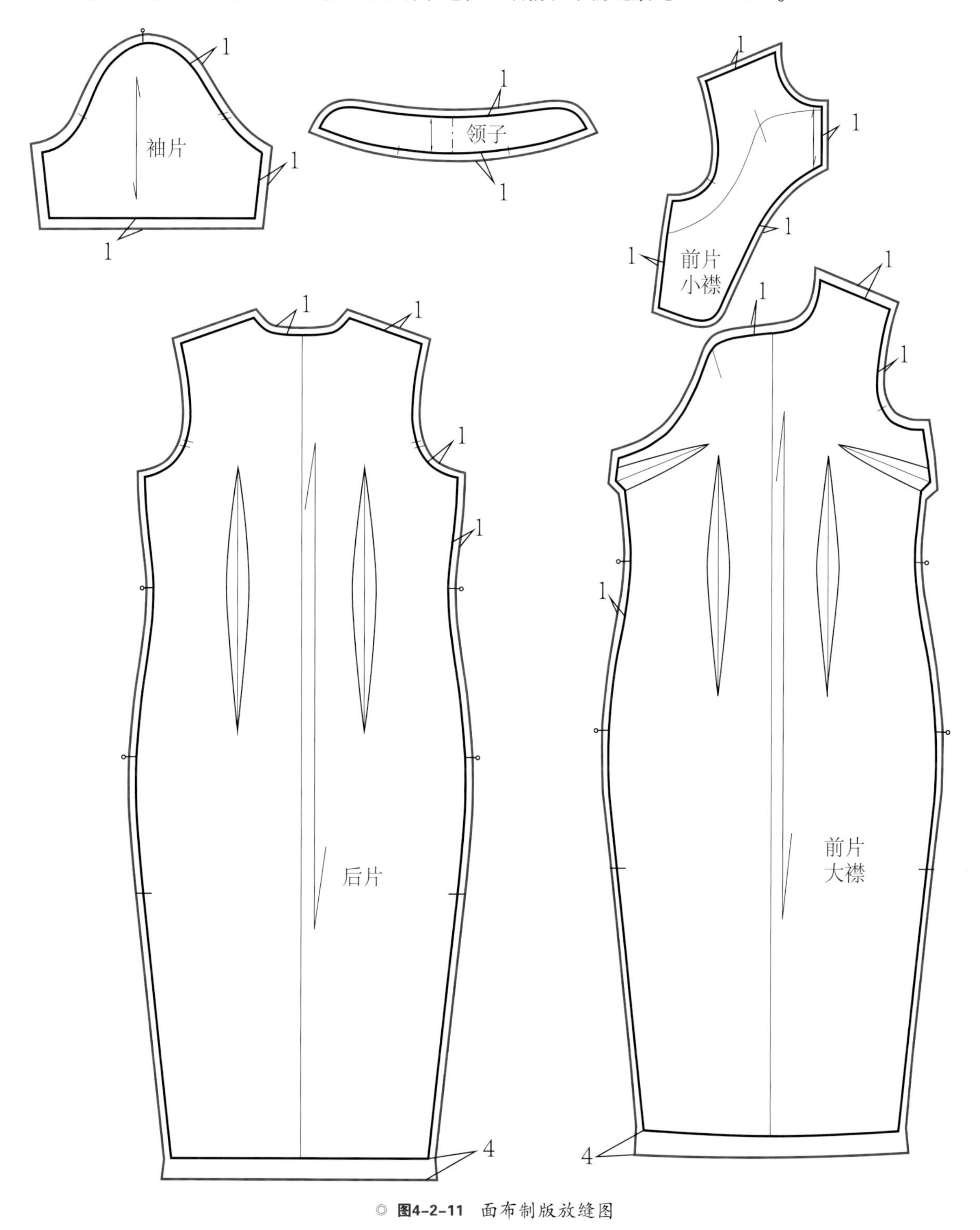


◎ 图4-2-11　面布制版放缝图

### （二）里布净样板制作（图4-2-12）

为保证旗袍穿上后人体活动时，里布有自然的松量，不起吊、不紧绷，因此里布的放缝量要大于面布。里布净样板需要在面布净样板基础上进行调整。调整原则是：

① 里布的围度部分比画布要稍大，按部位的不同而有所区别，具体见图4-2-12。

② 增加长度的部位有：肩线、领圈线、袖窿深线、开衩口、底摆等，作人体活动时的余量。

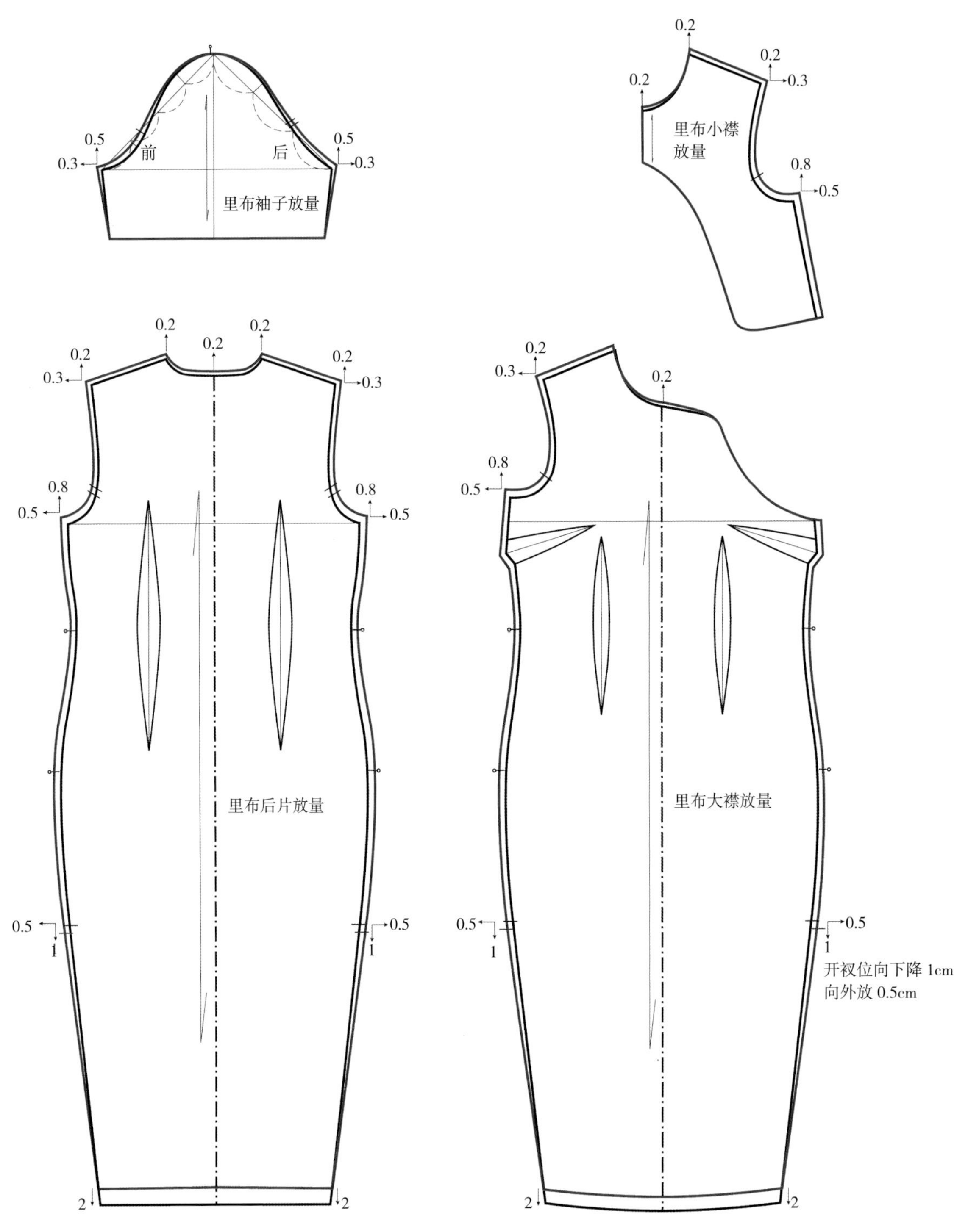


◎ 图4-2-12 里布净样板制作

### （三）里布放缝完成（图4-2-13）

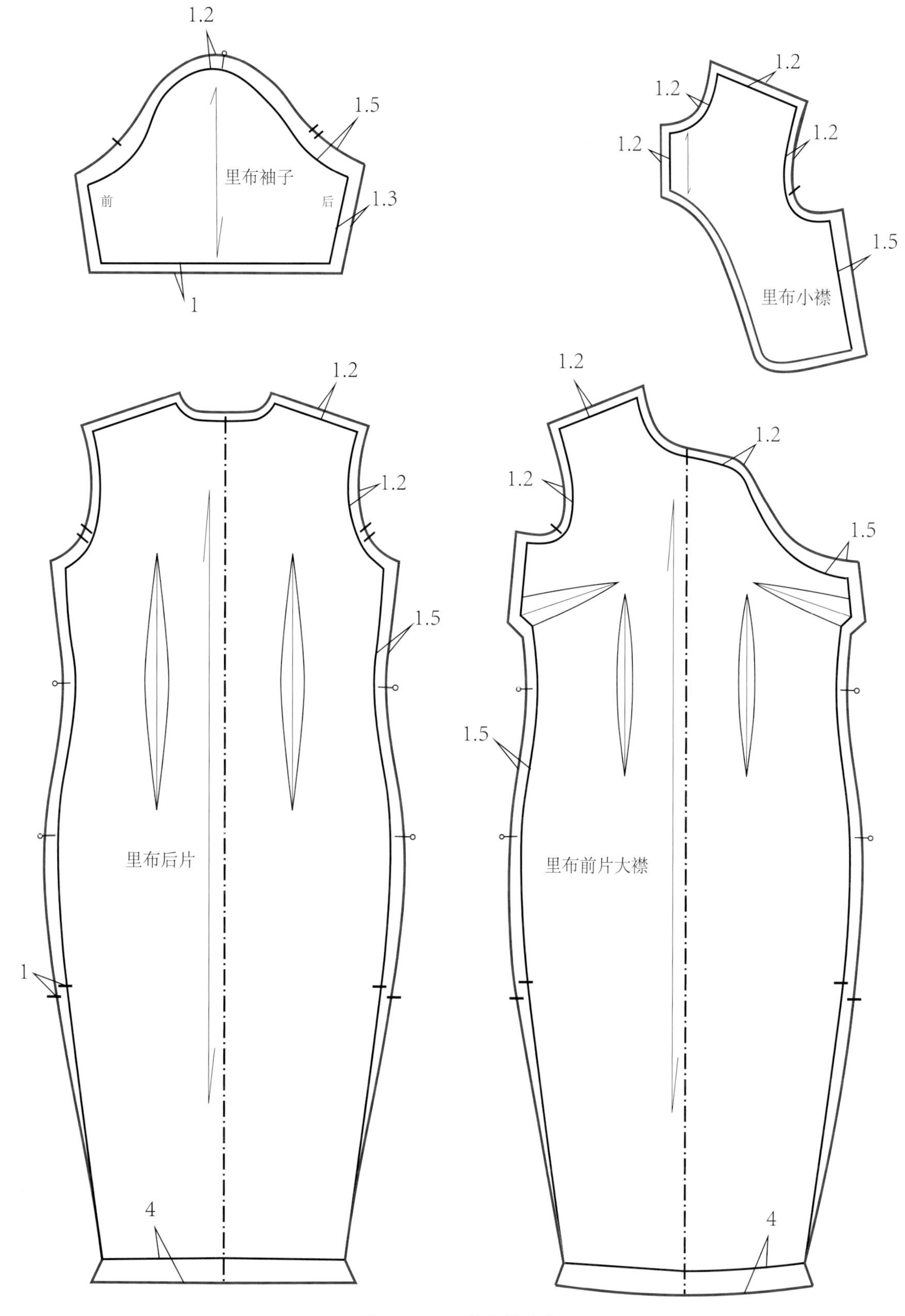


◎ 图4-2-13　里布放缝完成

第五章

# 各种体型的旗袍制版方法

以下所述制版均是根据客户体型的真实数据制成，成衣与客户体型吻合。包含了11种非常规体型的裁前方法，另加了传统旗袍裁剪的方法，可以供大家做参考。各种体型的制版对应的人体特征可参照第三章人体尺寸的测量。

关于放缝量：定制服装的制版侧缝预留1.5～2cm，裙摆、袖口折边预留4cm，肩缝、袖窿等其他部位缝份1cm，滚边的部位不留缝头，假做的小襟分割线缝头2cm。旗袍的袖长、衣长等部位可先预留长度，待试穿后决定实际长度。

## 第一节　梨形、胸小臀大、腰节长体型的旗袍制版方法（Y女士）

**1. Y女士喜上眉梢提花锦缎布料0.3cm镶边旗袍展示图（图5-1-1）**

◎ **图5-1-1**　Y女士梨形、胸小臀大、腰节长体型定制旗袍成衣展示图

**2. Y女士梨形、胸小臀大、腰节长体型客户定制尺寸（图5-1-2）**

| 客户定制尺寸单 单位：cm | | | | | | | | |
|---|---|---|---|---|---|---|---|---|
| 姓名 | | Y女士 | | 身高 | 168 | 体重 | | 联系方式 |
| 序号 | 部位 | 测量 | 成衣 | 序号 | 部位 | 测量 | 成衣 | 设计款式图 |
| 1 | 胸围 | 84 | 87 | 18 | 胸距 | 14 | 14 | 注：喜上眉梢的写图案，在大身上不能断肢、断头，排花有疏密，设计师自己裁剪。 |
| 2 | 胸上围 | 83 | | 19 | 肩颈点到胸下 | 33 | 33 | |
| 3 | 胸下围 | 67 | 72 | 20 | 肩颈点到腹凸 | | | |
| 4 | 腰围 | 64 | 67 | 21 | 左/右　夹圈 | 39 | 42 | |
| 5 | 胯上围/裙裤腰围 | 74 | 77 | 22 | 左/右　臂围 | 26 | 30 | |
| 6 | 腹围 | | | 23 | 袖长 | 落肩袖 | | |
| 7 | 胯围 | 81 | | 24 | 袖口 | | | |
| 8 | 臀围 | 93 | 96 | 25 | 前衣长 | | | |
| 9 | 下臀围 | | | 26 | 裙长 | 118 | 118 | |
| 10 | 前肩宽 | | | 27 | 裤长 | | | |
| 11 | 后肩宽 | 38 | 38 | 28 | 全裆长 | | | |
| 12 | 后背宽 | 33 | 36 | 29 | 肩颈点　到膝 | | | |
| 13 | 后背长 | 37 | 37 | 30 | 腰到　小腿 | | | |
| 14 | 肩颈点到臀凸 | 63.5 | 63.5 | 31 | 前直开 | | | |
| 15 | 颈围 | 36.5 | 40.5 | 32 | 大/小　腿围 | | | |
| 16 | 前胸宽 | 36.5 | 36.5 | 33 | 前腰　节长 | 41.5 | 41.5 | 面料小样： |
| 17 | 胸高 | 25.5 | 25.5 | 34 | 后腰　节长 | 40 | 40 | |

| 体型特征 | | | | | | 总金额 | | 付款方式 | |
|---|---|---|---|---|---|---|---|---|---|
| 站姿 | | 肩型 | | 脖型 | | | | | |
| 含胸 | | 溜肩 | √ | 高脖 | √ | 设计时间 | | 设计师 | |
| 挺胸 | √ | 平肩 | | 矮脖 | | | | | |
| 腆肚 | | 冲肩 | | 圆脖 | | 试衣时间 | | 客户确认 | |
| 脊柱侧倾 | | 高低肩 | | 扁脖 | | | | | |
| 体型描述：1、胸球小；2、腰细；3、臀翘，臀部丰满，臀腰差大；4、肩斜较大，中凹肩，肩部下凹点相距27cm；5、开衩在腰节下 40 cm；领高 6 cm | | | | | | 取衣时间 | | | |

◎ 图5-1-2　Y女士定制尺寸

### 3. Y女士定制旗袍制版（图5-1-3）

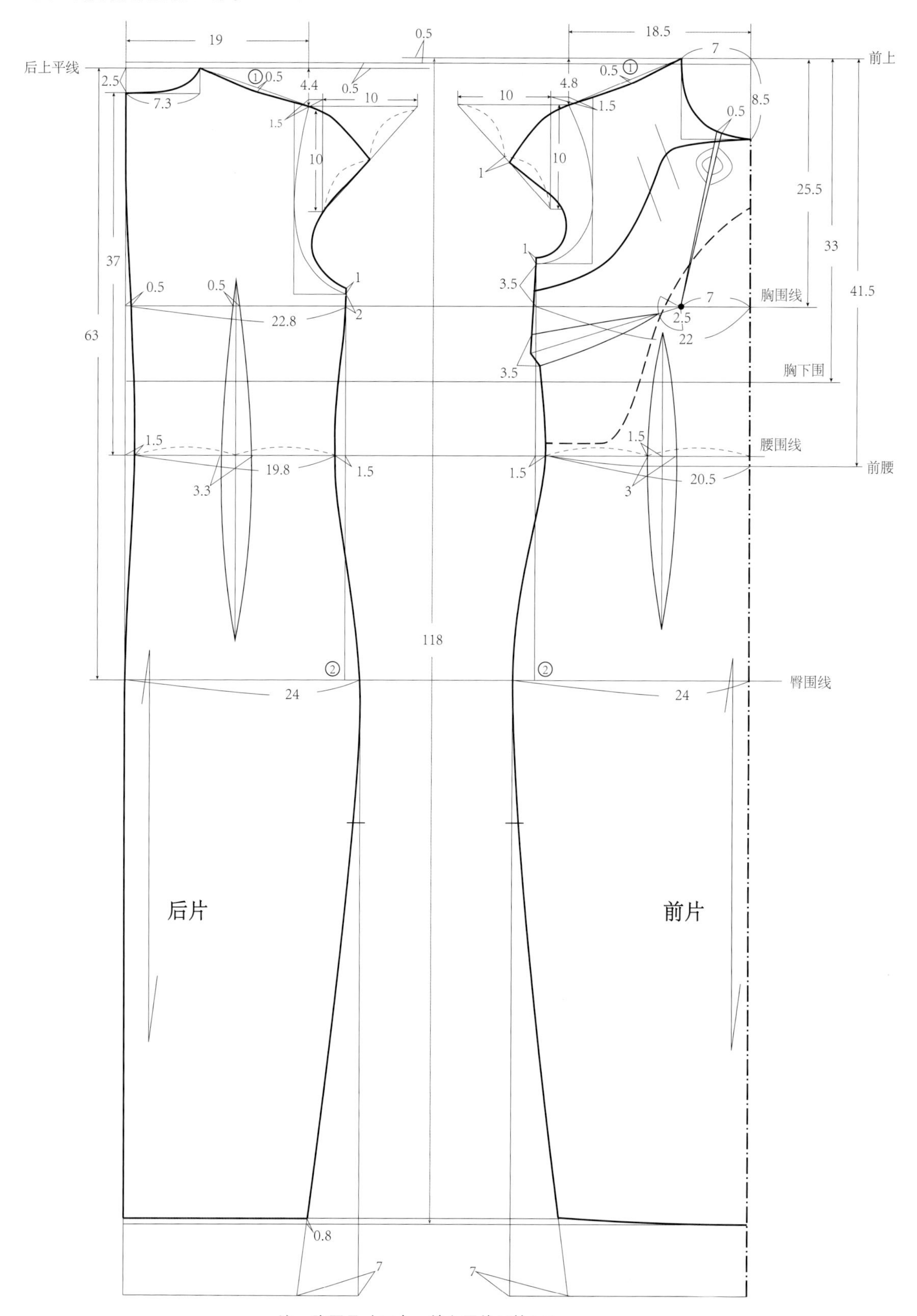


注：胸围尺寸不大，前上平线只抬0.5cm

◎ **图5-1-3** Y女士定制旗袍制版

**4. Y女士定制旗袍制版的制图要点**

① 挺胸体、但因胸围较小，前上平线只抬高0.5cm。

② 腰细、臀大、臀腰差大，后腰省道值大，面料很容易在后片堆积，要减短后背长尺寸来吻合后背造型，因此后平线降0.5cm。

③ 溜肩带中凹肩，前后的肩斜需要比正常大些，实际根据客户肩斜大小做适当调节，图为比正常肩斜下降0.3cm。凹肩的位置按测量的点向下做0.5cm的肩线省。落肩袖的款式在于臂活动时前胸容易有空鼓不贴合，在前领处设0.5cm的胸省。

为使裁片更简洁，需将制版的部分省道转移与并合，合并大、小襟领口撇胸省转移胸省，胸省省道张开后而变大，过程如图5-1-4所示。

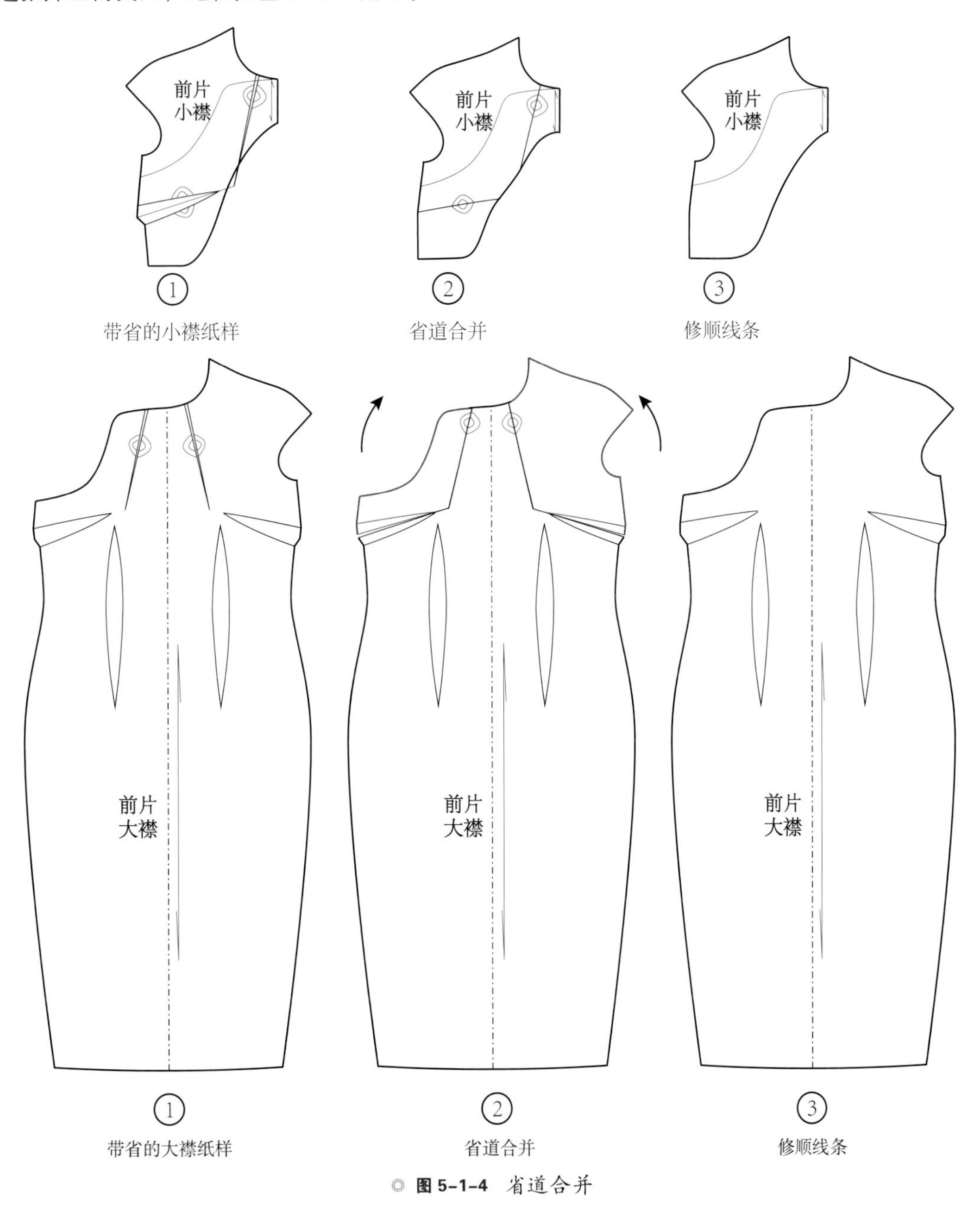


◎ 图5-1-4　省道合并

领子的制版见图5-1-5。注意因为后中开拉链的原因，后领中上口要去掉0.3cm的量，避免成衣穿着时领子交叠。

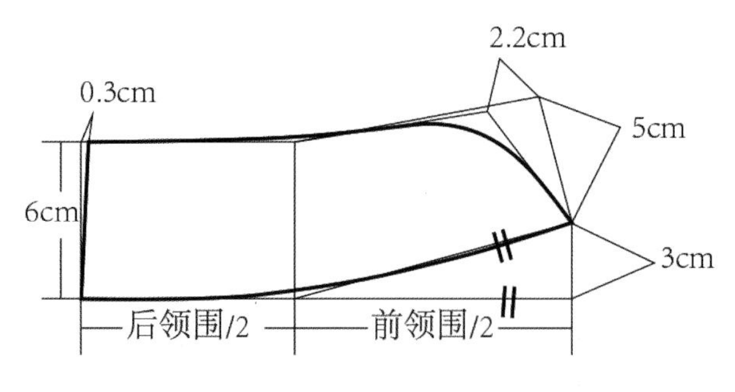


◎ **图5-1-5** 领子的制版

**5. Y女士定制旗袍排料（图5-1-6）**

面料排料时，有纹样的衣服最好对花，注意有动物鸟兽图案的不能断肢断头，花朵、圆圈等图案要避开胸点、私处位置等。要符合这些要求，一定会增加损耗，所以在采购这类面料时要多买一些。

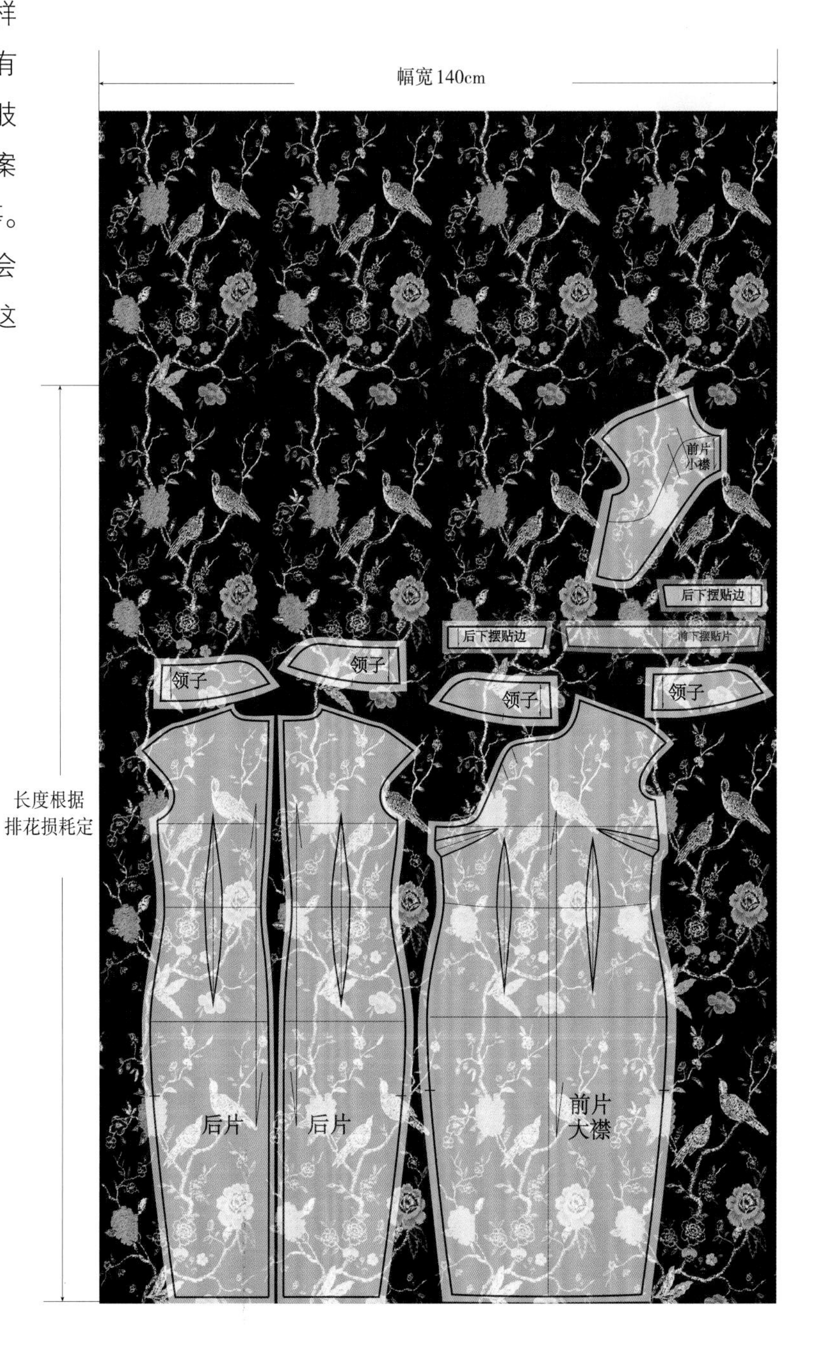


◎ **图5-1-6** Y女士定制旗袍的排料

◎ **图5-2-1** Y女士苹果形、胸小臀大体型定制旗袍成衣展示图

## 第二节　苹果形、胸大臀小体型的旗袍制版方法（Z女士）

1. Z女士真丝重绉滚边镶花边半袖长旗袍成衣展示图（图5-2-1）

**2. Z女士苹果形、胸大臀小体型客户定制尺寸表（图5-2-2）**

| 客户定制尺寸单 单位：cm | | | | | | | | | | |
|---|---|---|---|---|---|---|---|---|---|---|
| 姓名 | | Z女士 | | 身高 | | 165 | 体重 | | 联系方式 | |
| 序号 | 部位 | 测量 | 成衣 | 序号 | 部位 | 测量 | 成衣 | 设计款式图 | | |
| 1 | 胸围 | 99 | 102 | 18 | 胸距 | 18 | 18 | | | |
| 2 | 胸上围 | 92 | | 19 | 肩颈点到胸下 | 39.5 | 39.5 | | | |
| 3 | 胸下围 | 83 | 89 | 20 | 肩颈点到腹凸 | | | | | |
| 4 | 腰围 | 76.5 | 80 | 21 | 左/右 夹圈 | 43 | 46 | | | |
| 5 | 胯上围/裙裤腰围 | | | 22 | 左/右 臂围 | 29.5 | 34 | | | |
| 6 | 腹围 | 86 | 90.5 | 23 | 袖长 | 24 | 24 | | | |
| 7 | 胯围 | 88.5 | 93 | 24 | 袖口 | | | | | |
| 8 | 臀围 | 90 | 96 | 25 | 前衣长 | | | | | |
| 9 | 下臀围 | | | 26 | 裙长 | 137 | 137 | | | |
| 10 | 前肩宽 | 38 | 38 | 27 | 裤长 | | | | | |
| 11 | 后肩宽 | 39.5 | 39.5 | 28 | 全裆长 | | | | | |
| 12 | 后背宽 | 36.5 | 38 | 29 | 肩颈点 到膝 | | | | | |
| 13 | 后背长 | 36.5 | 36.5 | 30 | 腰到 小腿 | | | | | |
| 14 | 肩颈点到臀凸 | 60.5 | 60.5 | 31 | 前直开 | | | | | |
| 15 | 颈围 | 38 | 42 | 32 | 大/小 腿围 | | | | | |
| 16 | 前胸宽 | 34.5 | 35 | 33 | 前腰节长 | 44.5 | 44.5 | 面料小样： | | |
| 17 | 胸高 | 30 | 30 | 34 | 后腰节长 | 39 | 39 | | | |

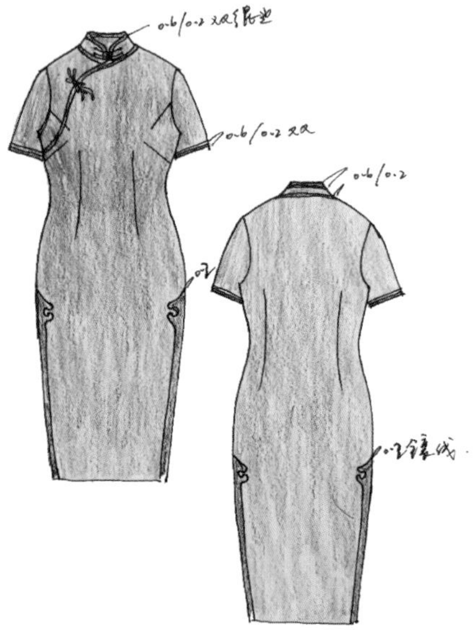

| 体型特征 | | | | | | 总金额 | | 付款方式 | |
|---|---|---|---|---|---|---|---|---|---|
| 站姿 | | 肩型 | | 脖型 | | | | | |
| 含胸 | | 溜肩 | | 高脖 | | 设计时间 | | 设计师 | |
| 挺胸 | √ | 平肩 | | 矮脖 | | | | | |
| 腆肚 | | 冲肩 | | 圆脖 | √ | 试衣时间 | | | |
| 脊柱侧倾 | | 高低肩 | | 扁脖 | | | | 客户确认 | |
| 体型描述：1、挺胸，胸球大；2、臀小；3、典型上大下小；4、后肩部圆厚；5、领高4.5cm。 | | | | | | 取衣时间 | | | |

◎ 图5-2-2 Z女士定制尺寸表



◎ 图4-3-8 尺寸表

### 3. Z女士旗袍制版（图5-2-3）

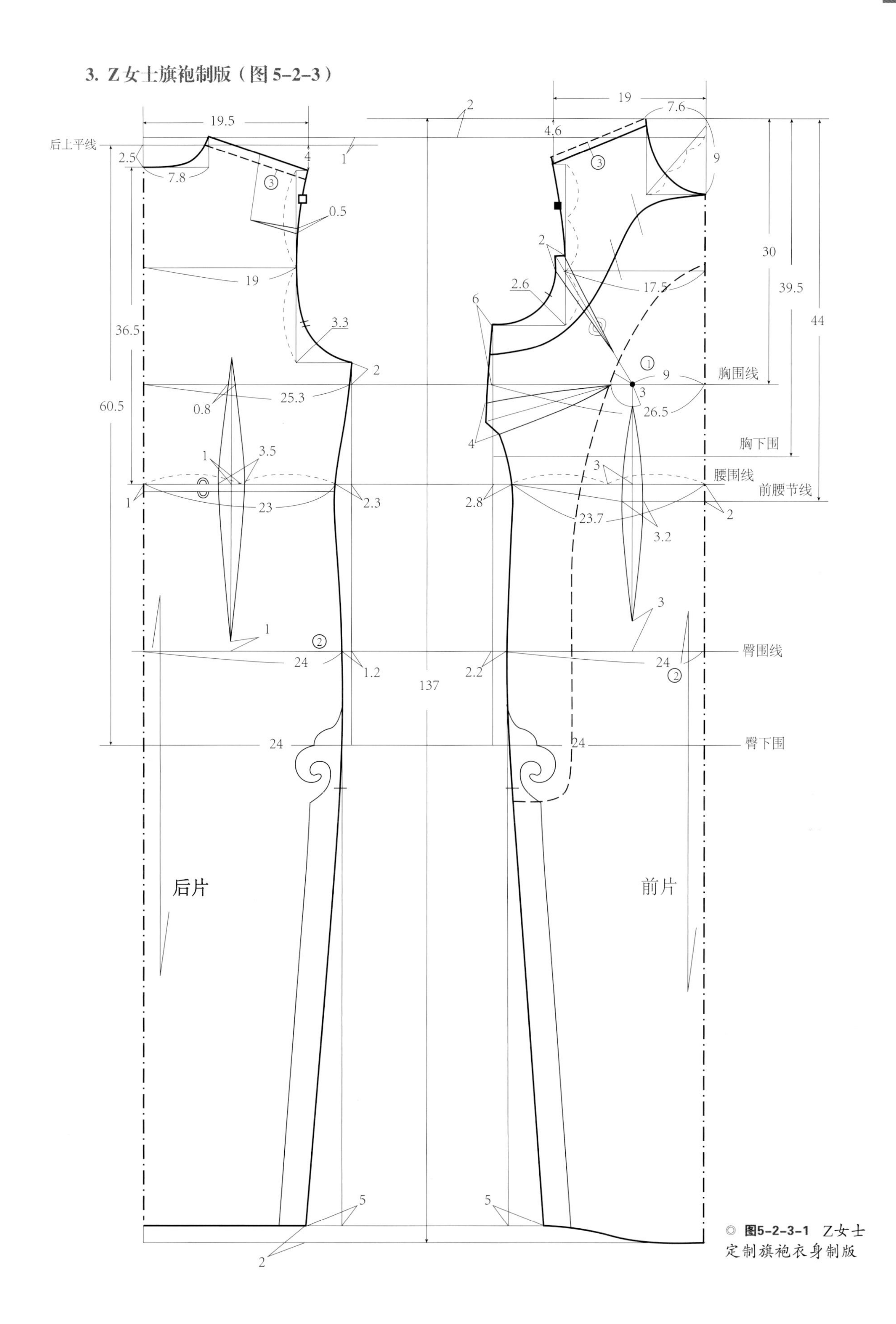


◎ **图5-2-3-1** Z女士定制旗袍衣身制版

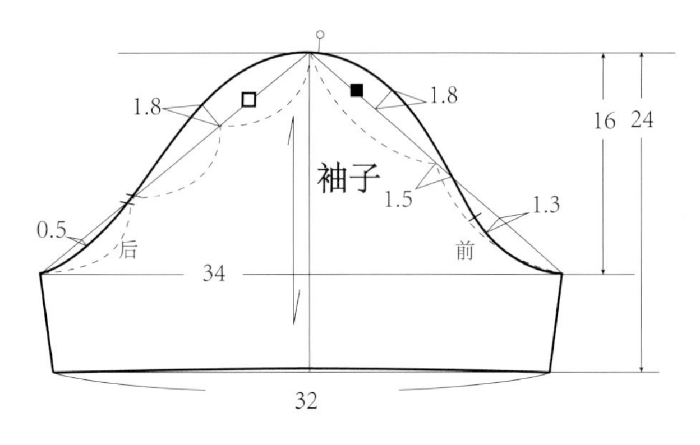


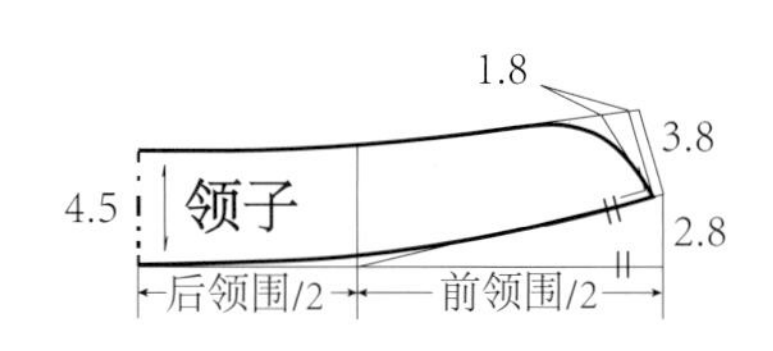


◎ **图5-2-3-2** 袖子的制版

4. 苹果体型袖子制版的制图要点

① 胸大且挺的体型，把前上平线向上抬2.5cm，增袖窿省使胸部更服贴。后腰挺，后背有挤压后缩短，后上平线下降1cm。

② 胸大臀小，为了衣服上下整体的协调平衡，胸部放松量为4cm，臀围放松量加大到6cm。

③ 前片抬高后片降低后，前后袖窿弧线差量太大，为保持袖窿线和肩线的平衡，前片肩部减1cm，后肩加1cm。人体圆厚的，肩背部加设一个小省，使后背更服贴。

后腰缩短、肩部调整的示意图与小襟的胸省转移合并图见图5-2-4。

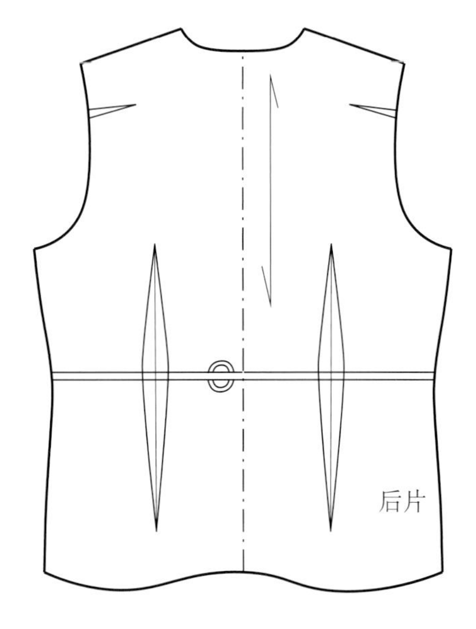


腰部去量前的后片纸样

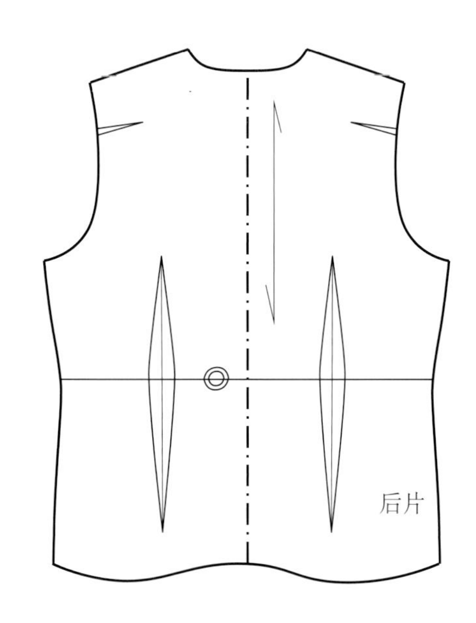


腰部去量后的后片纸样

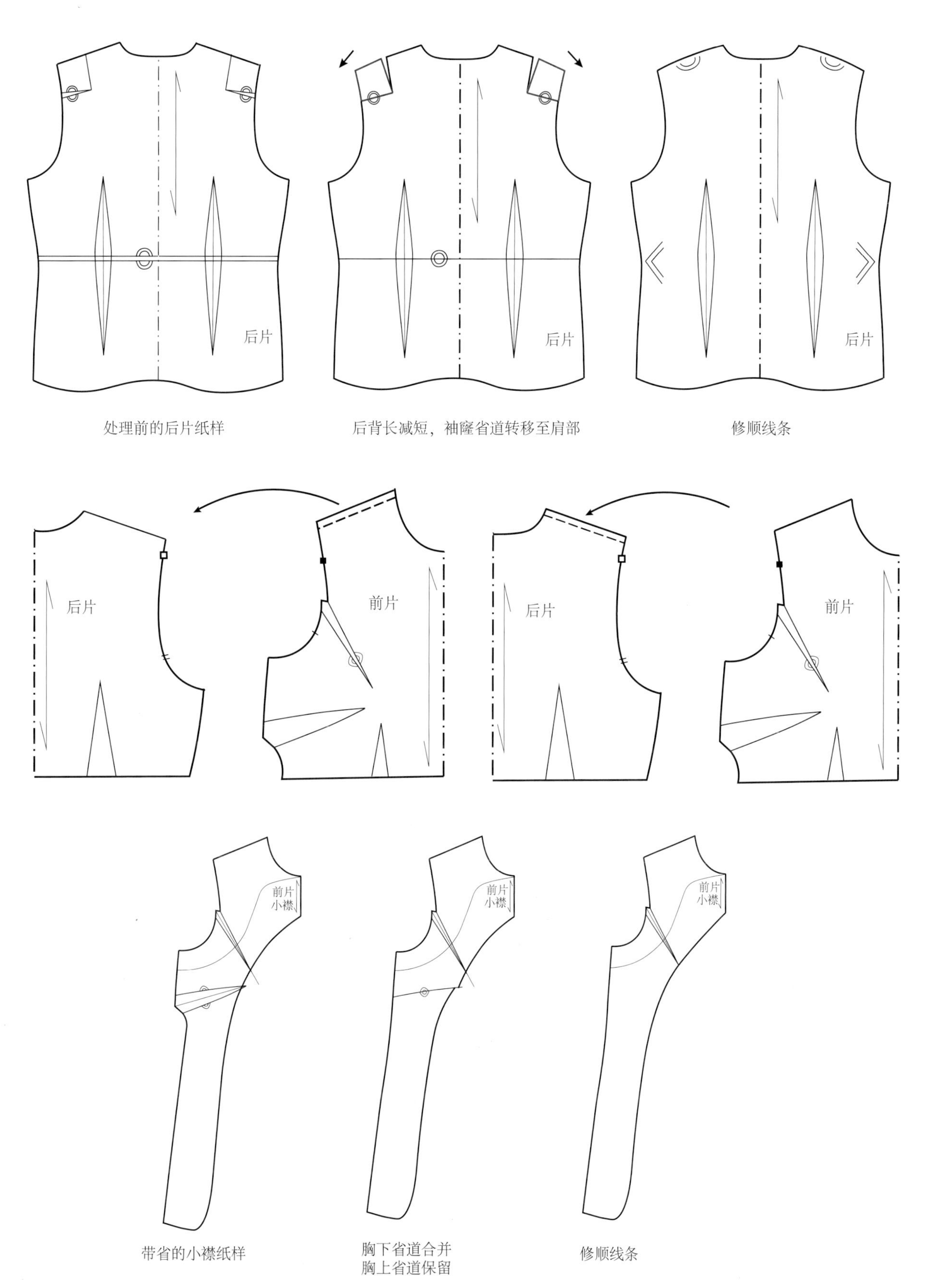


② 胸省合并

◎ **图5-2-4** 肩部调整与胸省合并

**5. Z女士定制旗袍面料和配料排料（图5-2-5）**

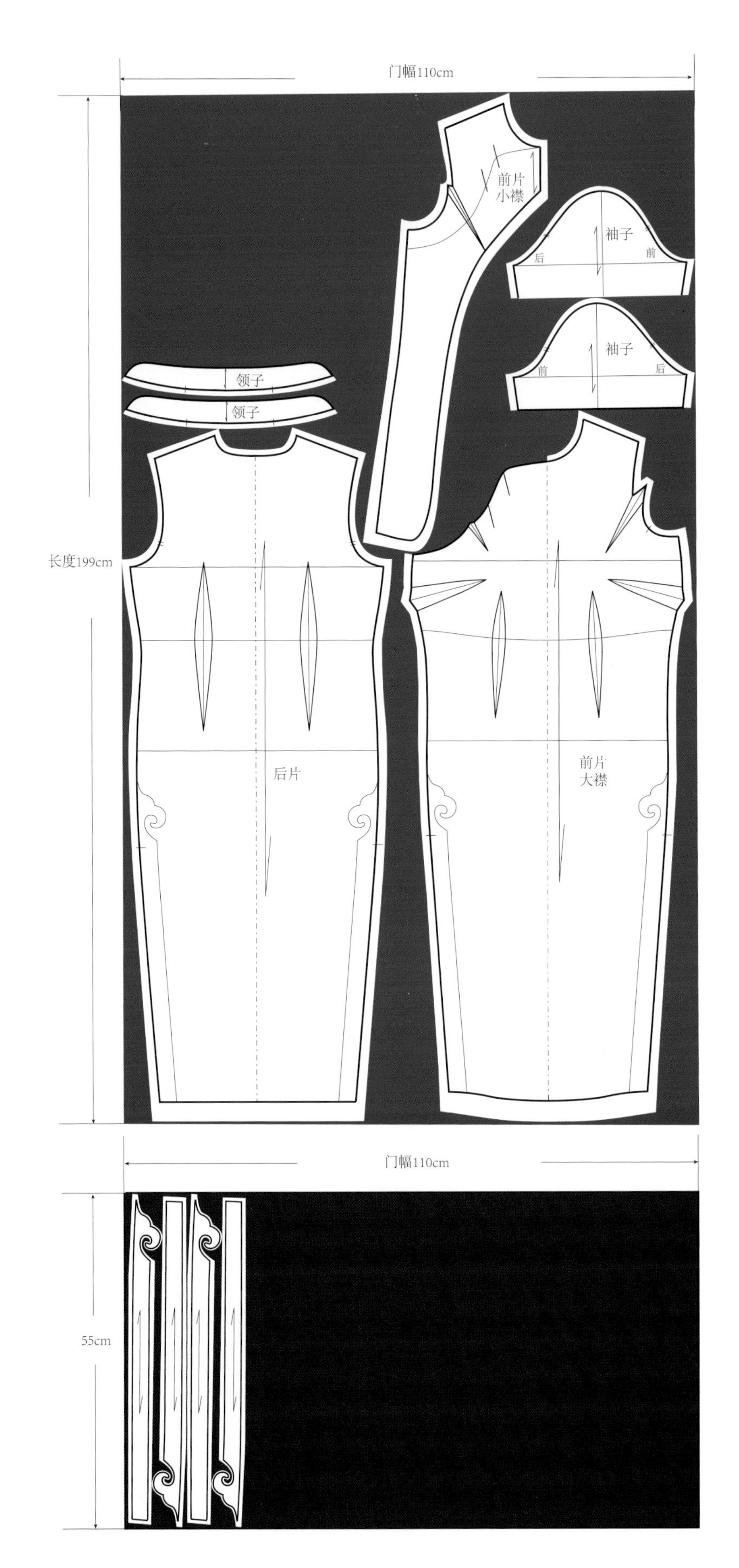


◎ **图5-2-5** Z女士定制旗袍面料和配料排料

## 第三节　平肩带冲肩体型的旗袍制版方法（G女士）

### 1. G女士竖条纹真丝香云纱滚边镶撞色花边中袖旗袍成衣展示图（图5-3-1）

◎ 图5-3-1　G女士平肩带冲肩体型定制旗袍成衣展示图

## 2. G女士平肩加冲肩体型客户定制尺寸表（图5-3-2）

| 客户定制尺寸单 | | | | | | | | | |
|---|---|---|---|---|---|---|---|---|---|
| | | | | | | | | | 单位：cm |
| 姓名 | | G女士 | | 身高 | | | 体重 | | 联系方式 |
| 序号 | 部位 | 测量 | 成衣 | 序号 | 部位 | 测量 | 成衣 | 设计款式图 | |
| 1 | 胸围 | 85 | 88 | 18 | 胸距 | 15 | 15 | 12～间隔1cm，1cm两道边。 | |
| 2 | 胸上围 | 82 | | 19 | 肩颈点到胸下 | 33 | 33 | | |
| 3 | 胸下围 | 74 | 80 | 20 | 肩颈点到腹凸 | 52 | 52 | | |
| 4 | 腰围 | 73 | 76 | 21 | 左/右 夹圈 | 43 | 47 | | |
| 5 | 胯上围/裙裤腰围 | | | 22 | 左/右 臂围 | 28.5 | 32 | | |
| 6 | 腹围 | 91 | 94 | 23 | 袖长 | 25 | 25 | | |
| 7 | 胯围 | | | 24 | 袖口 | 24 | 27 | | |
| 8 | 臀围 | 94 | 97 | 25 | 前衣长 | | | | |
| 9 | 下臀围 | | | 26 | 裙长 | 119 | 119 | | |
| 10 | 前肩宽 | 39 | 39 | 27 | 裤长 | | | | |
| 11 | 后肩宽 | 41 | 41 | 28 | 全裆长 | | | | |
| 12 | 后背宽 | 35 | 39 | 29 | 肩颈点 到膝 | | | | |
| 13 | 后背长 | 37.5 | 37.5 | 30 | 腰到 小腿 | | | | |
| 14 | 肩颈点到臀凸 | 63 | 63 | 31 | 前直开 | | | | |
| 15 | 颈围 | 36.5 | 41.5 | 32 | 大/小 腿围 | | | | |
| 16 | 前胸宽 | 34 | 35 | 33 | 前腰节长 | 43 | 43 | 面料小样： | |
| 17 | 胸高 | 26 | 26 | 34 | 后腰节长 | 40.5 | 40.5 | | |

| 体型特征 | | | | | | 总金额 | | 付款方式 | |
|---|---|---|---|---|---|---|---|---|---|
| 站姿 | | 肩型 | | 脖型 | | | | | |
| 含胸 | | 溜肩 | | 高脖 | √ | 设计时间 | | 设计师 | |
| 挺胸 | | 平肩 | √ | 矮脖 | | | | | |
| 腆肚 | | 冲肩 | √ | 圆脖 | √ | 试衣时间 | | | |
| 脊柱侧倾 | | 高低肩 | | 扁脖 | | | | 客户确认 | |
| 体型描述：1、平肩，前冲肩；2、扁体型；3、挺胸。 | | | | | | 取衣时间 | | | |

◎ 图5-3-2 G女士定制尺寸表

### 3. G女士旗袍制版（图5-3-3）

先按尺寸做好G女士的基础制版，再按其身材特点做肩部的调整。

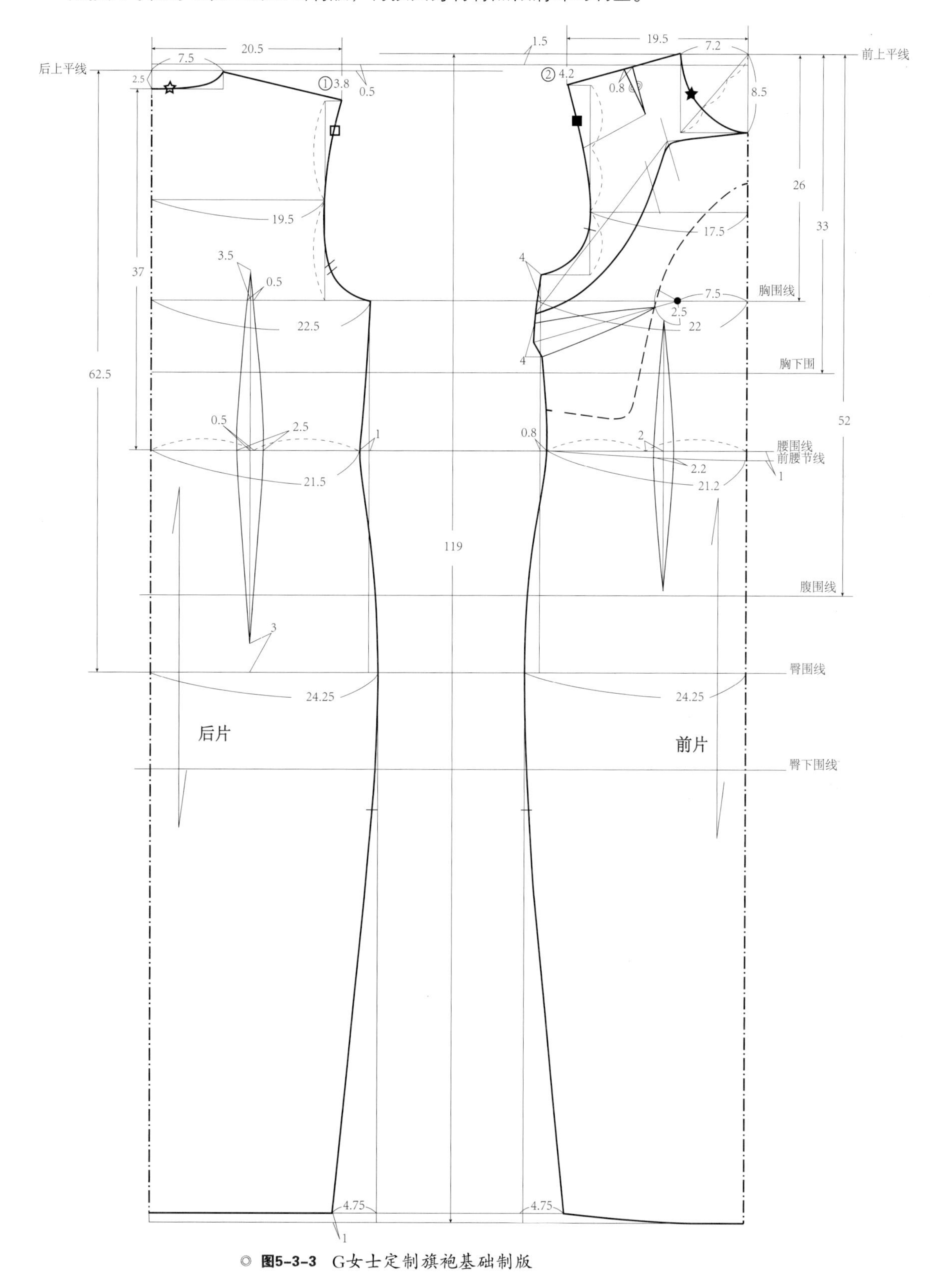


◎ **图5-3-3** G女士定制旗袍基础制版

**4. G女士旗袍制版的制图要点**

① 女性平肩加冲肩是很常见的体型，这类体型在穿着标准码旗袍后，颈肩之间有横纹，肩膀处绷紧压肩，抬手不舒服。这种体型制版的制作难度主要在肩膀的处理上。

② 首先，客户肩比较宽，肩膀平，纸样的肩斜角度要小。

③ 其次，改变肩线，肩缝前移，满足前冲肩凸起导致的肩线偏量，也调节了前后袖窿弧长的均衡。

为了更好的分解制版的调整步骤，下面把冲肩肩型的制版画法分解开来，帮助大家理解。分解过程见图5-3-4，步骤如下：

① 前肩点的隆起会在颈和肩形成一个小小的窝状，先在此处设一个小省。从前袖窿上方按隆起的高度剪开至省尖。

② 前肩省合并，袖窿剪口张开，省道转到了袖窿线，前袖窿变长了，前肩线端点向上抬起。

③ 重新修顺肩线和袖窿线。

④ 由于前肩线抬高，前袖窿弧线延长，会使冲肩者穿衣时肩缝后跑，为使衣服穿好后更美观，把前肩抬高的量（红色部分表示）准备切割给后肩膀。

⑤ 切掉的前肩部分转到后肩，肩斜量更少。

⑥ 在袖子纸样上，前袖窿弧线补出肩冲点隆起的量。

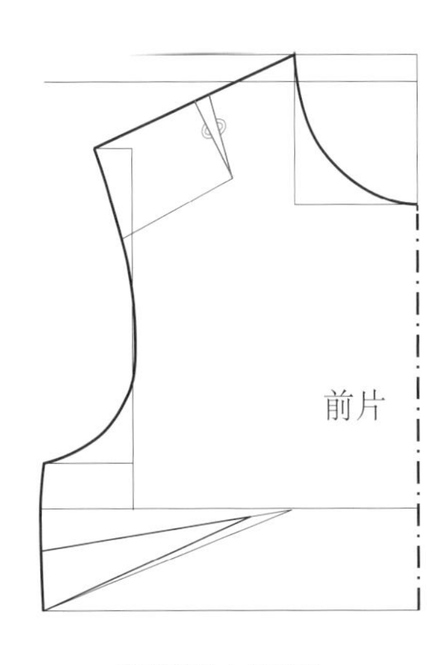


① 带省的小襟纸样

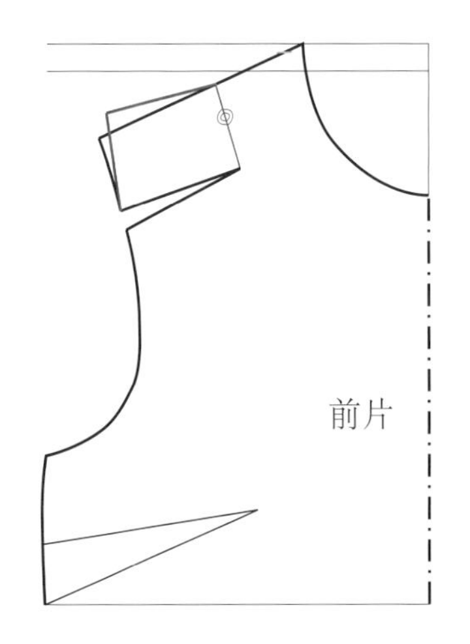


② 肩省合并，袖窿张开一一个省量肩端点上抬

◎ **表5-3-4-1** 冲肩肩型制版的过程分解

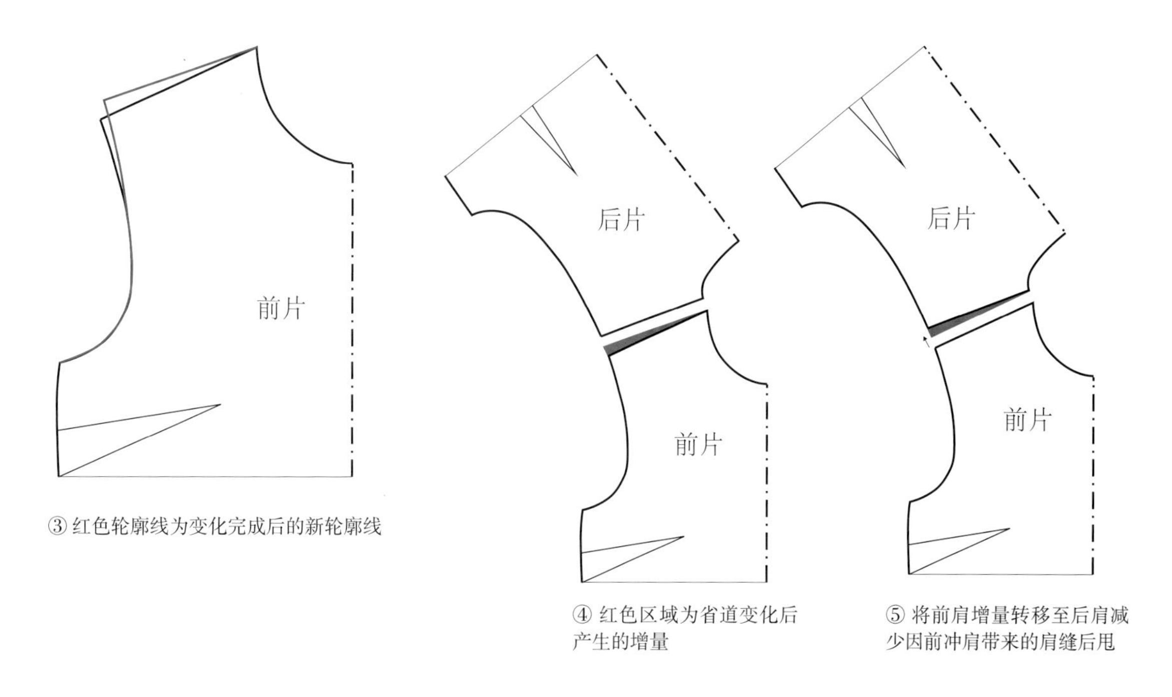


③ 红色轮廓线为变化完成后的新轮廓线

④ 红色区域为省道变化后产生的增量

⑤ 将前肩增量转移至后肩减少因前冲肩带来的肩缝后甩

◎ 图5-3-4-2 冲肩肩型制版的过程分解

小襟省道的转移与合并过程见图5-3-5。

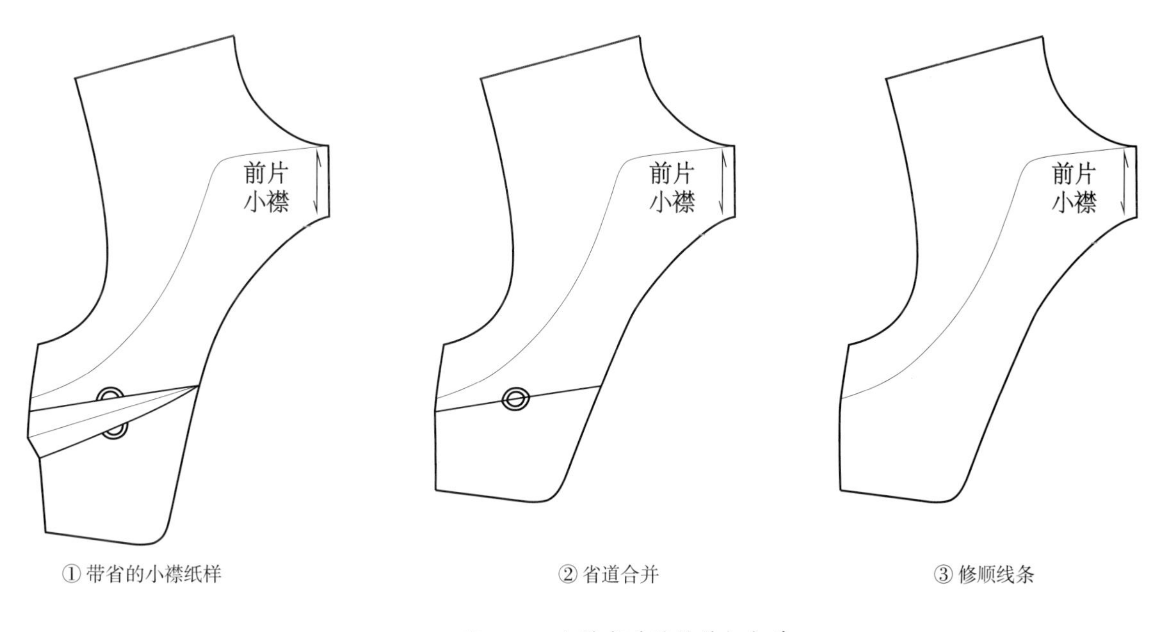


① 带省的小襟纸样

② 省道合并

③ 修顺线条

◎ 表5-3-5 小襟省道的转移与合并

领和袖子的画法见图5-3-6。

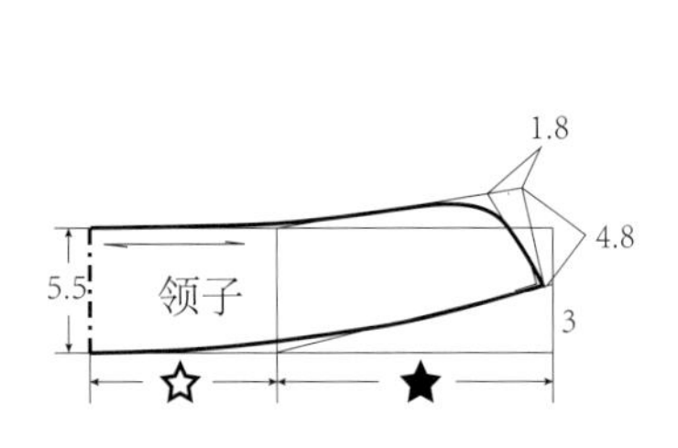


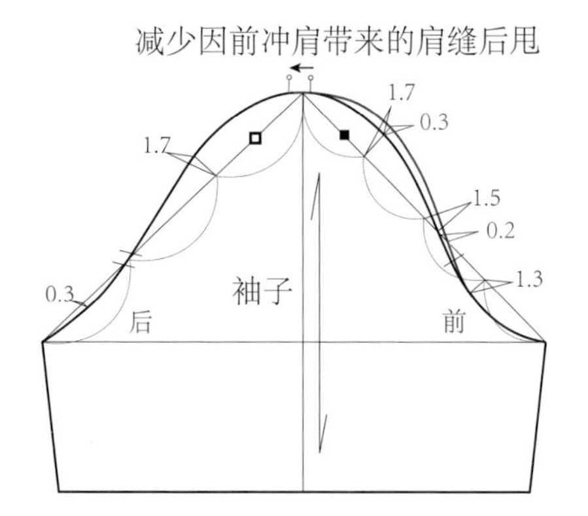


前袖山增高，向下偏移前袖山弧线交点袖窿对位点后移

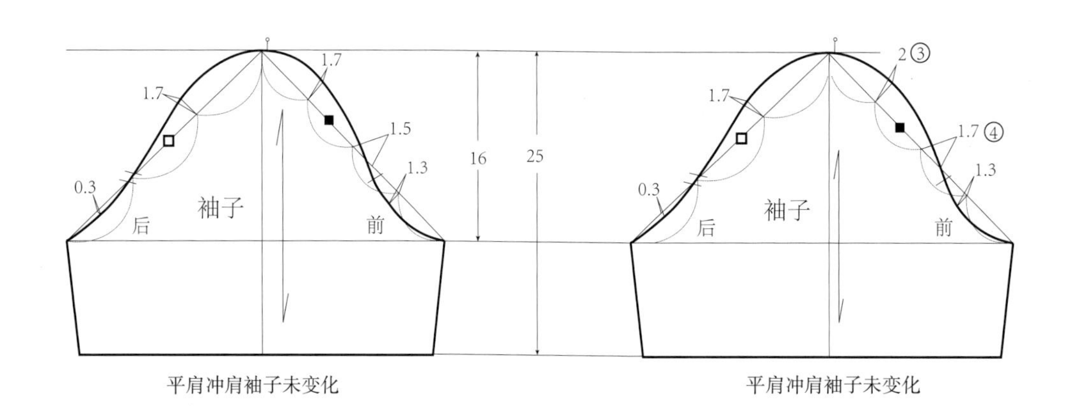


平肩冲肩袖子未变化　　平肩冲肩袖子未变化

◎ **图5-3-6** 领和袖子的画法

5. 平肩带冲肩体型肩部调整制版完成图（图5-3-7）

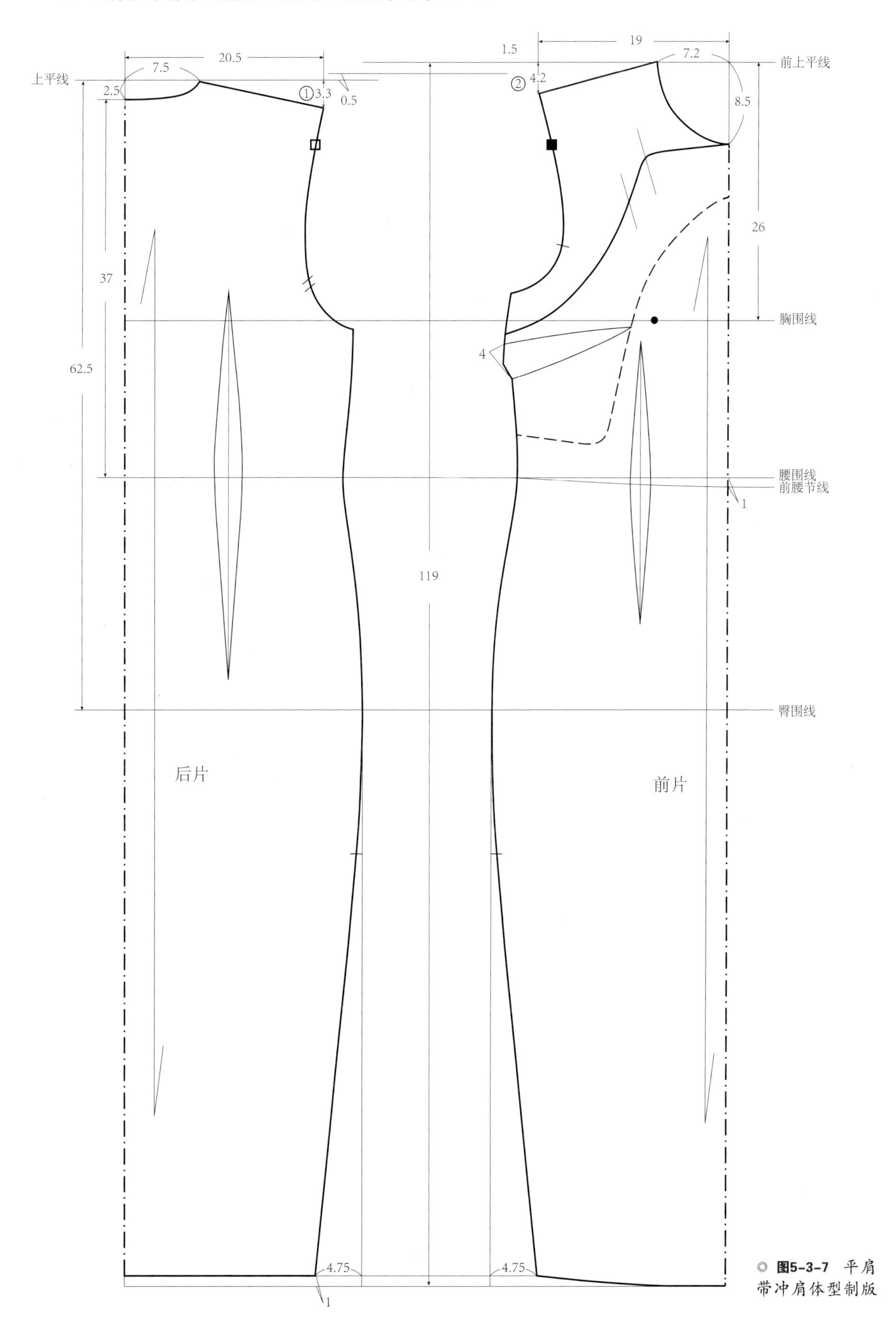


◎ 图5-3-7 平肩带冲肩体型制版

**6. 排料图**

有条纹的面料排料时需要注意对条，服装裁片要以条纹中心线或者条纹之间的中点为对称轴排料。小片与大片条纹也要完全对称。领子的丝缕方向可与大身相反，成衣后的旗袍会有特别的设计感，见图5-3-8。

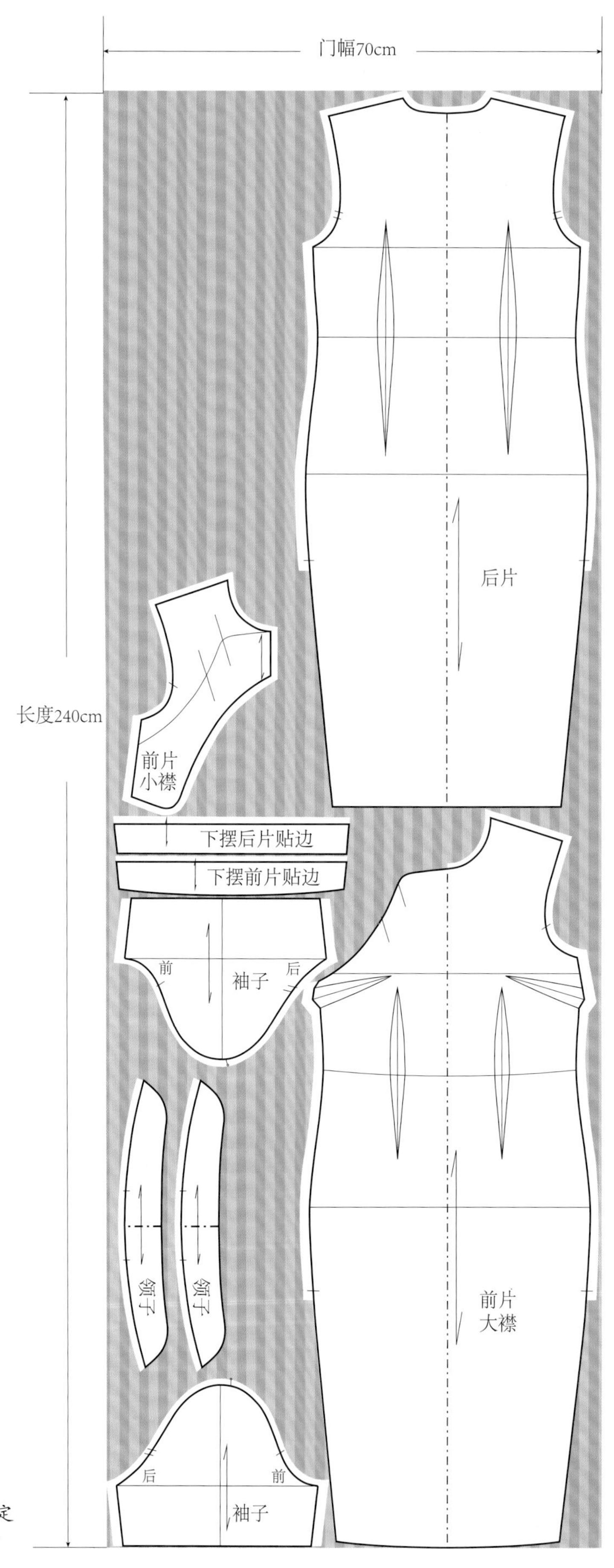


◎ **表5-3-8** G女士定制旗袍面料的排料

# 第四节　溜肩体型的旗袍制版方法（ZH 女士）

**1. ZH 女士印花真丝弹力缎定制旗袍展示（图5-4-1）**

◎ **图5-4-1** ZH女士溜肩体型定制旗袍成衣展示图

**2. ZH女士溜肩体型客户尺寸表（图5-4-2）**

| 客户定制尺寸单 | | | | | | | | | | |
|---|---|---|---|---|---|---|---|---|---|---|
| | | | | | | | | | | 单位：cm |
| 姓名 | | ZH女士 | | 身高 | | | 体重 | | 联系方式 | |
| 序号 | 部位 | 测量 | 成衣 | 序号 | 部位 | 测量 | 成衣 | 设计款式图 | | |
| 1 | 胸围 | 93 | 96 | 18 | 胸距 | 14 | 14 | | | |
| 2 | 胸上围 | 88 | | 19 | 肩颈点到胸下 | 35.5 | 35.5 | | | |
| 3 | 胸下围 | 76 | 82 | 20 | 肩颈点到腹凸 | 56 | 56 | | | |
| 4 | 腰围 | 75.5 | 79 | 21 | 左/右　夹圈 | 46 | 49 | | | |
| 5 | 胯上围/裙裤腰围 | 82 | | 22 | 左/右　臂围 | 32 | 35 | | | |
| 6 | 腹围 | 95 | 97 | 23 | 袖长 | 16 | 16 | | | |
| 7 | 胯围 | | | 24 | 袖口 | | | | | |
| 8 | 臀围 | 99 | 102 | 25 | 前衣长 | 105 | 105 | | | |
| 9 | 下臀围 | | | 26 | 裙长 | | | | | |
| 10 | 前肩宽 | 36 | 36 | 27 | 裤长 | | | | | |
| 11 | 后肩宽 | 40 | 40 | 28 | 全档长 | | | | | |
| 12 | 后背宽 | 33 | 36 | 29 | 肩颈点　到膝 | | | 注意，试衣人台时肩颈点填高. | | |
| 13 | 后背长 | 38.5 | 38.5 | 30 | 腰到　小腿 | | | | | |
| 14 | 肩颈点到臀凸 | 64 | 64 | 31 | 前直开 | | | | | |
| 15 | 颈围 | 37 | 42 | 32 | 大/小　腿围 | | | | | |
| 16 | 前胸宽 | 33.5 | 33.5 | 33 | 前腰节长 | 44 | 44 | 面料小样： | | |
| 17 | 胸高 | 26.5 | 26.5 | 34 | 后腰节长 | 41 | 41 | | | |

| 体型特征 | | | | | | 总金额 | | 付款方式 | |
|---|---|---|---|---|---|---|---|---|---|
| 站姿 | | 肩型 | | 脖型 | | | | | |
| 含胸 | | 溜肩 | √ | 高脖 | | 设计时间 | | 设计师 | |
| 挺胸 | | 平肩 | | 矮脖 | | | | | |
| 腆肚 | | 冲肩 | | 圆脖 | | 试衣时间 | | | |
| 脊柱侧倾 | | 高低肩 | | 扁脖 | | | | 客户确认 | |
| 体型描述：　1、溜肩严重 | | | | | | 取衣时间 | | | |

◎ **图5-4-2** ZH女士定制尺寸表

**3. ZH女士溜肩体型衣身、领子和袖子制版（图5-4-3、图5-4-4）**

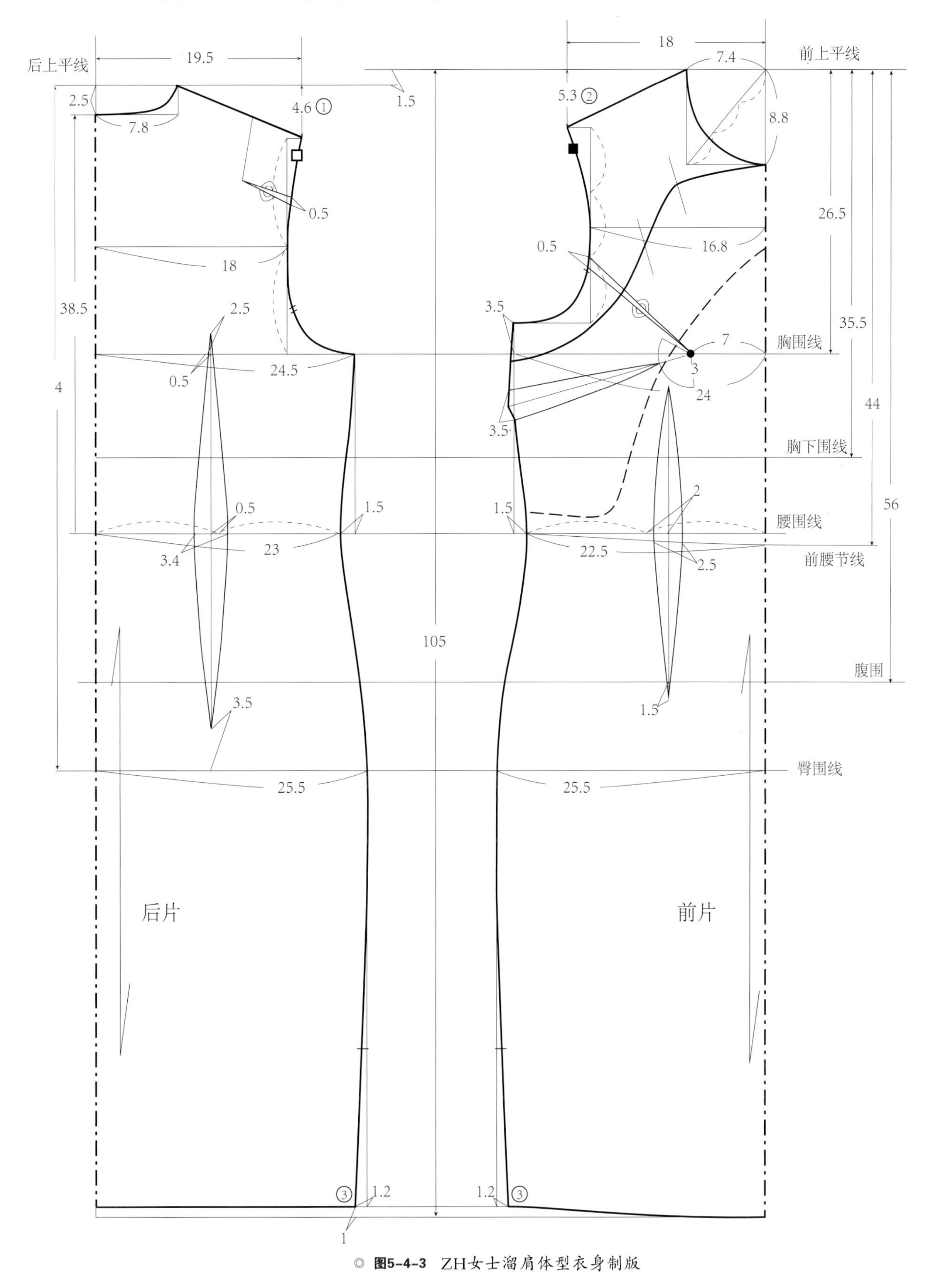


◎ **图5-4-3**　ZH女士溜肩体型衣身制版

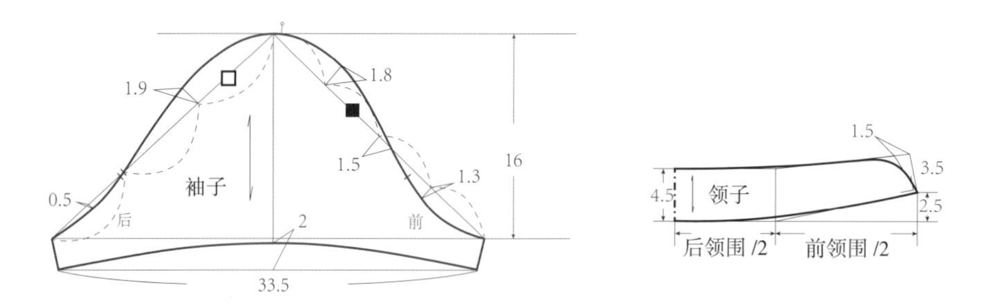


◎ 图5-4-4 ZH女士溜肩体型袖子、领子制版

**4. 溜肩体型制版的制图细节及转省的步骤（图5-4-5、图5-4-6）**

这位客户肩膀溜肩非常严重，在制版上除了作增大肩斜量处理外，由于客户肩膀挂不住衣服，腋下很容易起绺，因此在前后袖窿弧线都设置一个小省，并转移至胸省，在后袖窿弧线也设一个小省轻移到肩线，以减少肩斜带来的面料下垂的堆量。

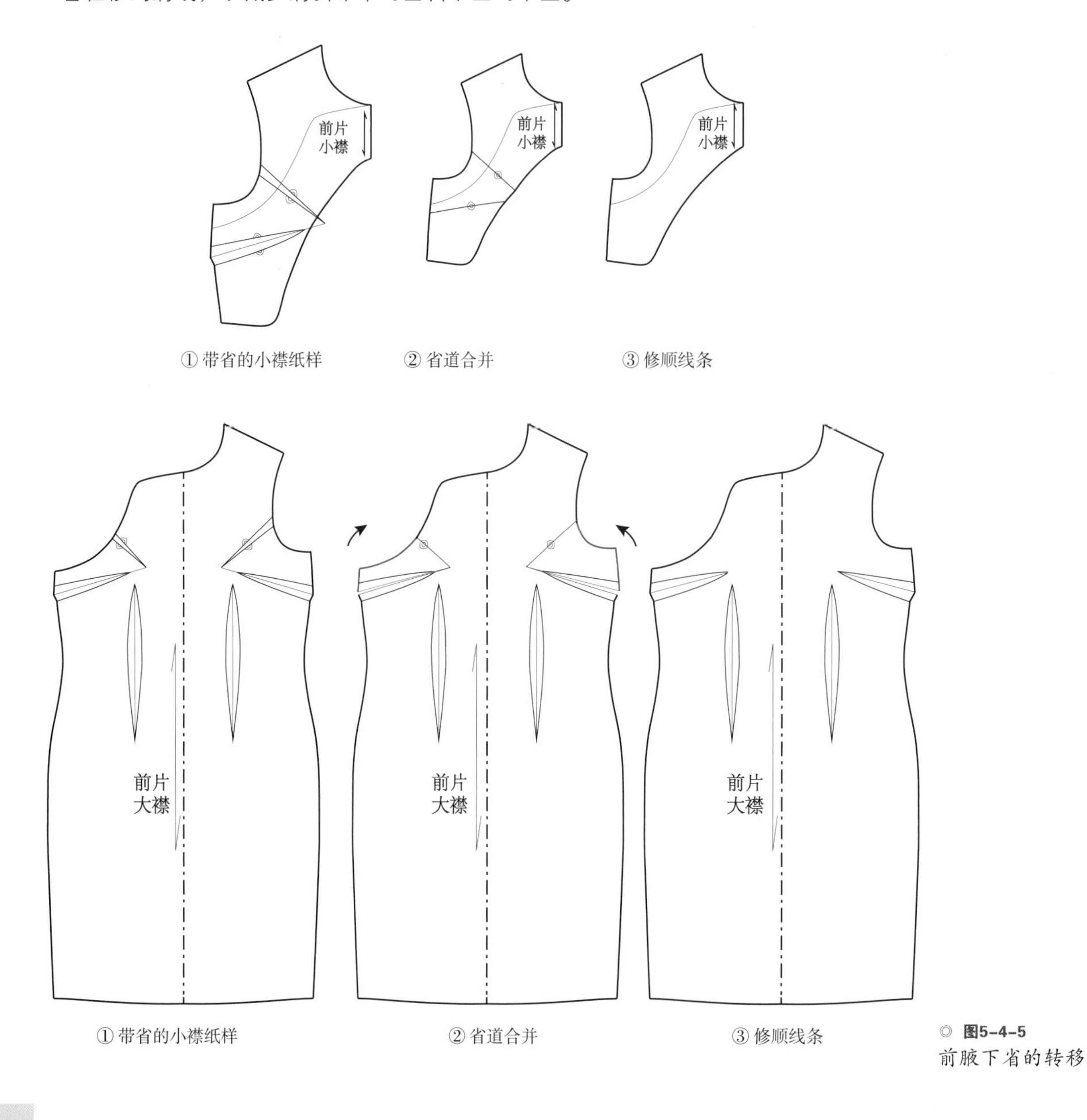


◎ 图5-4-5
前腋下省的转移

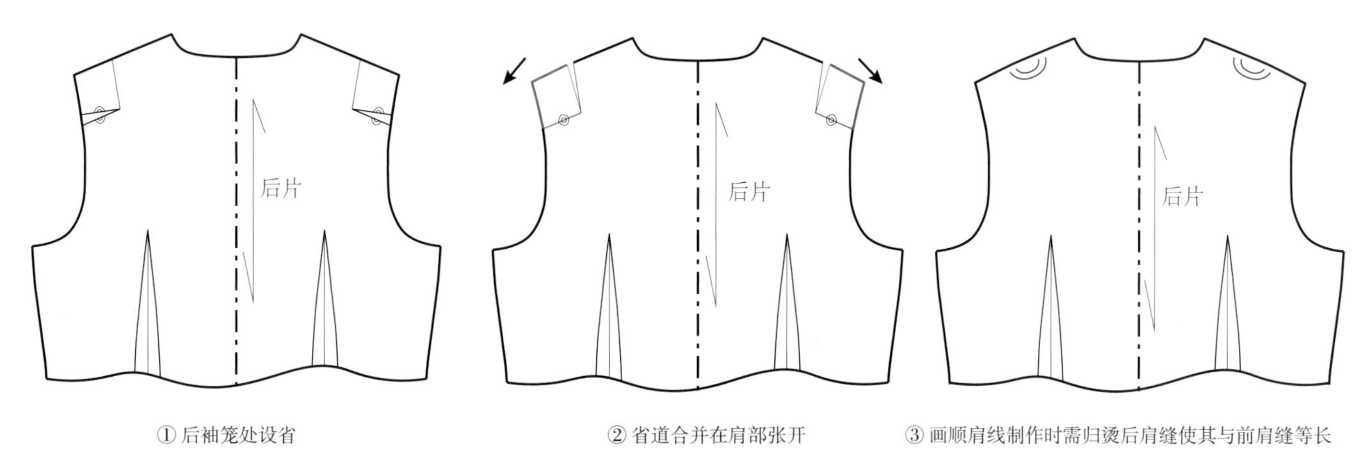


◎ **图5-4-6** 后袖窿省的转移

**5. ZH女士溜肩体型的印花弹力缎的排料（图5-4-7）**

面料花纹如果是乱花，料子数量不宽余的情况下，可以倒顺排料。

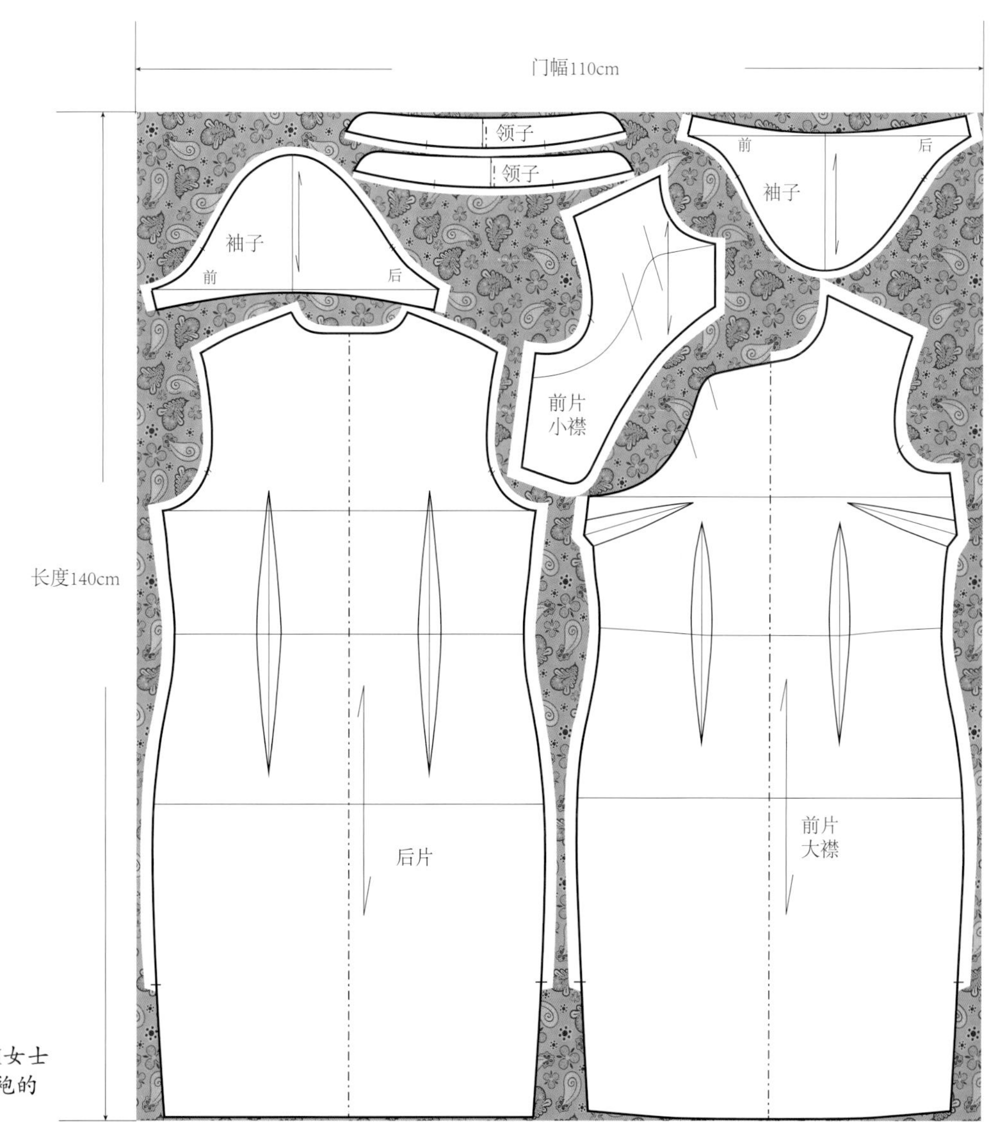


◎ **图5-4-7** ZH女士印花弹力锻旗袍的排料

## 第五节　胸的球面大、翘臀、后腰凹体型（前凸后翘体型）的旗袍制版方法（W女士）

### 1. W女士真丝印花欧根缎无袖定制旗袍的展示图（图5-5-1）

◎ **图5-5-1** W女士前凸后翘体型定制旗袍的成衣展示图

## 2. W女士前凸后翘体型旗袍客户定制尺寸表（图5-5-2）

客户定制尺寸单

单位：cm

| 姓名 | | W女士 | | 身高 | | | 体重 | | 联系方式 | |
|---|---|---|---|---|---|---|---|---|---|---|
| 序号 | 部位 | 测量 | 成衣 | 序号 | 部位 | 测量 | 成衣 | 设计款式图 | | |
| 1 | 胸围 | 83.5 | 86.5 | 18 | 胸距 | 15 | 15 | | | |
| 2 | 胸上围 | | | 19 | 肩颈点到胸下 | 30.5 | 30.5 | | | |
| 3 | 胸下围 | 72 | 78 | 20 | 肩颈点到腹凸 | | | | | |
| 4 | 腰围 | 65 | 68 | 21 | 左/右　夹圈 | 38 | 42 | | | |
| 5 | 胯上围/裙裤腰围 | 73.5 | 75 | 22 | 左/右　臂围 | 27 | 31 | | | |
| 6 | 腹围 | | | 23 | 袖长 | 无袖 | | | | |
| 7 | 胯围 | 82 | 85 | 24 | 袖口 | | | | | |
| 8 | 臀围 | 89 | 92 | 25 | 前衣长 | 124 | 124 | | | |
| 9 | 下臀围 | | | 26 | 裙长 | | | | | |
| 10 | 前肩宽 | 34 | 34 | 27 | 裤长 | | | | | |
| 11 | 后肩宽 | 36 | 36 | 28 | 全裆长 | | | | | |
| 12 | 后背宽 | 30.5 | 33 | 29 | 肩颈点　到膝 | | | | | |
| 13 | 后背长 | 34 | 34 | 30 | 腰到　小腿 | | | | | |
| 14 | 肩颈点到臀凸 | 56 | 56 | 31 | 前直开 | | | | | |
| 15 | 颈围 | 34 | 39 | 32 | 大/小　腿围 | | | | | |
| 16 | 前胸宽 | 31.5 | 32 | 33 | 前腰节长 | 39.5 | 39.5 | 面料小样： | | |
| 17 | 胸高 | 24 | 24 | 34 | 后腰节长 | 35.5 | 35.5 | | | |

| 体型特征 | | | | | | 总金额 | | 付款方式 | |
|---|---|---|---|---|---|---|---|---|---|
| 站姿 | | 肩型 | | 脖型 | | | | | |
| 含胸 | | 溜肩 | | 高脖 | √ | 设计时间 | | 设计师 | |
| 挺胸 | √ | 平肩 | | 矮脖 | | | | | |
| 腆肚 | | 冲肩 | | 圆脖 | | 试衣时间 | | | |
| 脊柱侧倾 | | 高低肩 | √ | 扁脖 | | | | 客户确认 | |
| 体型描述：1、胸球大；2、腰细；3、臀翘；4、有副乳。 | | | | | | 取衣时间 | | | |

◎ 图5-5-2　W女士定制尺寸表

## 3. W女士旗袍制版（图5-5-3、图5-5-4）

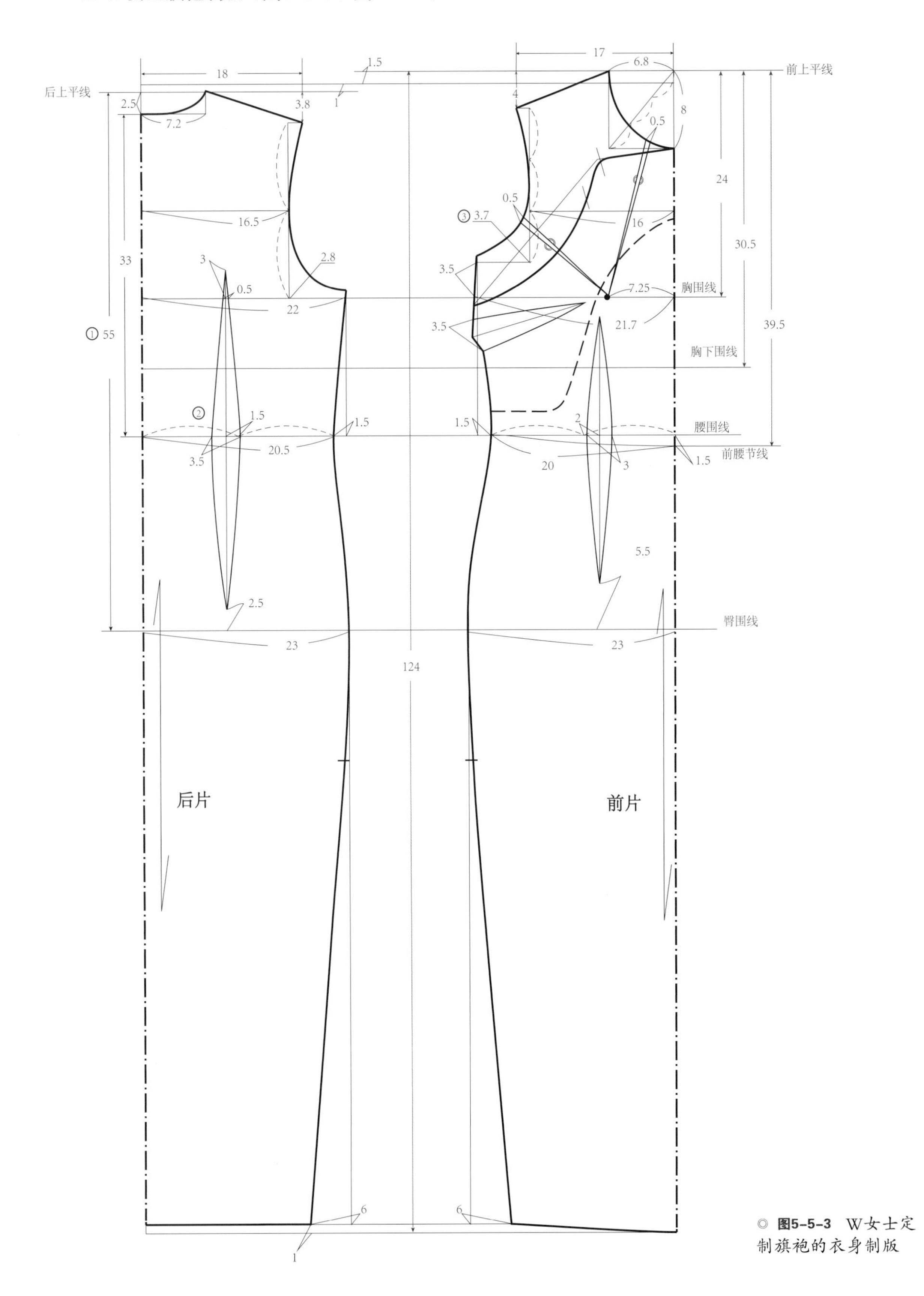


◎ **图5-5-3** W女士定制旗袍的衣身制版

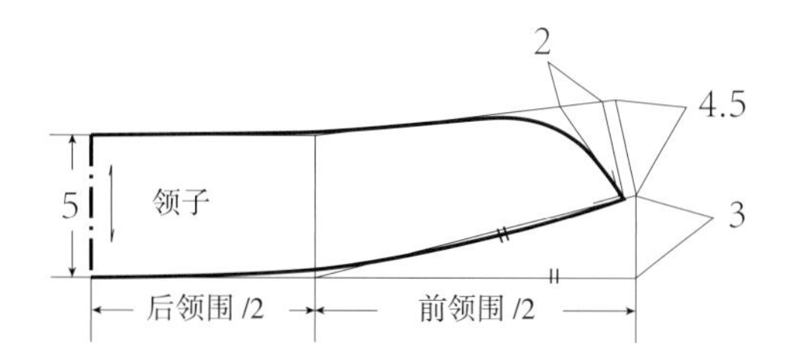


◎ 图5-5-4　W女士定制旗袍的领子制版

**4. W女士旗袍制版的制图说明**

① 客户前凸后翘、后腰凹体型，脊椎的S形曲线明显，翘臀的体型后腰皮肤挤压，为了与人体吻合纸样的后背长要缩短，肩点到臂凸也同步缩短1cm，因此，以降低后上平线1cm作为调节。

② 客户胸部挺，纸样处理中胸省分三个地方收，分别是领口省、袖窿省、腋下省（也可转成一个大的腋下胸省）；小襟的三个省可以直接合并。详见图5-5-5。

③ 腰细臀翘，翘点在靠近尾椎的位置，纸样处理中后腰省通过腰节后并不马上收紧，而是沿着脊椎的弯度继续延伸，在拐点处再向臀点收尖，因此后腰省看起来是梭形。

④ 为防止腋下肉外露太多而不雅，且没有为装袖留出空间的要求时，无袖的袖窿深可上抬1cm，有副乳的情况下，前袖隆不能太弧，画得偏直些。

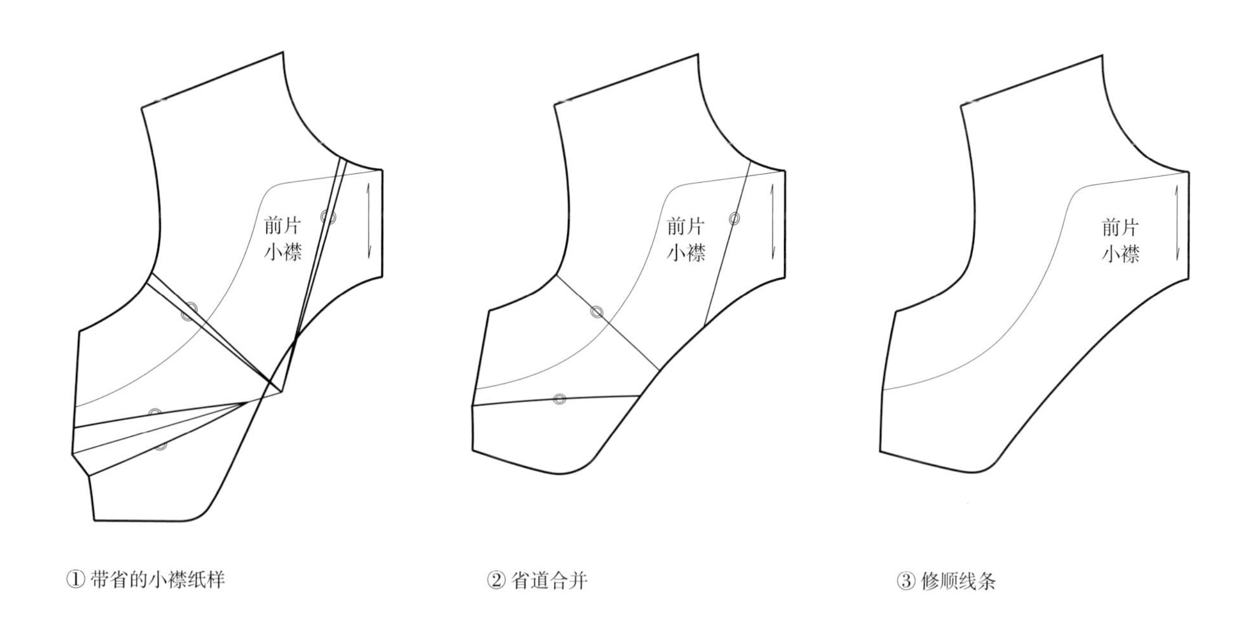


◎ 图5-5-5　小襟的省道转移

5. W女士的无袖旗袍排料图（图5-5-6）

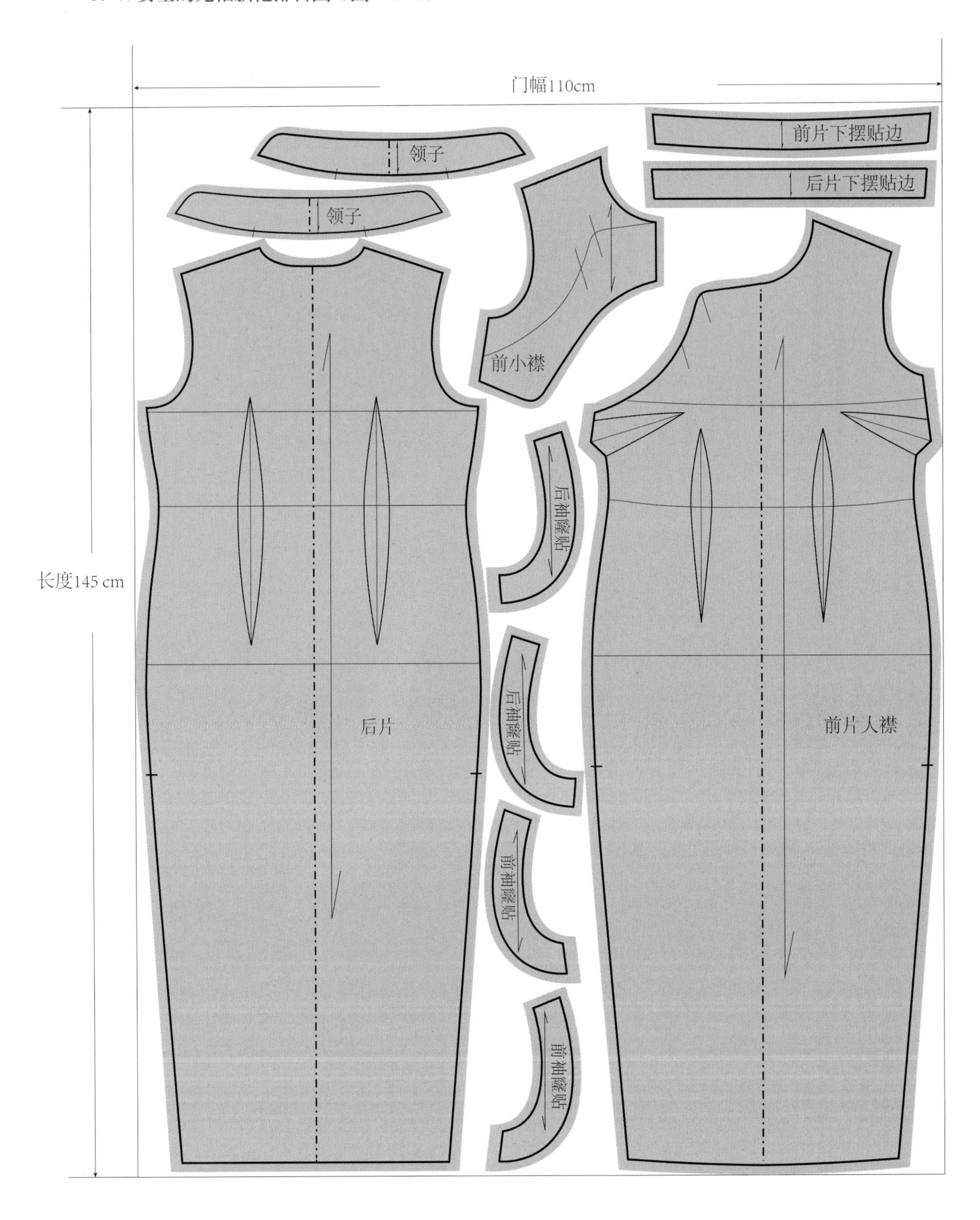


◎ **图5-5-6** W女士的无袖旗袍排料

# 第六节　含胸驼背体型的旗袍制版方法（L女士）

**1. L女士灰粉色羊毛七分袖间隔滚旗袍成衣展示图（图5-6-1）**

◎ **图5-6-1** L女士含胸驼背体型羊毛七分袖间隔滚边定制旗袍成衣展示图

**2. L女士含胸驼背体型旗袍客户定制尺寸单（图5-6-2）**

# 客户定制尺寸单

单位：cm

| 姓名 | | L女士 | | 身高 | | | 体重 | | 联系方式 |
|---|---|---|---|---|---|---|---|---|---|
| 序号 | 部位 | 测量 | 成衣 | 序号 | 部位 | 测量 | 成衣 | 设计款式图 | |
| 1 | 胸围 | 96 | 99 | 18 | 胸距 | 16 | 16.5 | 1cm~0.6 间隔色. | |
| 2 | 胸上围 | | | 19 | 肩颈点到胸下 | 36 | 36 | | |
| 3 | 胸下围 | 84 | 90 | 20 | 肩颈点到腹凸 | 50 | 50 | | |
| 4 | 腰围 | 81 | 86 | 21 | 左/右 夹圈 | 45 | 48 | | |
| 5 | 胯上围/裙裤腰围 | | | 22 | 左/右 臂围 | 32 | 36 | | |
| 6 | 腹围 | 90 | 93 | 23 | 袖长 | 48 | 48 | | |
| 7 | 胯围 | | | 24 | 袖口 | 27.5 | 27.5 | | |
| 8 | 臀围 | 97 | 101 | 25 | 前衣长 | 115 | 115 | | |
| 9 | 下臀围 | | | 26 | 裙长 | | | | |
| 10 | 前肩宽 | 36 | | 27 | 裤长 | | | | |
| 11 | 后肩宽 | 40 | 41 | 28 | 全裆长 | | | | |
| 12 | 后背宽 | 38 | 41 | 29 | 肩颈点 到膝 | | | | |
| 13 | 后背长 | 39.5 | 40 | 30 | 腰到 小腿 | | | | |
| 14 | 肩颈点到臀凸 | 66 | 66 | 31 | 前直开 | | | | |
| 15 | 颈围 | 38 | 43 | 32 | 大/小 腿围 | | | | |
| 16 | 前胸宽 | 35 | 34.5 | 33 | 前腰 节长 | 42 | 42 | 面料小样： | |
| 17 | 胸高 | 27 | 27 | 34 | 后腰 节长 | 43.2 | 43.2 | | |

| 体型特征 | | | | | | 总金额 | | 付款方式 | |
|---|---|---|---|---|---|---|---|---|---|
| 站姿 | | 肩型 | | 脖型 | | | | | |
| 含胸 | √ | 溜肩 | | 高脖 | | 设计时间 | | 设计师 | |
| 挺胸 | | 平肩 | | 矮脖 | | | | | |
| 腆肚 | | 冲肩 | | 圆脖 | | 试衣时间 | | | |
| 脊柱侧倾 | | 高低肩 | | 扁脖 | | | | 客户确认 | |
| 体型描述：1、含胸驼背体；2、前胸挤压，后背宽大 | | | | | | 取衣时间 | | | |

◎ **图表5-6-2** L女士定制尺寸表

3. 含胸驼背体型L女士旗袍制版（图5-6-3）

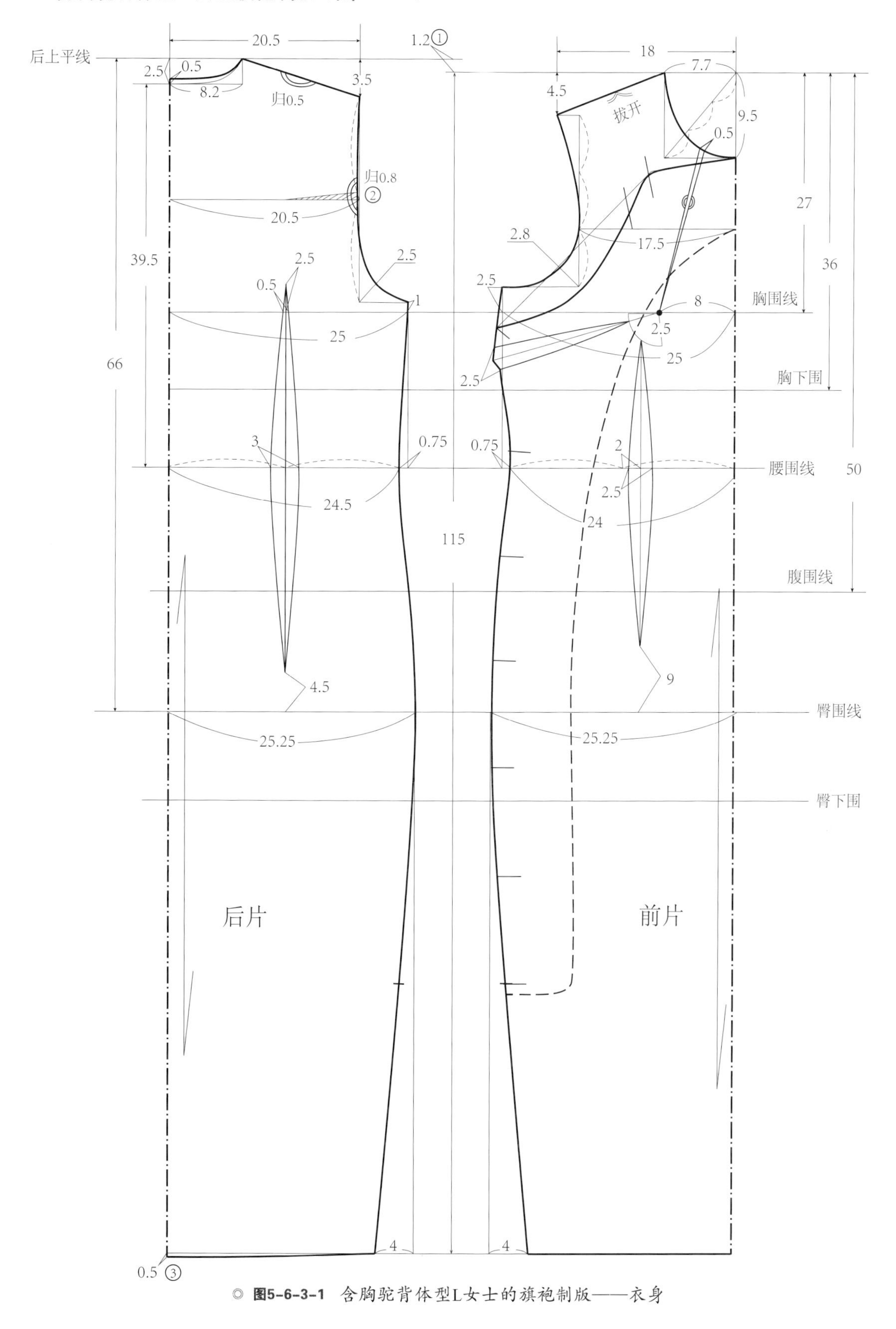


◎ **图5-6-3-1** 含胸驼背体型L女士的旗袍制版——衣身

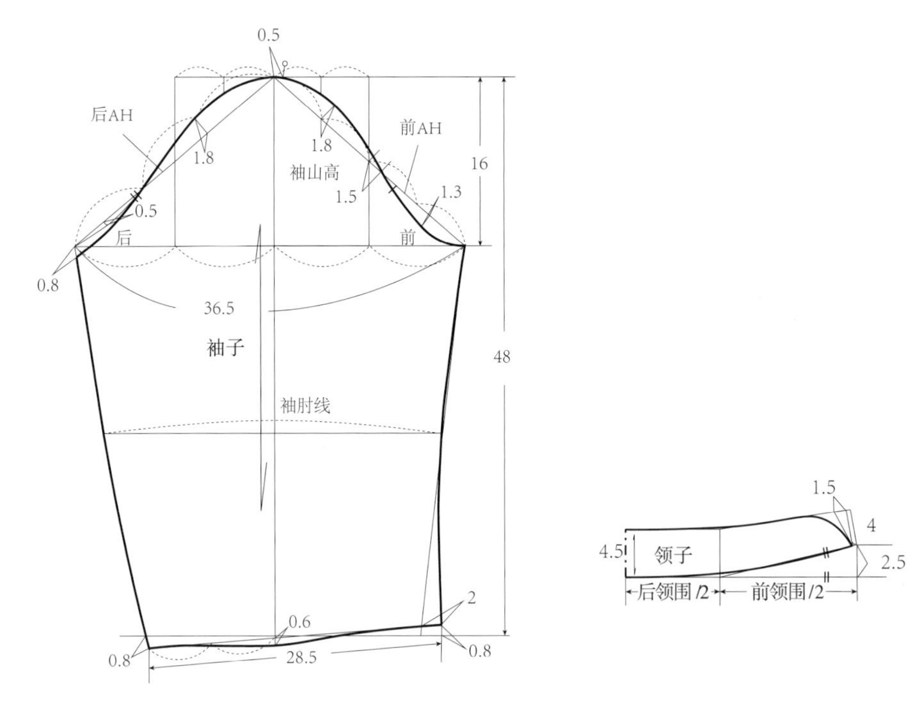


◎ **图5-6-3-2** 含胸体型L女士的旗袍制版——袖子、领子

**4. L女士旗袍制版要点**

① 后上平线上抬1.2cm，后中点抬高0.5cm作驼背的起翘量。

② 后袖窿弧线归紧0.8cm作后驼背的省道量。

③ 后中补起翘量0.5cm，使后片延长，防止后中起吊。

含胸驼背体型客户主要是要考虑到含胸、姿态不挺，穿标准旗袍容易前中位置堆积多余的布料，后面的驼背又容易使后衣片起吊。制版的关键是缩短前衣片，加长后衣片。

大、小襟的省道转移示意图见图5-6-4。

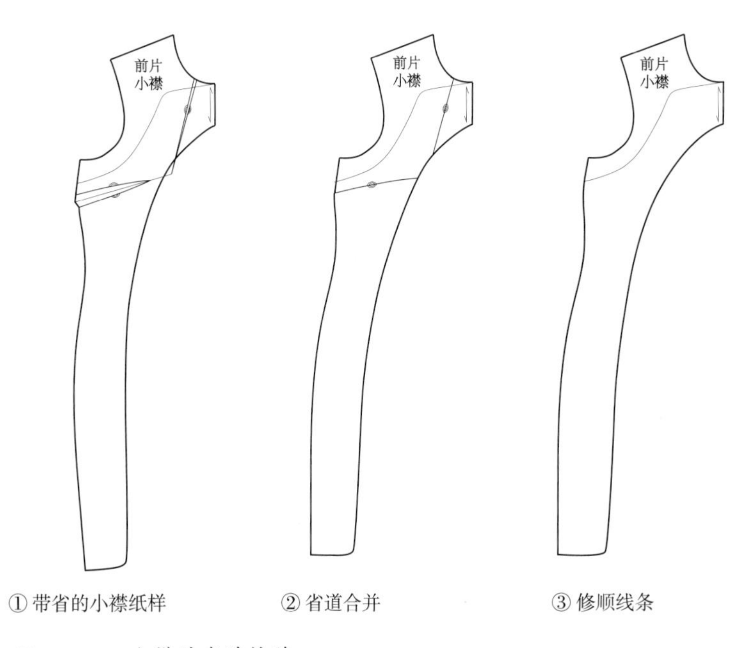


◎ **图5-6-4-1** 小襟的省道转移

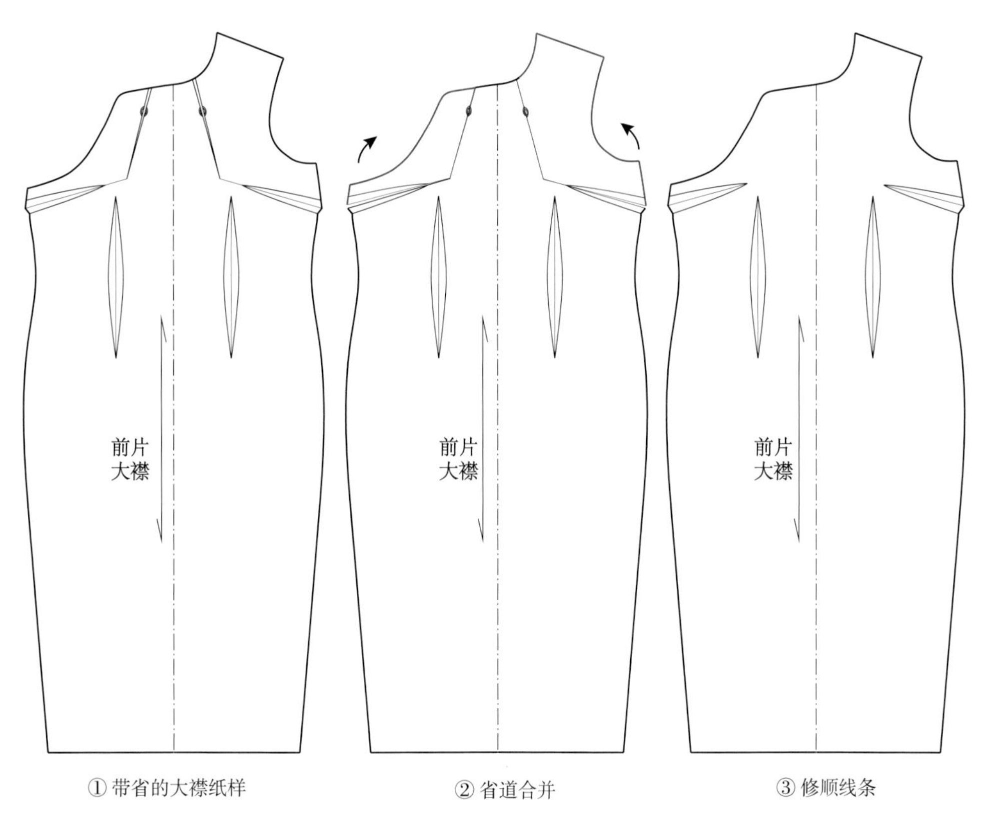


◎ **图5-6-4-2**　大襟的省道转移

5. 含胸驼背体型L女士旗袍的排料图（图5-6-5）

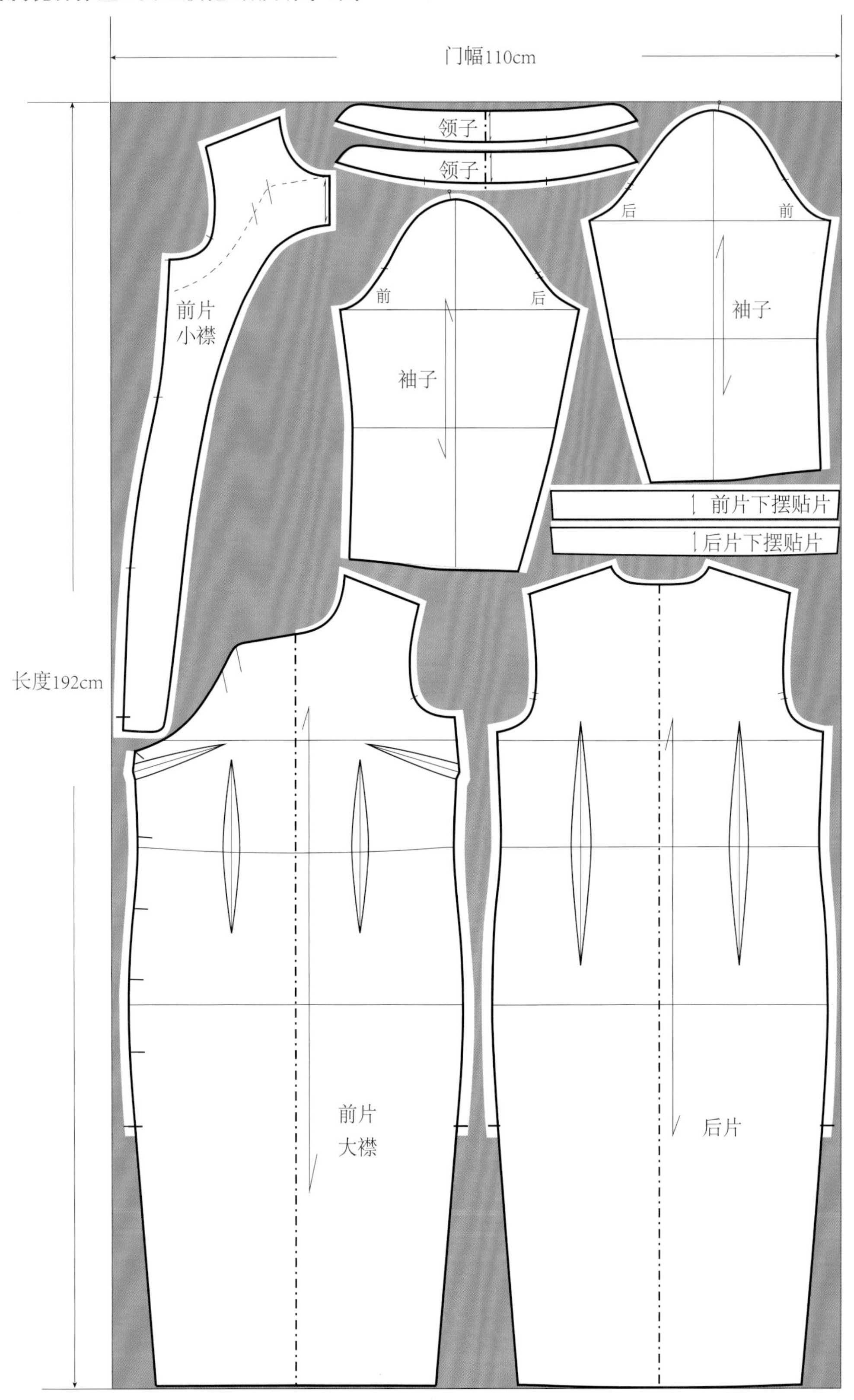


◎ **图5-6-5** 含胸驼背体型L女士旗袍排料图

# 第七节　挺胸、盆骨后倾体型的旗袍制版方法（H女士）

1. H女士刺绣真丝重绉旗袍成衣展示图（图5-7-1）

◎ **图5-7-1** H女士挺胸、盆骨后倾体型定制旗袍的成衣展示图

## 2. H女士挺胸、盆骨后倾体型的尺寸表（图5-7-2）

**客户定制尺寸单**

单位：cm

| 姓名 | H女士 | 身高 | | 体重 | | 联系方式 | |
|---|---|---|---|---|---|---|---|

| 序号 | 部位 | 测量 | 成衣 | 序号 | 部位 | 测量 | 成衣 |
|---|---|---|---|---|---|---|---|
| 1 | 胸围 | 93 | 96 | 18 | 胸距 | 15.5 | 15.5 |
| 2 | 胸上围 | 88 | | 19 | 肩颈点到胸下 | 33 | 33 |
| 3 | 胸下围 | 78 | 84 | 20 | 肩颈点到腹凸 | 53 | 53 |
| 4 | 腰围 | 74 | 77 | 21 | 左/右 夹圈 | 42 | 45 |
| 5 | 胯上围/裙裤腰围 | 81.5 | | 22 | 左/右 臂围 | 30 | 33 |
| 6 | 腹围 | 89 | 91 | 23 | 袖长 | 25 | 25 |
| 7 | 胯围 | | | 24 | 袖口 | | |
| 8 | 臀围 | 90 | 95 | 25 | 前衣长 | 120 | 120 |
| 9 | 下臀围 | | | 26 | 裙长 | | |
| 10 | 前肩宽 | | | 27 | 裤长 | | |
| 11 | 后肩宽 | 38 | 38 | 28 | 全裆长 | | |
| 12 | 后背宽 | 34 | 36 | 29 | 肩颈点 到膝 | | |
| 13 | 后背长 | 38 | 38 | 30 | 腰到 小腿 | | |
| 14 | 肩颈点到臀凸 | 64 | 64 | 31 | 前直开 | | 9 |
| 15 | 颈围 | 37 | 42 | 32 | 大/小 腿围 | | |
| 16 | 前胸宽 | 33 | 35 | 33 | 前腰节长 | 44 | 44 |
| 17 | 胸高 | 26 | 26 | 34 | 后腰节长 | 40 | 40 |

设计款式图

注意：立体刺绣，先裁片手绣，毛裁.

面料小样：

| 体型特征 | | | | | |
|---|---|---|---|---|---|
| 站姿 | | 肩型 | | 脖型 | |
| 含胸 | | 溜肩 | | 高脖 | |
| 挺胸 | √ | 平肩 | | 矮脖 | |
| 腆肚 | | 冲肩 | | 圆脖 | |
| 脊柱侧倾 | | 高低肩 | | 扁脖 | |

体型描述：1、站立时向后倾斜；2、挺胸，前后肩点至腰节差大；3、后腰凹

| 总金额 | | 付款方式 | |
|---|---|---|---|
| 设计时间 | | 设计师 | |
| 试衣时间 | | 客户确认 | |
| 取衣时间 | | | |

◎ **图表5-7-2** H女士的定制尺寸表

### 3. H女士的旗袍制版（图5-7-3）

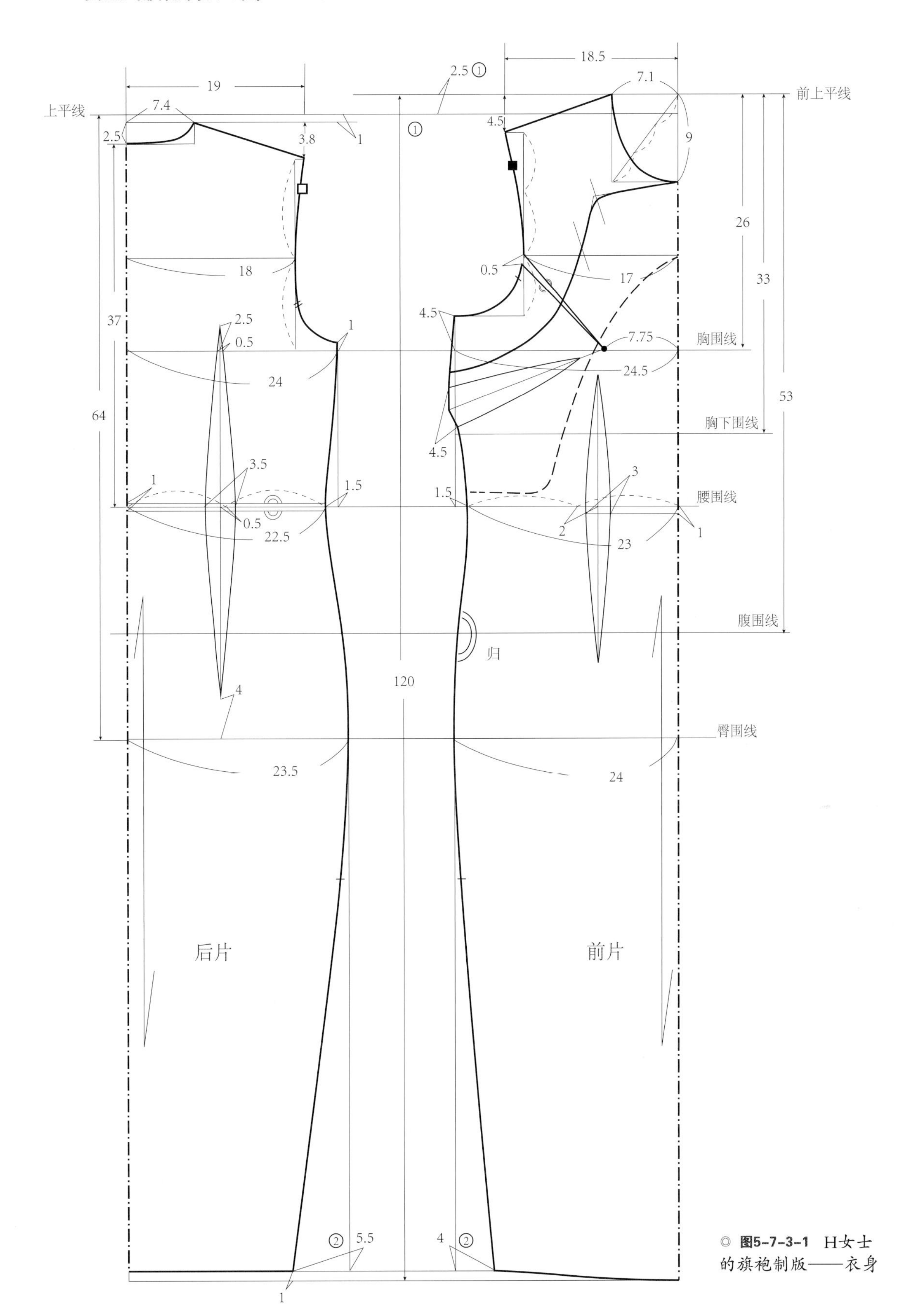


◎ 图5-7-3-1　H女士的旗袍制版——衣身

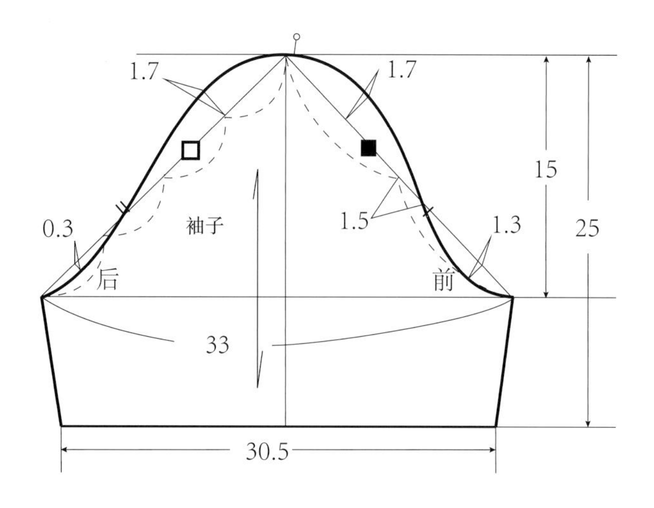


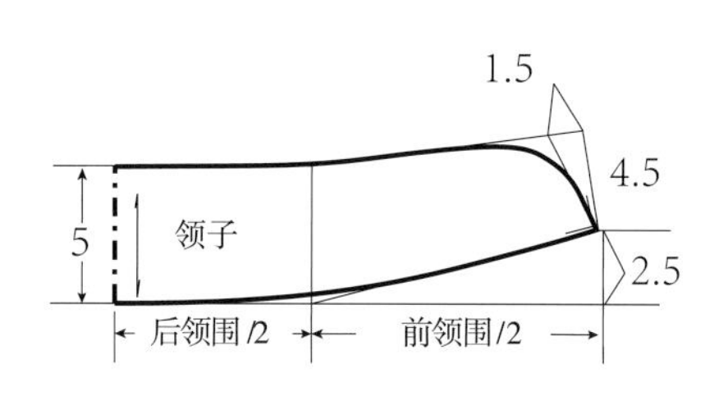


◎ **图5-7-3-2** H女士的旗袍制版——领子和袖子

**4. H女士旗袍制版的制图要点**

① 客户站立时向后倾斜，挺胸，前后肩点至腰节差大，制版时因前半身后仰皮肤延长造成前衣长量不足，前长不够就会起吊，形成前中向两侧挂绺，两侧前衩向前、张口并露出膝盖。

② 后仰造成后腰凹，后背皮肤受挤压，后腰部位垂直距离缩短，若不减少后腰长，成衣的后片在腰部会有堆量，因此制版时后片上平线下降，腰节制版的长要整体比测量值再缩短1~2cm。

③ 除了制版上处理外，制作上采用后侧缝腰节处归拔，使得前后等长。具体是侧缝后腰节处大力拔开，前片腹部位置归拢，使布片发生变形延展，以更贴合人体真实体型的起伏。

大、小襟的省道转移见图5-7-4。

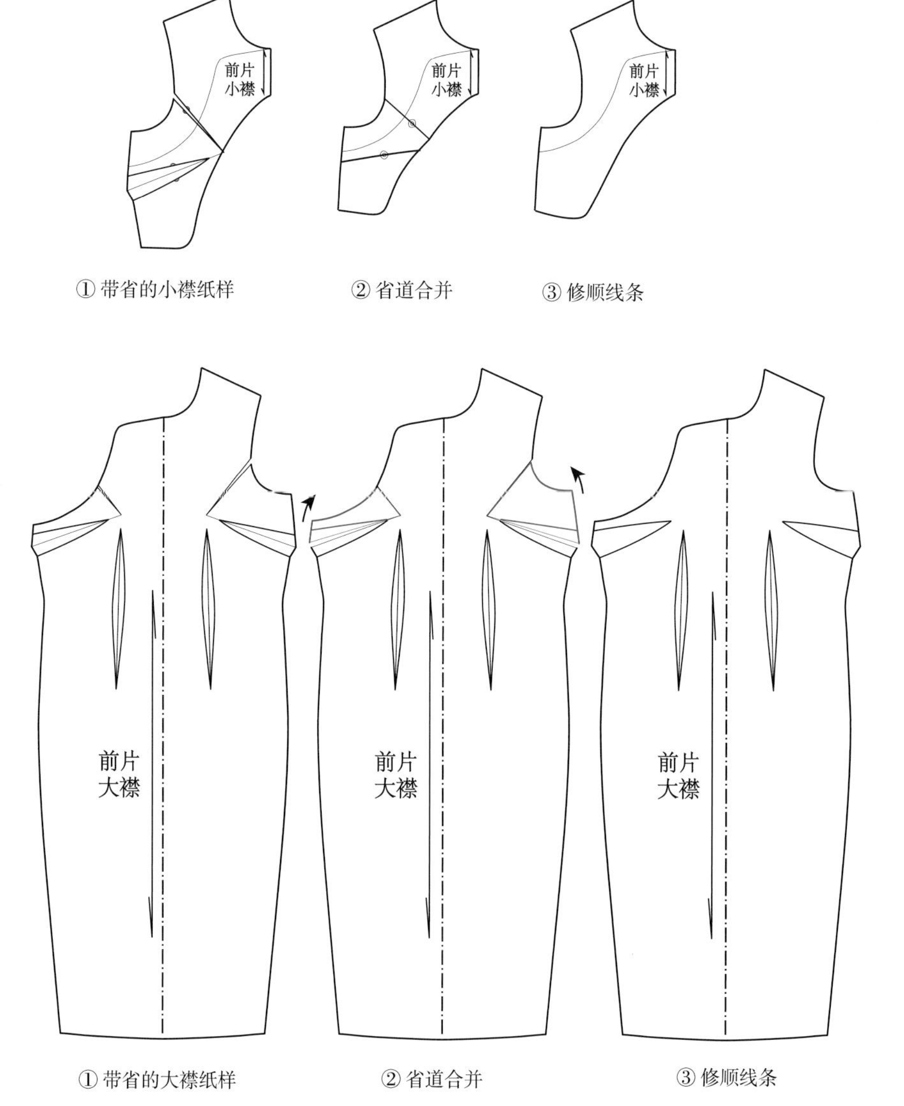


◎ **图5-7-4-1 大、小襟的省道转移**

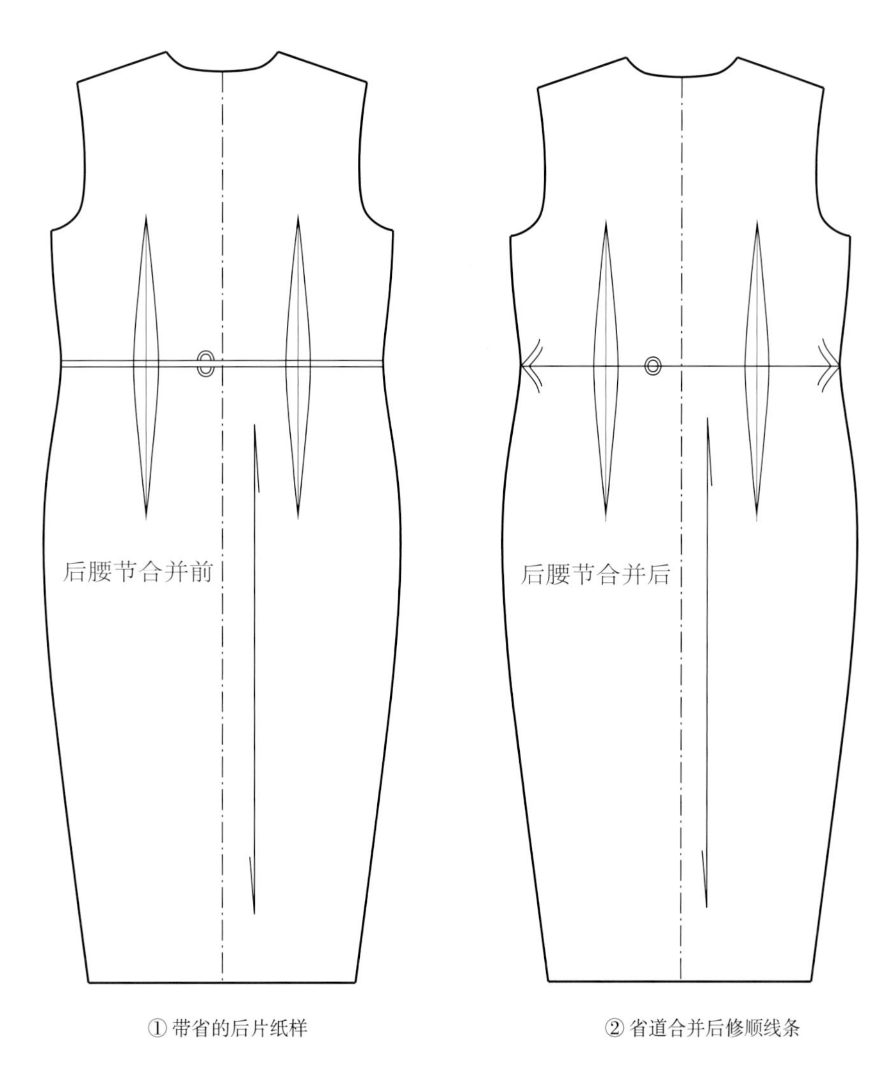


◎ **图5-7-4-2　大、小襟的省道转移**

**5. 排料图**

需要刺绣图案的面料要预先裁剪一块大于前大襟裁片（一周2cm）的长方形预备刺绣用，见图5-7-5。

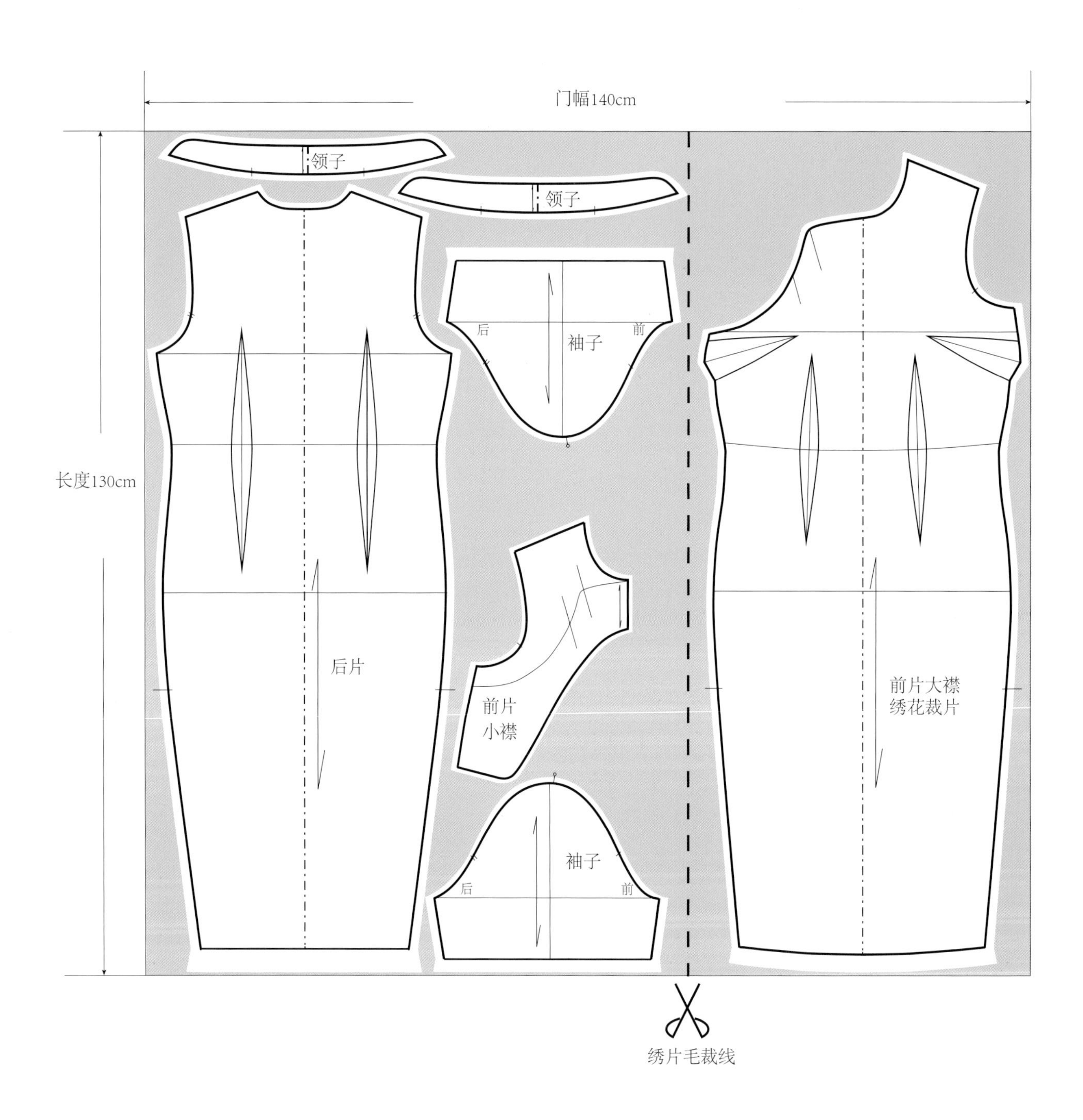


◎ **图5-7-5** H女士刺绣真丝重绉旗袍的排料图

# 第八节 挺胸、上身前倾、盆骨前倾体型的旗袍制版方法（W女士）

1. 挺胸、上身前倾的W女士真丝重缎刺绣旗袍的成衣展示图（图5-8-1）

◎ **图5-8-1** W女士挺胸、上身前倾、盆骨前倾体型定制旗袍成衣展示图

2. W女士挺胸、上身前倾、盆骨前倾体型的尺寸表（图5-8-2）

# 客户定制尺寸单

单位：cm

| 姓名 | W女士 | 身高 | | 体重 | | 联系方式 | |
|---|---|---|---|---|---|---|---|

| 序号 | 部位 | 测量 | 成衣 | 序号 | 部位 | 测量 | 成衣 | 设计款式图 |
|---|---|---|---|---|---|---|---|---|
| 1 | 胸围 | 92 | 96 | 18 | 胸距 | 15.5 | 15.5 | 注：我们样试衣，面先做，裹边，红0.8，金0.2cm。 |
| 2 | 胸上围 | 88 | | 19 | 肩颈点到胸下 | 34 | 34 | |
| 3 | 胸下围 | 78 | 84 | 20 | 肩颈点到腹凸 | 54 | 54 | |
| 4 | 腰围 | 74 | 77 | 21 | 左/右　夹圈 | 42 | 45 | |
| 5 | 胯上围/裙裤腰围 | 81.5 | 84 | 22 | 左/右　臂围 | 30 | 33 | |
| 6 | 腹围 | 90 | 93 | 23 | 袖长 | 25 | 25 | |
| 7 | 胯围 | | | 24 | 袖口 | 25 | 30 | |
| 8 | 臀围 | 90 | 95 | 25 | 前衣长 | 120 | 120 | |
| 9 | 下臀围 | | | 26 | 裙长 | | | |
| 10 | 前肩宽 | 38 | 38 | 27 | 裤长 | | | |
| 11 | 后肩宽 | 38 | 38 | 28 | 全裆长 | | | |
| 12 | 后背宽 | 34 | 36 | 29 | 肩颈点 到膝 | | | |
| 13 | 后背长 | 38 | 38 | 30 | 腰到　小腿 | | | |
| 14 | 肩颈点到臀凸 | 62.5 | 62.5 | 31 | 前直开 | | | |
| 15 | 颈围 | 37 | 42 | 32 | 大/小　腿围 | | | |
| 16 | 前胸宽 | 33 | 35 | 33 | 前腰节长 | 44 | 44 | 面料小样： |
| 17 | 胸高 | 26 | 26 | 34 | 后腰节长 | 40 | 40 | |

| 体型特征 | | | | | | 总金额 | | 付款方式 | |
|---|---|---|---|---|---|---|---|---|---|
| 站姿 | | 肩型 | | 脖型 | | | | | |
| 含胸 | | 溜肩 | | 高脖 | | 设计时间 | | 设计师 | |
| 挺胸 | √ | 平肩 | | 矮脖 | | | | | |
| 腆肚 | | 冲肩 | | 圆脖 | √ | 试衣时间 | | | |
| 脊柱侧倾 | | 高低肩 | | 扁脖 | | | | 客户确认 | |
| 体型描述：1、站姿挺，前挺胸，后背不是特别凹；2、上身向前倾斜，小腿向后顶。 | | | | | | 取衣时间 | | | |

◎ 图5-8-2　W女士的定制尺寸表

### 3. 挺胸、上身前倾W女士的旗袍制版（图5-8-3）

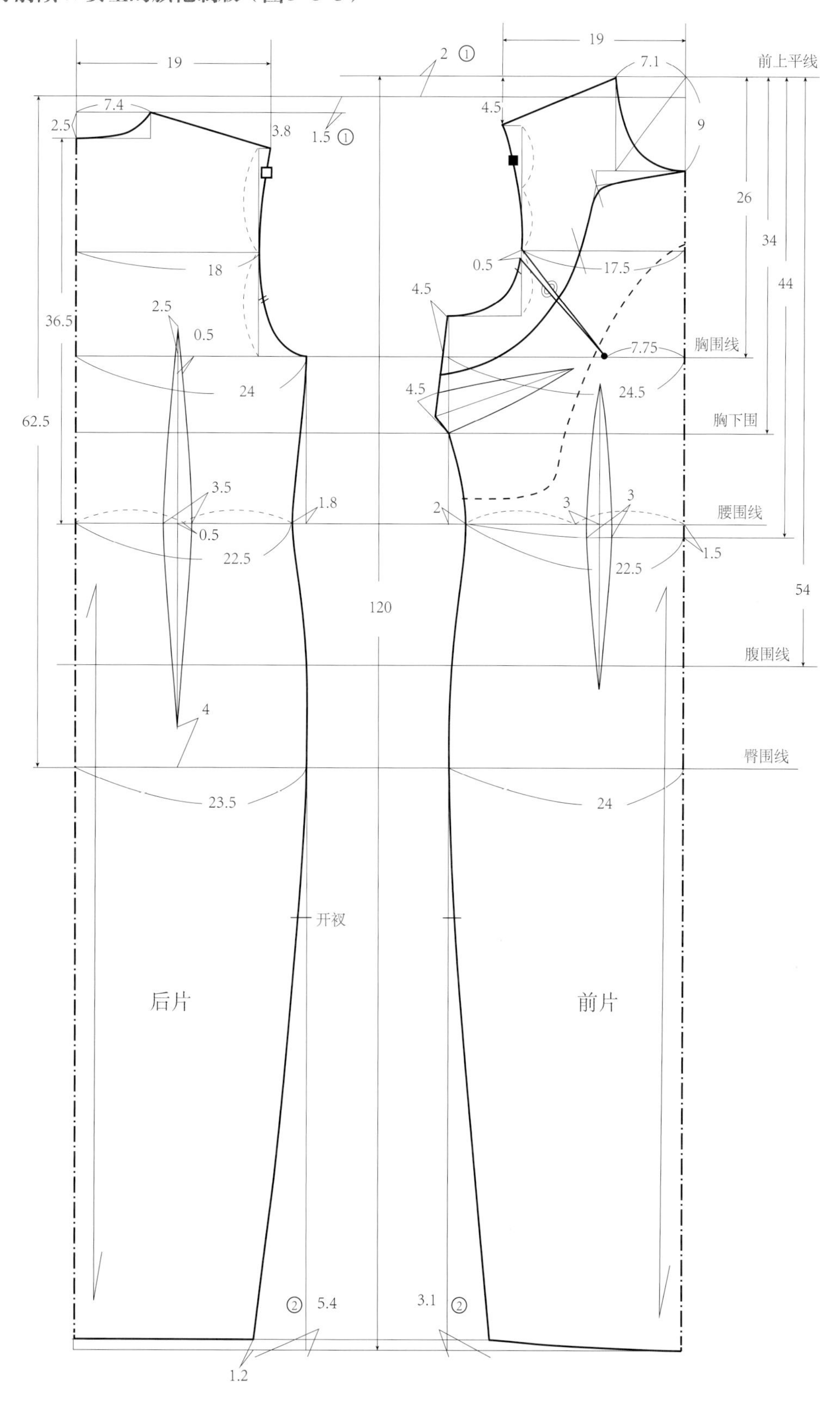


◎ **图5-8-3-1** 挺胸、上身前倾W女士旗袍制版——衣身

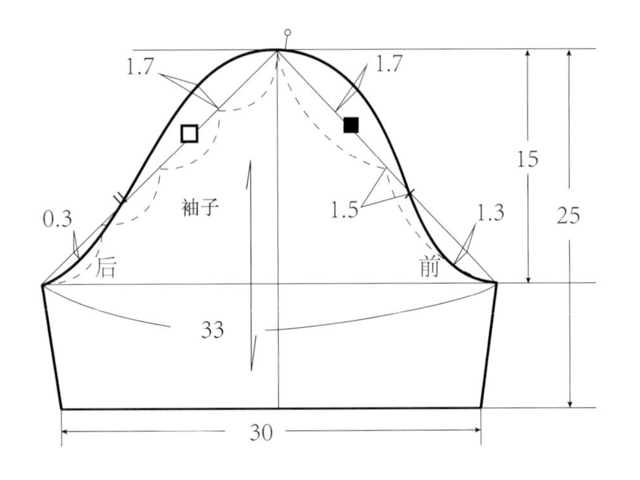

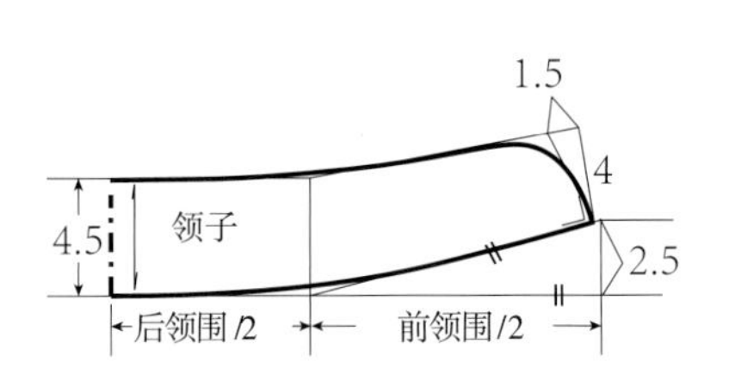


◎ **图5-8-3-2** 挺胸、上身前倾W女士旗袍制版——袖子和领子

**4. W女士旗袍制版的制图说明**

① 站姿挺，挺胸，制版时肩点至前后腰节差，前片上抬1.5～2cm，根据胸的大小，胸围尺寸越大肩平线上抬量相对应也越大。

② 前挺胸，两肩后展，后背曲线不是特别凹，类似军姿站立的状态。

③ 后上平线向下降1～1.5cm，保持前后衣身平衡。

④ 上身向前倾斜，小腿向后顶，应采用前下摆加宽、后下摆开衩向里收小处理，以免露膝。

大襟和小襟的省道转移示意图见图5-8-4。

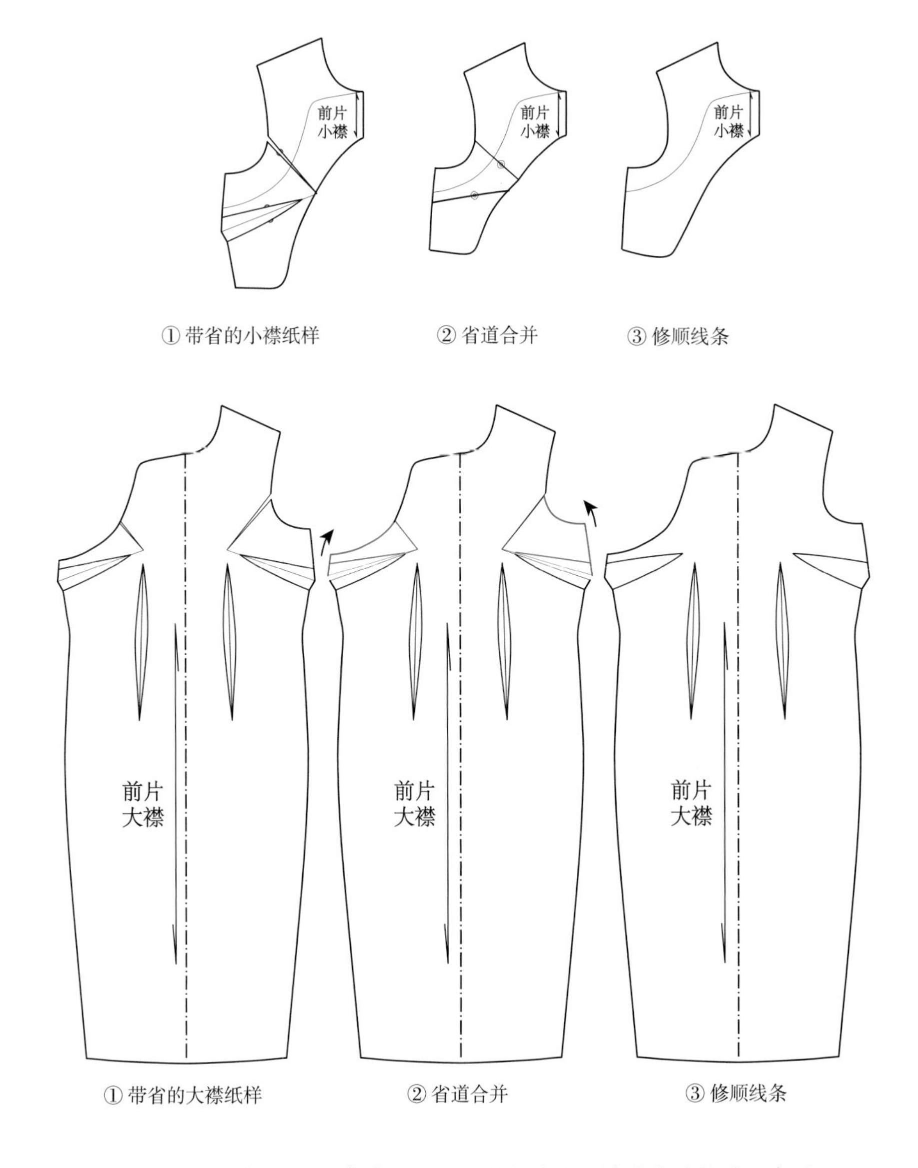


◎ **图5-8-4** 挺胸、上身前倾W女士的大襟和小襟的省道转移示意图

5. 挺胸、上身前倾w女士的旗袍排料图（图5-8-5）

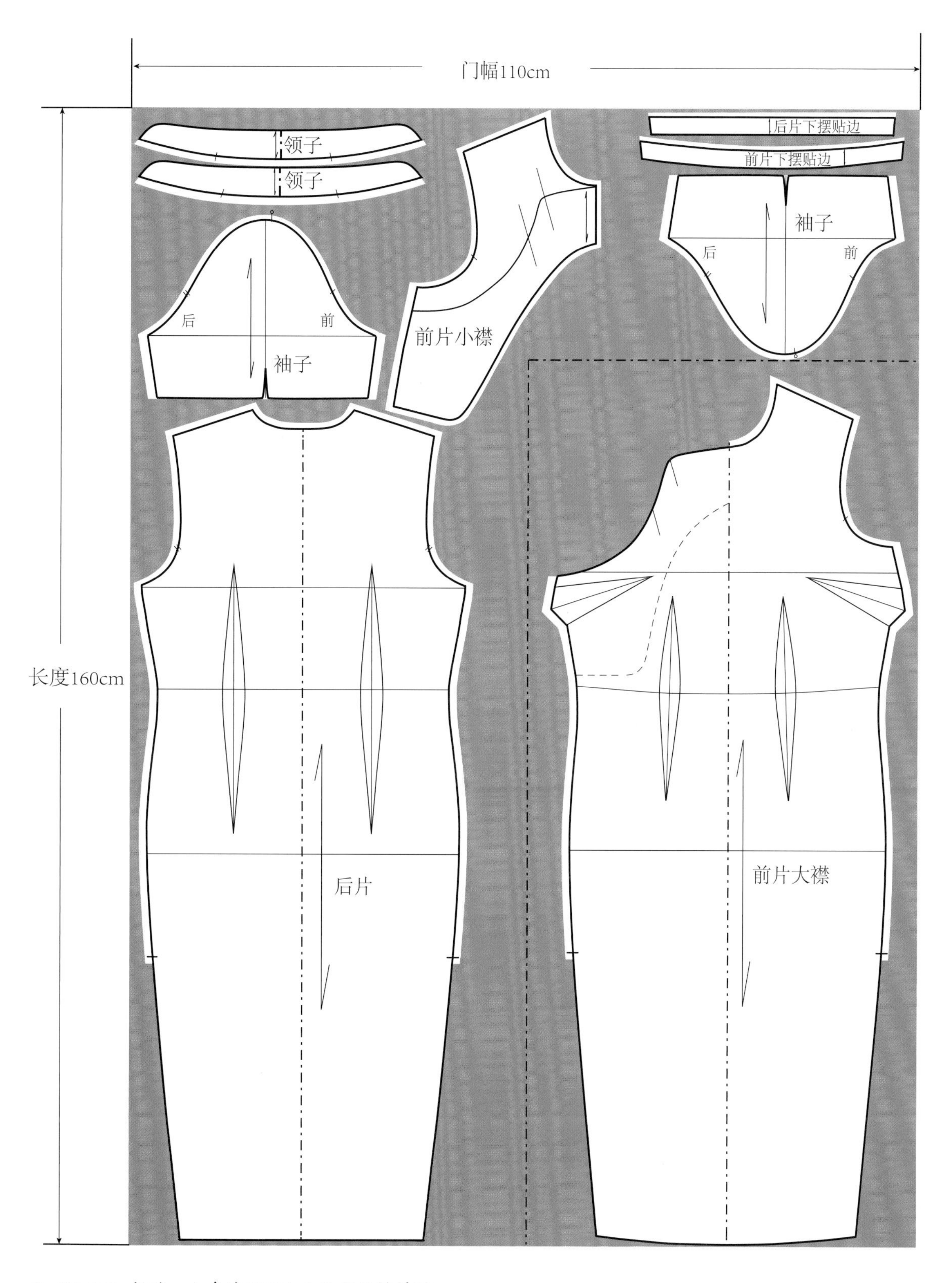


◎ **图5-8-5** 挺胸、上身前倾W女士的旗袍排料图

## 第九节　胃凸明显体型的旗袍制版方法（F女士）

### 1. F女士棉质暗纹提花滚边间隔花边旗袍成衣展示图（图5-9-1）

◎ **图5-9-1** F女士胃凸体型定制旗袍的成衣展示图

**2. F女士中腰与胃部距离近，胃凸明显体型（图5-9-2）**

## 客户定制尺寸单

单位：cm

| 姓名 | F女士 | 身高 | 165 | 体重 | | 联系方式 | |
| --- | --- | --- | --- | --- | --- | --- | --- |

| 序号 | 部位 | 测量 | 成衣 | 序号 | 部位 | 测量 | 成衣 |
| --- | --- | --- | --- | --- | --- | --- | --- |
| 1 | 胸围 | 96 | 100 | 18 | 胸距 | 16 | 16 |
| 2 | 胸上围 | | | 19 | 肩颈点到胸下 | 34 | 34 |
| 3 | 胸下围 | 82 | 88 | 20 | 肩颈点到胃凸 | 43.5 | 43.5 |
| 4 | 腰围 | 82 | 88 | 21 | 左/右 夹圈 | 45 | 48 |
| 5 | 胯上围/裙裤腰围 | | | 22 | 左/右 臂围 | 32 | 36 |
| 6 | 腹围 | | | 23 | 袖长 | 48 | 48 |
| 7 | 胯围 | 95 | 98 | 24 | 袖口 | 27.5 | 27.5 |
| 8 | 臀围 | 97 | 101 | 25 | 前衣长 | 138 | 138 |
| 9 | 下臀围 | 92 | 100 | 26 | 裙长 | | |
| 10 | 前肩宽 | 38 | 38 | 27 | 裤长 | 94 | |
| 11 | 后肩宽 | 40 | 40 | 28 | 全裆长 | 63 | |
| 12 | 后背宽 | 38 | 40 | 29 | 肩颈点 到膝 | | |
| 13 | 后背长 | 37.5 | 37.5 | 30 | 腰到 小腿 | | |
| 14 | 肩颈点到臀凸 | 62 | 62 | 31 | 前直开 | | |
| 15 | 颈围 | 39 | 44 | 32 | 大/小 腿围 | | |
| 16 | 前胸宽 | 37 | 37 | 33 | 前腰节长 | 44.5 | 44.5 |
| 17 | 胸高 | 25 | 25 | 34 | 后腰节长 | 40 | 40 |

设计款式图

面料小样：

| 体型特征 | | | | | |
| --- | --- | --- | --- | --- | --- |
| 站姿 | | 肩型 | | 脖型 | |
| 含胸 | | 溜肩 | | 高脖 | |
| 挺胸 | | 平肩 | | 矮脖 | |
| 腆肚 | √ | 冲肩 | | 圆脖 | |
| 脊柱侧倾 | | 高低肩 | | 扁脖 | |

体型描述：1、脖子较粗；2、背厚；3、胃凸与腰节极近；4、小臂24 cm；5、圆体型，喜欢宽松，肩至开衩处100 cm

| 总金额 | | 付款方式 | |
| --- | --- | --- | --- |
| 设计时间 | | 设计师 | |
| 试衣时间 | | 客户确认 | |
| 取衣时间 | | | |

◎ 图表5-9-2 F女士的定制尺寸表

### 3. F女士棉质暗纹提花滚边间隔花边旗袍的制版（图5-9-3）

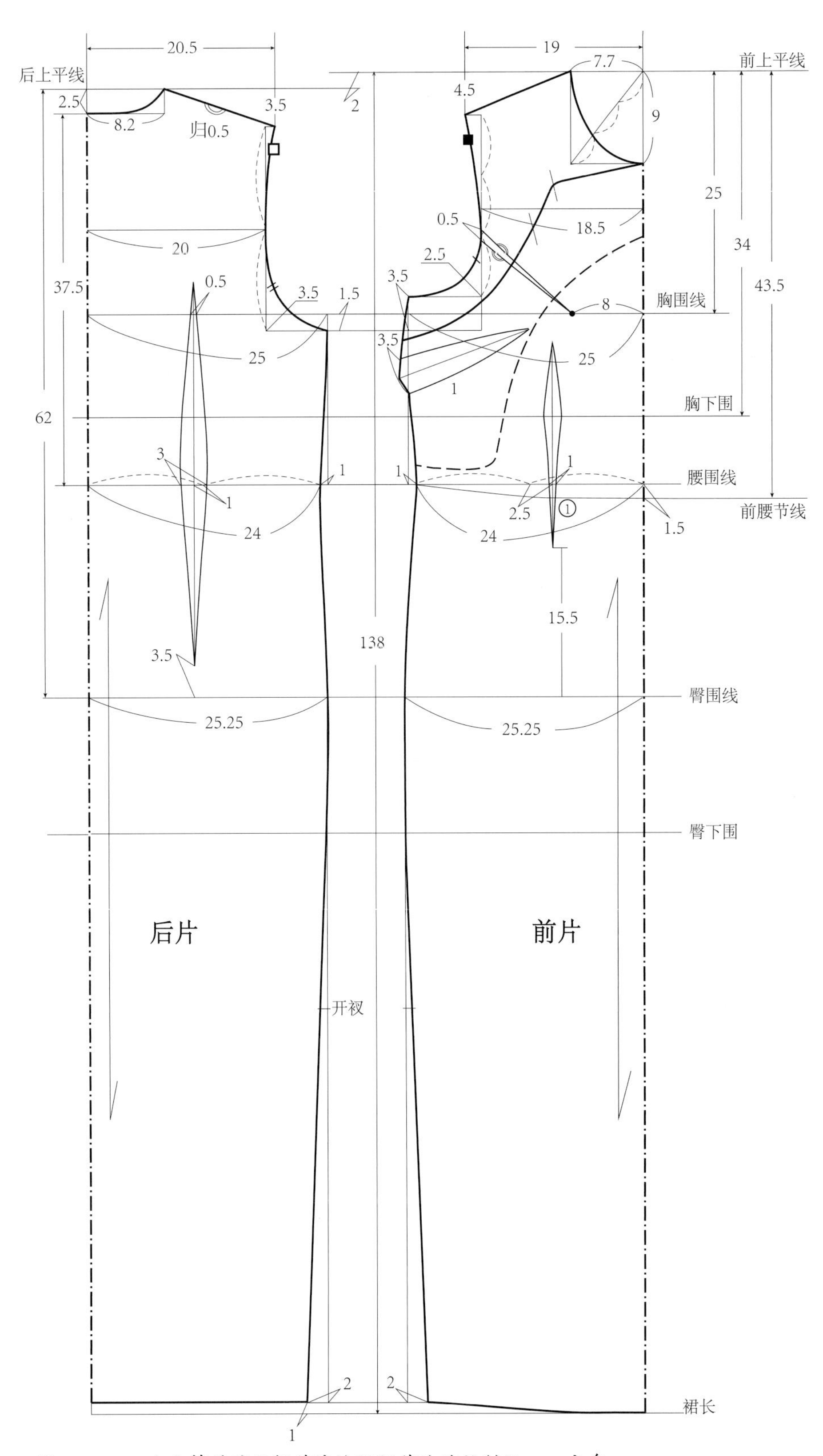


◎ **图5-9-3-1** F女士棉质暗纹提花滚边间隔花边旗袍制版——衣身

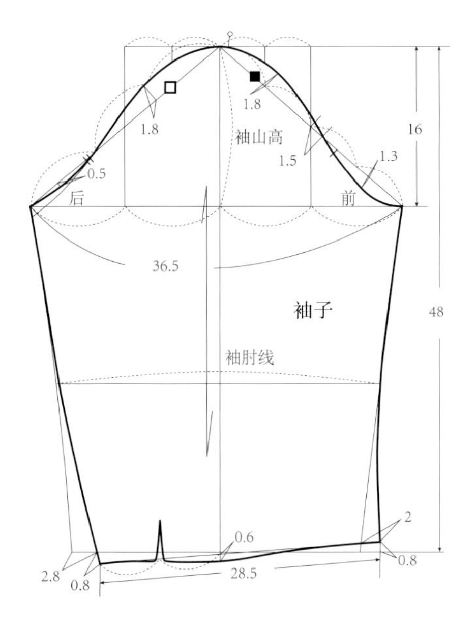


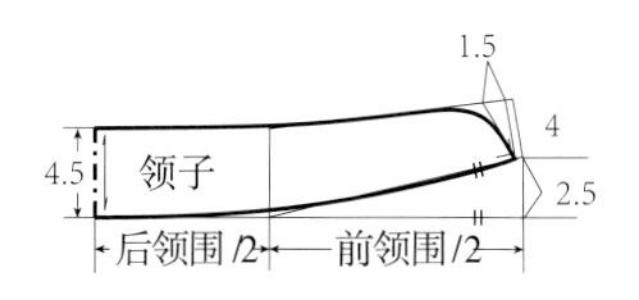


◎ **图5-9-3-2** F女士棉质暗纹提花滚边间隔花边旗袍制版——袖子和领子

**4. F女士旗袍制版的制图要点**

① 胃凸过胸下开始向外凸起腰松量多放量；

② 脖子粗，颈围不要太紧，放松5 ~ 6cm；

③ 背厚，后背宽要向前运动，要加宽背宽，在测量尺寸上加2 ~ 3cm；

④ 开衩点低，下摆收紧不要收得太快，线条偏直点，保证开步的步距量，方便行走。

大襟与小襟的省道转移示意图 见图5-9-4。

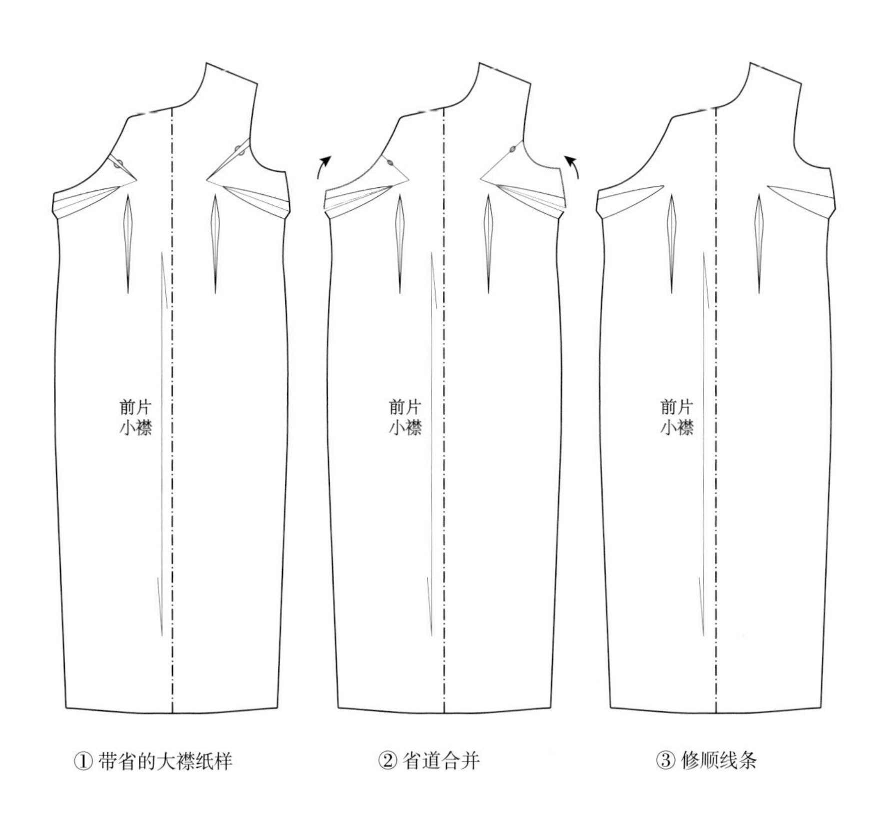


◎ **图5-9-4-1** F女士棉质暗纹提花滚边间隔花边旗袍省道转移——大襟

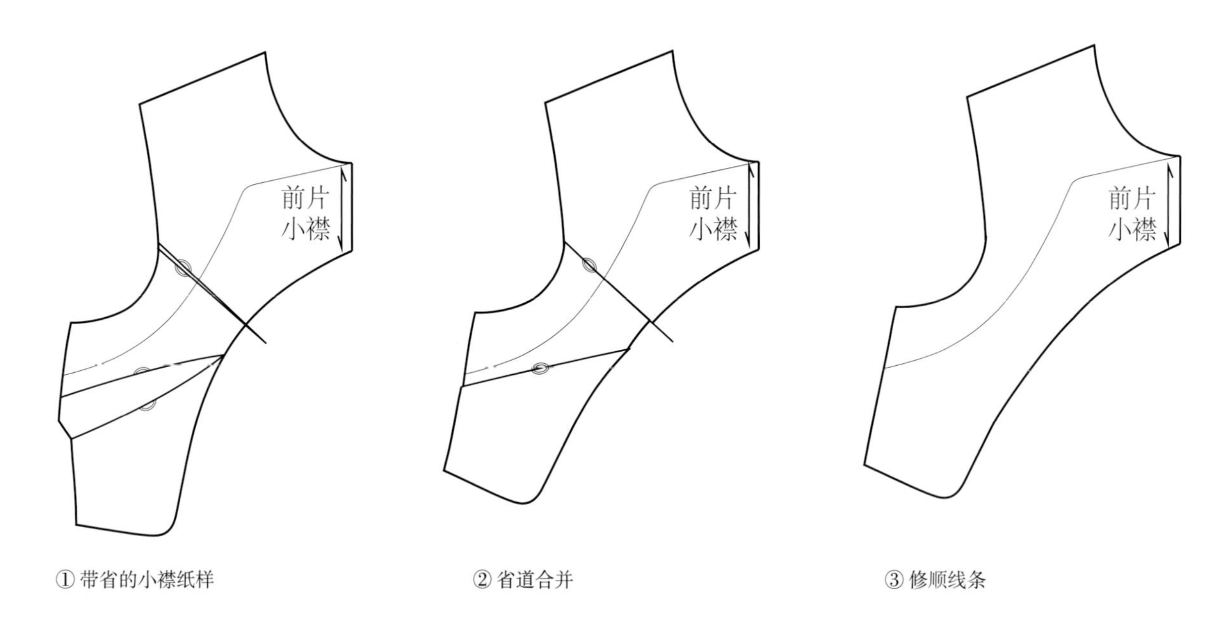


◎ **图5-9-4-2** F女士棉质暗纹提花滚边间隔花边旗袍省道转移——小襟

5. F女士棉质暗纹提花滚边间隔花边旗袍的排料图（图5-9-5）

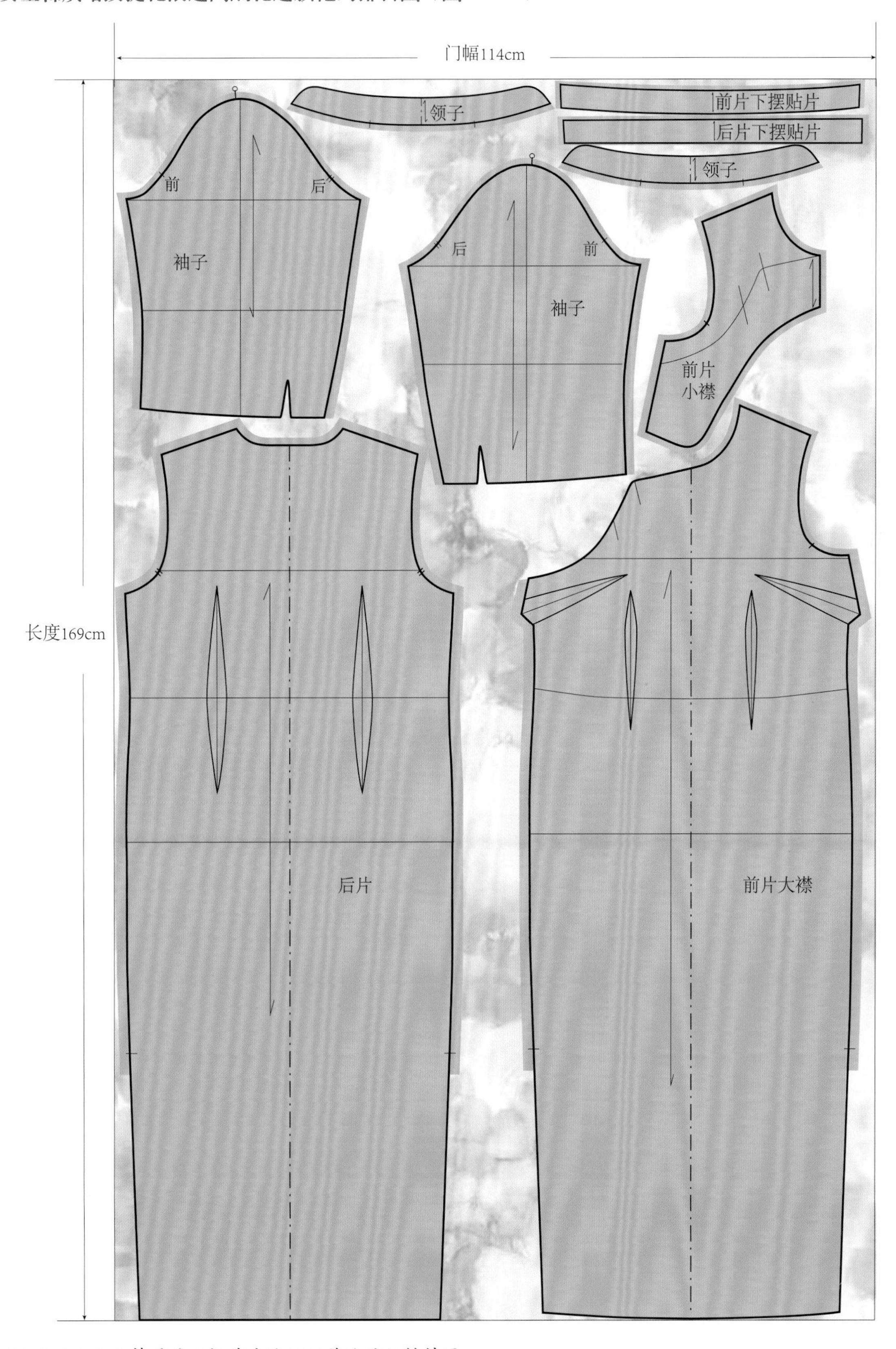


◎ 图5-9-5　F女士棉质暗纹提花滚边间隔花边旗袍排料图

## 第十节　上半身短、扁臀且臀点低、腰节线到臀围线距离长体型的旗袍制版方法（CH女士）

**1. CH女士藤黄双开襟双滚边真丝花罗旗袍展示图（图5-10-1）**

◎ **图5-10-1** CH女士上半身短，扁臀且臀点低，腰节线到臀围线距离长体型定制旗袍成衣展示图

**2. CH女士上半身短，扁臀且臀点低、腰节线到臀围线距离长体型的尺寸表（图5-10-2）**

| 客户定制尺寸单 单位：cm | | | | | | | | | |
|---|---|---|---|---|---|---|---|---|---|
| 姓名 | | CH女士 | | 身高 | | | 体重 | | 联系方式 |
| 序号 | 部位 | 测量 | 成衣 | 序号 | 部位 | 测量 | 成衣 | 设计款式图 | |
| 1 | 胸围 | 86 | 89 | 18 | 胸距 | 13 | 13 | | |
| 2 | 胸上围 | 81 | | 19 | 肩颈点到胸下 | 30.5 | 30.5 | | |
| 3 | 胸下围 | 73 | 79 | 20 | 肩颈点到腹凸 | 54 | 54 | | |
| 4 | 腰围 | 67 | 71 | 21 | 左/右 夹圈 | 43 | 43 | | |
| 5 | 胯上围/裙裤腰围 | 69.5 | 73 | 22 | 左/右 臂围 | 29 | 33 | | |
| 6 | 腹围 | | | 23 | 袖长 | 8 | 8 | | |
| 7 | 胯围 | 81 | 84 | 24 | 袖口 | 24 | 24 | | |
| 8 | 臀围 | 93.5 | 96 | 25 | 前衣长 | 124 | 124 | | |
| 9 | 下臀围 | | | 26 | 裙长 | | | | |
| 10 | 前肩宽 | 35 | 35 | 27 | 裤长 | | | | |
| 11 | 后肩宽 | 36 | 36 | 28 | 全裆长 | | | | |
| 12 | 后背宽 | 33 | 33 | 29 | 肩颈点到膝 | | | | |
| 13 | 后背长 | 36.5 | 36.5 | 30 | 腰到小腿 | | | | |
| 14 | 肩颈点到臀凸 | 64 | 64 | 31 | 前直开 | | | | |
| 15 | 颈围 | 35 | 39 | 32 | 大/小腿围 | | | | |
| 16 | 前胸宽 | 30 | 32 | 33 | 前腰节长 | 42 | 42 | 面料小样： | |
| 17 | 胸高 | 23.5 | 23.5 | 34 | 后腰节长 | 38.5 | 38.5 | | |
| 体型特征 | | | | | | 总金额 | | 付款方式 | |
| 站姿 | | 肩型 | | 脖型 | | | | | |
| 含胸 | | 溜肩 | | 高脖 | √ | 设计时间 | | 设计师 | |
| 挺胸 | √ | 平肩 | | 矮脖 | | | | | |
| 胰肚 | | 冲肩 | | 圆脖 | | 试衣时间 | | | |
| 脊柱侧倾 | | 高低肩 | | 扁脖 | | | | 客户确认 | |
| 体型描述：1、肩到腰短，后背挺；2、臀点偏低，腰到臀长。 | | | | | | 取衣时间 | | | |

◎ 图5-10-2 CH女士的定制尺寸表

3. CH女士上半身短，扁臀且臀点低，腰节线到臀围线距离长的体型旗袍制版示意图（图5-10-3）

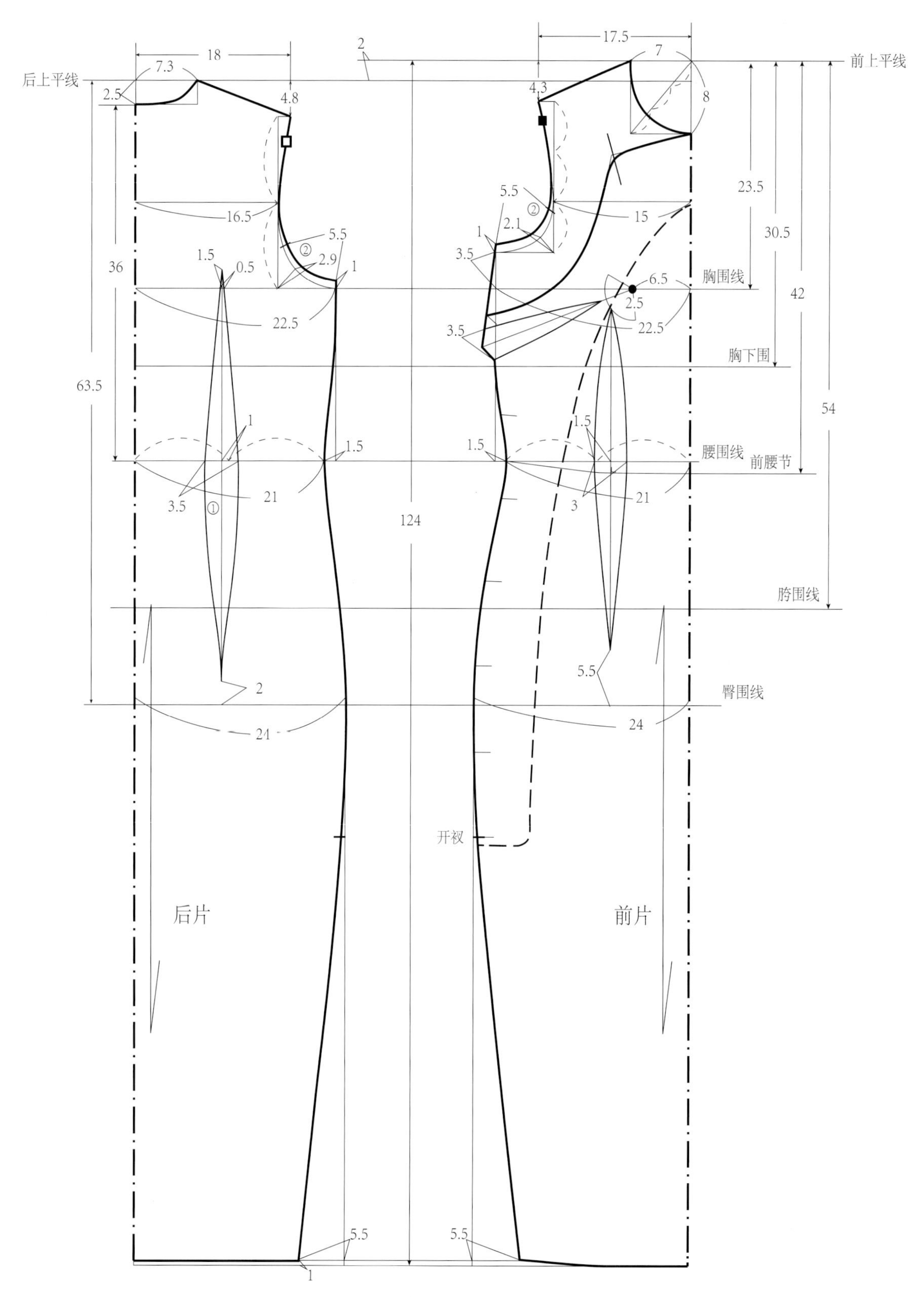


◎ 图5-10-3-1 CH女士旗袍制版图——衣身

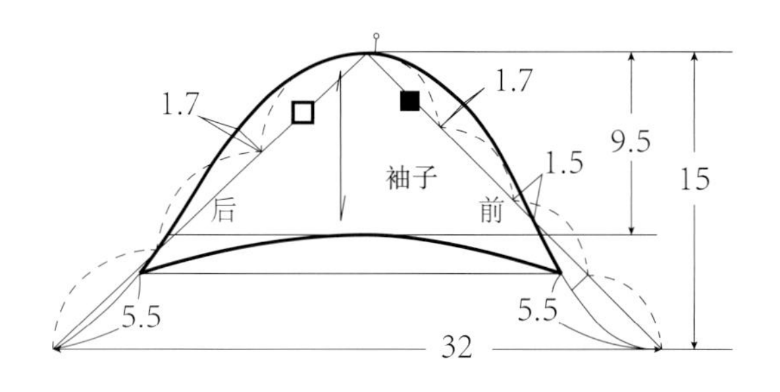


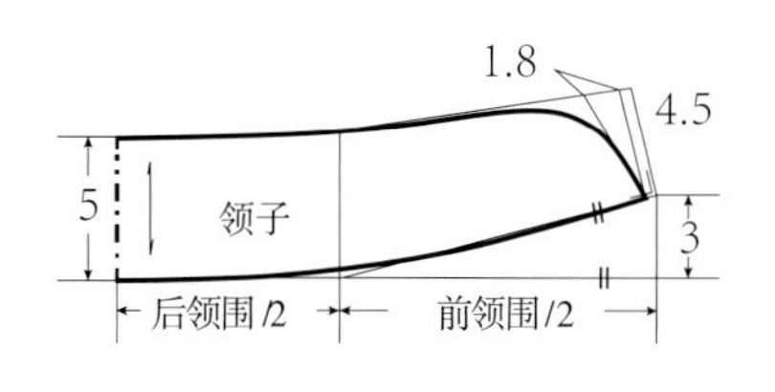


◎ **图5-10-3-2** CH女士旗袍制版图——袖子和领子

**4. CH女士旗袍制版的制图说明：**

① 后腰节长的人注意加长省道的长度，侧缝线沿着身体的起伏画线，这样不会出现腰围和臀围之间出现空鼓不贴体的问题。

② 半袖的袖窿弧线制图方法同无袖，可以向腋窝处画直一点，上抬0.5 ~ 1cm，面料包紧皮肤，防止副乳和腋下的皮肤外翻。

小襟的胸省合并示意图见图5-10-4。

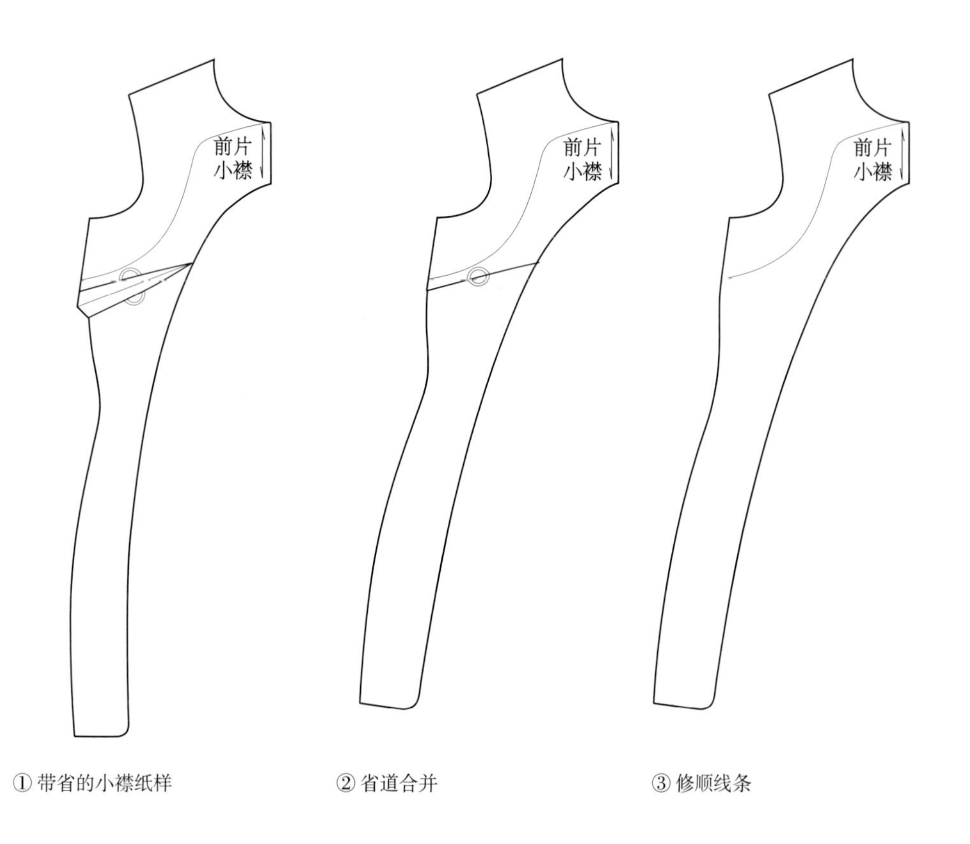


◎ **图5-10-4** 小襟胸省合并

**5. CH女士真丝花罗旗袍排料图（图5-10-5）**

双门襟的排料注意两侧小襟裁片不同，不可排错方向。花罗的面料缩水严重，裁剪前必须先下水阴晾干熨平后再排料。

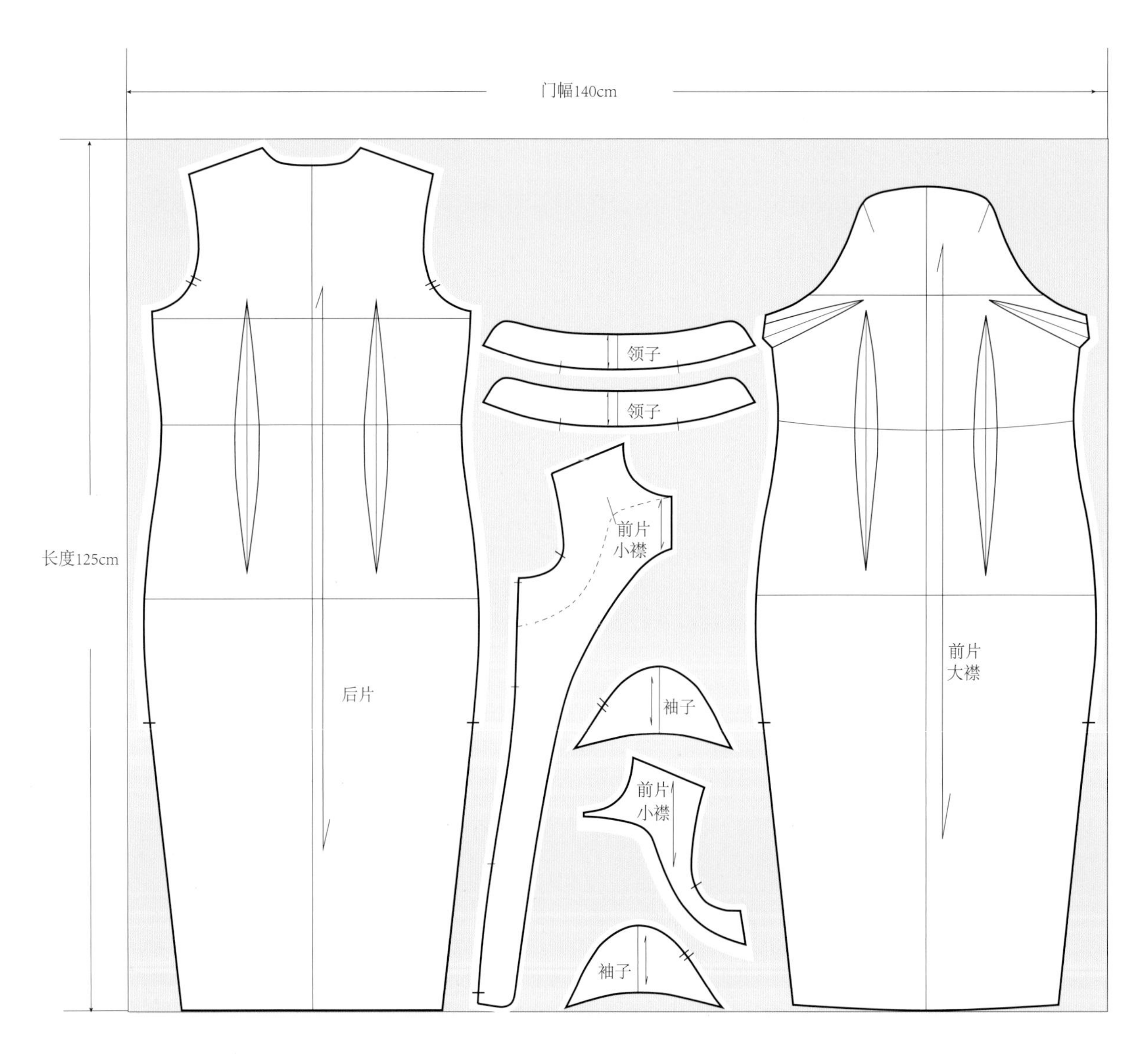


◎ **图5-10-5** CH女士真丝花罗旗袍排料图

# 第十一节　高低肩体型的旗袍制版方法（X女士）

### 1. X女士羊毛细格贴撞色如意纹开襟旗袍成衣展示图（图5-11-1）

◎ 图5-11-1　X女士高低肩定制体型旗袍成衣展示图

**2. X女士高低肩体型的尺寸表（图5-11-2）**

# 客户定制尺寸单

单位：cm

| 姓名 | | X女士 | | 身高 | | | 体重 | | 联系方式 |
|---|---|---|---|---|---|---|---|---|---|

| 序号 | 部位 | 测量 | 成衣 | 序号 | 部位 | 测量 | 成衣 | 设计款式图 |
|---|---|---|---|---|---|---|---|---|
| 1 | 胸围 | 83 | 86 | 18 | 胸距 | 15 | 15 | |
| 2 | 胸上围 | 81 | | 19 | 肩颈点到胸下 | 32 | 32 | |
| 3 | 胸下围 | 73.5 | 78 | 20 | 肩颈点到腹凸 | 50 | 50 | |
| 4 | 腰围 | 73 | 76 | 21 | 左/右　夹圈 | 42 | 45 | |
| 5 | 胯上围/裙裤腰围 | 77 | 79.5 | 22 | 左/右　臂围 | 28 | 31 | |
| 6 | 腹围 | 82 | 84.5 | 23 | 袖长 | 25 | 25 | |
| 7 | 胯围 | 86 | | 24 | 袖口 | | | |
| 8 | 臀围 | 90 | 93 | 25 | 前衣长 | 137.5 | 137.5 | |
| 9 | 下臀围 | | | 26 | 裙长 | | | |
| 10 | 前肩宽 | 36 | 36 | 27 | 裤长 | | | |
| 11 | 后肩宽 | 38 | 38 | 28 | 全裆长 | | | |
| 12 | 后背宽 | 34.5 | 37.5 | 29 | 肩颈点 到膝 | | | |
| 13 | 后背长 | 36 | 36 | 30 | 腰到　小腿 | | | |
| 14 | 肩颈点到臀凸 | 60 | 60 | 31 | 前直开 | | | |
| 15 | 颈围 | 37 | 42 | 32 | 大/小　腿围 | | | |
| 16 | 前胸宽 | 31 | 31 | 33 | 前腰　节长 | 41.5 | 41.5 | 面料小样： |
| 17 | 胸高 | 25.5 | 25.5 | 34 | 后腰　节长 | 38.5 | 38.5 | |

| 体型特征 | | | | | | 总金额 | | 付款方式 | |
|---|---|---|---|---|---|---|---|---|---|
| 站姿 | | 肩型 | | 脖型 | | | | | |
| 含胸 | | 溜肩 | | 高脖 | √ | 设计时间 | | 设计师 | |
| 挺胸 | | 平肩 | | 矮脖 | | | | | |
| 腆肚 | | 冲肩 | | 圆脖 | | 试衣时间 | | 客户确认 | |
| 脊柱侧倾 | | 高低肩 | √ | 扁脖 | √ | | | | |
| 体型描述：1、扁体型，上身瘦，胸小腰粗；2、溜肩，严重高低肩，右肩低。 | | | | | | 取衣时间 | | | |

◎ **表5-11-2** X女士的定制尺寸表

### 3. 高低肩X女士客户的旗袍制版（图5-11-3）

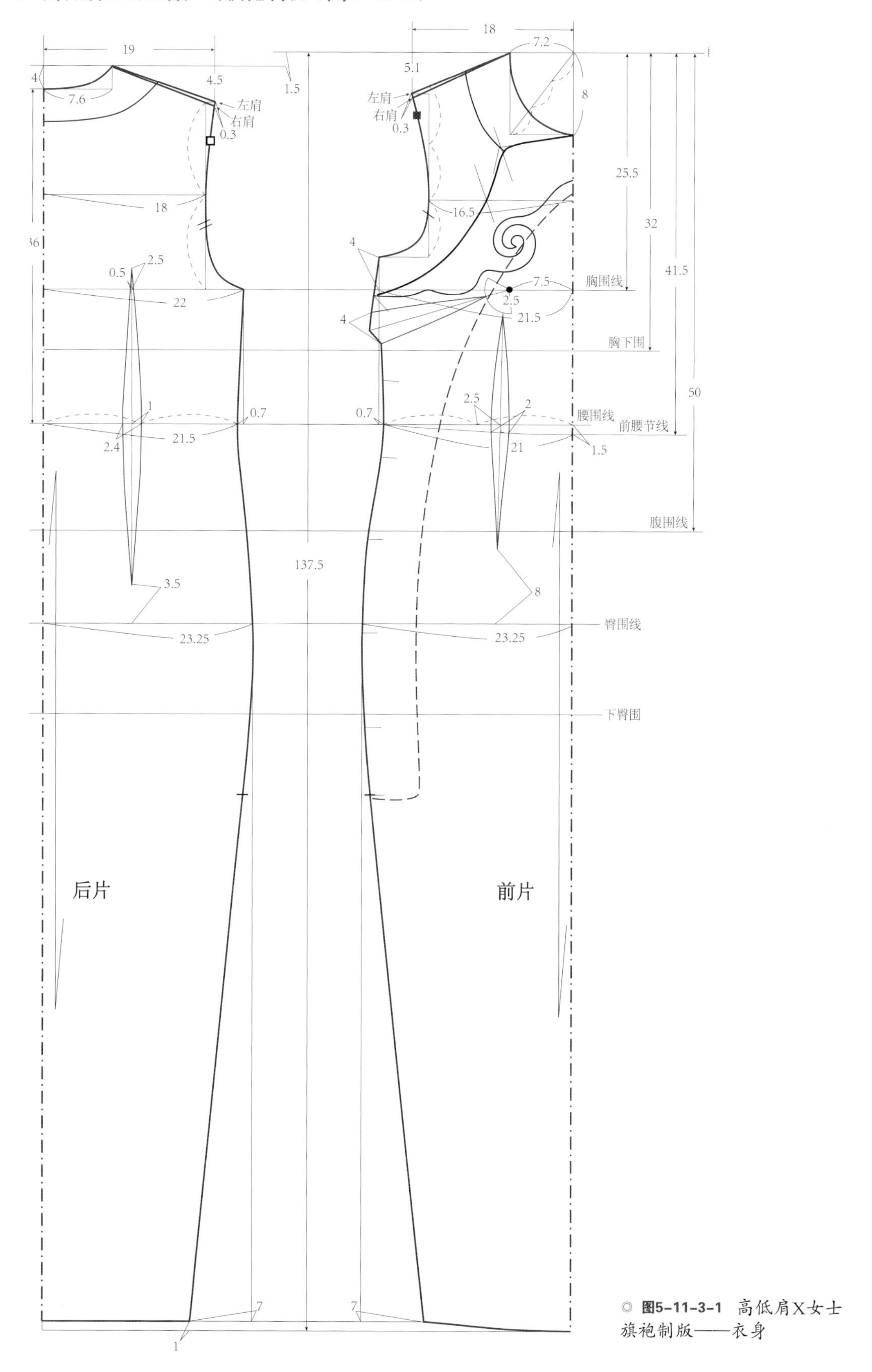


◎ **图5-11-3-1** 高低肩X女士旗袍制版——衣身

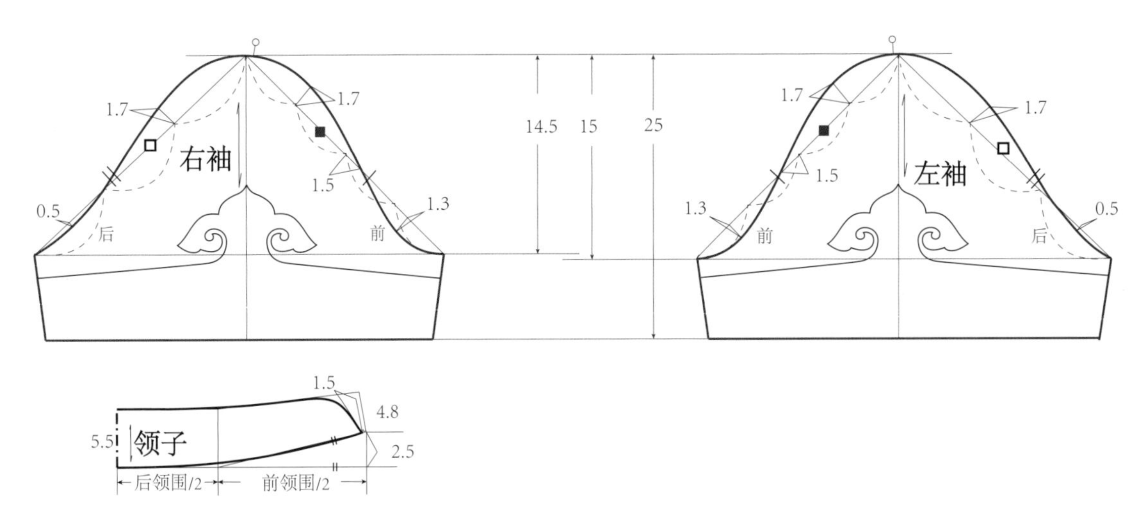


◎ **图5-11-3-2** 高低肩X女士旗袍制版——袖子和领子

制版完成图见图5-11-4。

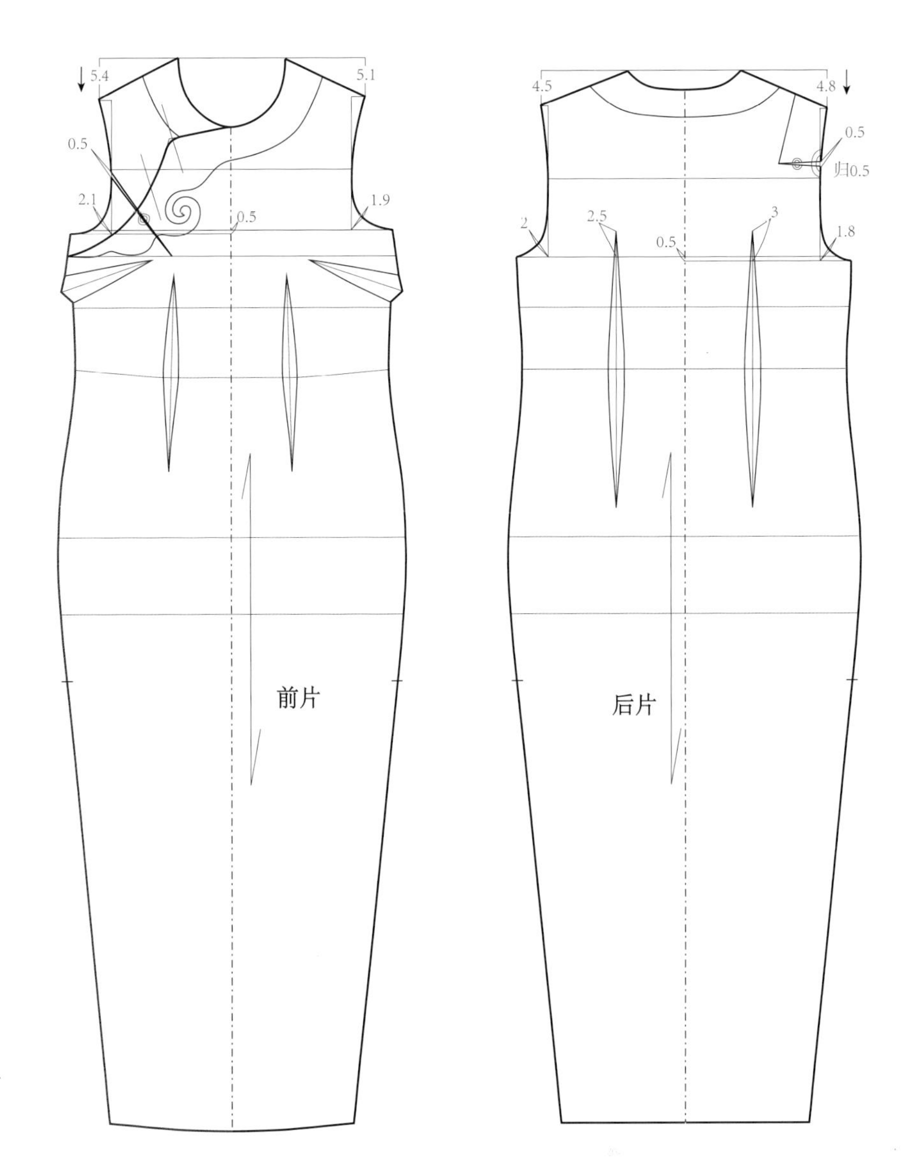


◎ **图5-11-4** 高低肩X女士制版完成图

**4. X女士旗袍制版的制图要点**

① 高低肩的客户：不仅要分清高低肩的左右，还要测量高低肩的相差值；

② 此客户右肩比左肩低出几度角，因此不光要降低肩斜，而且为了防止腋下有堆量需要低肩的前后袖窿设省去量；袖山的高低也要略微调整，与袖窿弧线达到一致。

③ 上半身纸样左右应不对称处理；

④ 有时为了矫正过于明显的高低肩，我们还会做一层薄薄的垫肩放置在低肩肩膀上，达到视觉上的调和。

小襟省道的合并见图5-11-5。

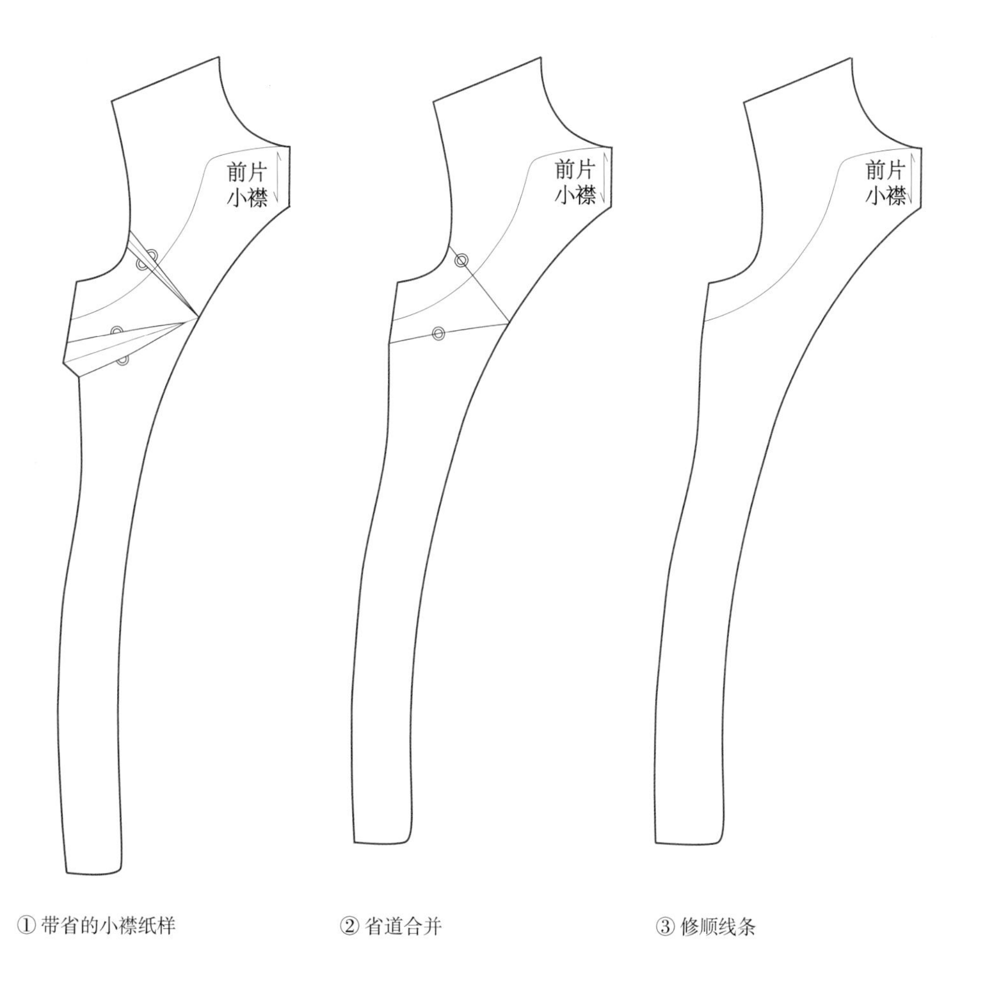


◎ **图5-11-5** 小襟省道的合并

5. 高低肩X女士制版排料（图5-11-6）

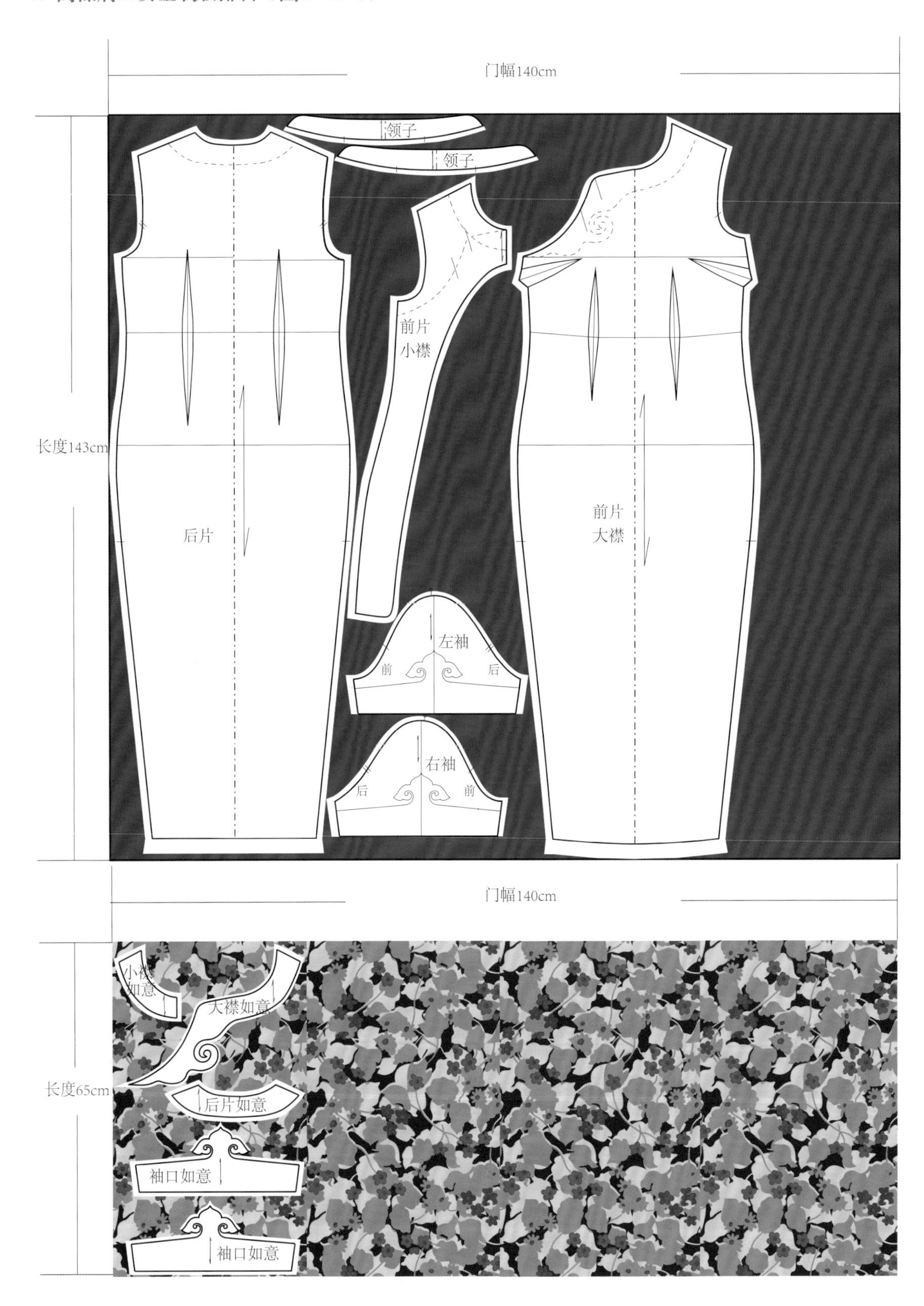


◎ **图5-11-6** 高低肩X女士旗袍制版排料

## 第十二节　胯腹围膨大体型的旗袍制版方法（Q女士）

1. Q女士印染缎面短袖旗袍成衣展示图（图5-12-1）

◎ **图5-12-1** Q女士胯腹围膨大体型定制旗袍成衣展示图

**2. Q女士胯腹围膨大体型的尺寸表（图5-12-2）**

客户定制尺寸单

单位：cm

| 姓名 | Q女士 | 身高 | 159 | 体重 | 125 | 联系方式 | |
|---|---|---|---|---|---|---|---|

| 序号 | 部位 | 测量 | 成衣 | 序号 | 部位 | 测量 | 成衣 | 设计款式图 |
|---|---|---|---|---|---|---|---|---|
| 1 | 胸围 | 96.5 | 100 | 18 | 胸距 | 15.5 | 15.5 | |
| 2 | 胸上围 | | | 19 | 肩颈点到胸下 | 34 | 34 | |
| 3 | 胸下围 | 84.5 | 89 | 20 | 肩颈点到腹凸 | 54 | 54 | |
| 4 | 腰围 | 82 | 86 | 21 | 左/右 夹圈 | 44 | 47 | |
| 5 | 胯上围/裙裤腰围 | | | 22 | 左/右 臂围 | 30 | 33 | |
| 6 | 腹围 | 105 | 107 | 23 | 袖长 | 18 | 18 | |
| 7 | 胯围 | | | 24 | 袖口 | | | |
| 8 | 臀围 | 99 | 105 | 25 | 前衣长 | 115 | 115 | |
| 9 | 下臀围 | | | 26 | 裙长 | | | |
| 10 | 前肩宽 | 36 | 36 | 27 | 裤长 | | | |
| 11 | 后肩宽 | 37 | 37 | 28 | 全裆长 | | | |
| 12 | 后背宽 | 34.5 | 37 | 29 | 肩颈点到膝 | | | |
| 13 | 后背长 | 35 | 35 | 30 | 腰到 小腿 | | | |
| 14 | 肩颈点到臀凸 | 57.5 | 57.5 | 31 | 前直开 | | | |
| 15 | 颈围 | 35.5 | 41 | 32 | 大/小 腿围 | | | |
| 16 | 前胸宽 | 33.5 | 33.5 | 33 | 前腰 节长 | 40.5 | 40.5 | 面料小样： |
| 17 | 胸高 | 26 | 26 | 34 | 后腰 节长 | 37.5 | 37.5 | |

| 体型特征 | | | | | | 总金额 | | 付款方式 | |
|---|---|---|---|---|---|---|---|---|---|
| 站姿 | | 肩型 | | 脖型 | | | | | |
| 含胸 | | 溜肩 | | 高脖 | | 设计时间 | | 设计师 | |
| 挺胸 | | 平肩 | | 矮脖 | | | | | |
| 腆肚 | | 冲肩 | | 圆脖 | | 试衣时间 | | | |
| 脊柱侧倾 | | 高低肩 | | 扁脖 | | | | 客户确认 | |
| 体型描述：1、挺胸 球大；2、腹胯大，两侧胯凸起；3、后腰凹；4、胯比臀大；5、脖领细。 | | | | | | 取衣时间 | | | |

◎ 图5-12-2 Q女士的定制尺寸表

3. 胯腹围大的Q女士旗袍制版（图5-12-3）

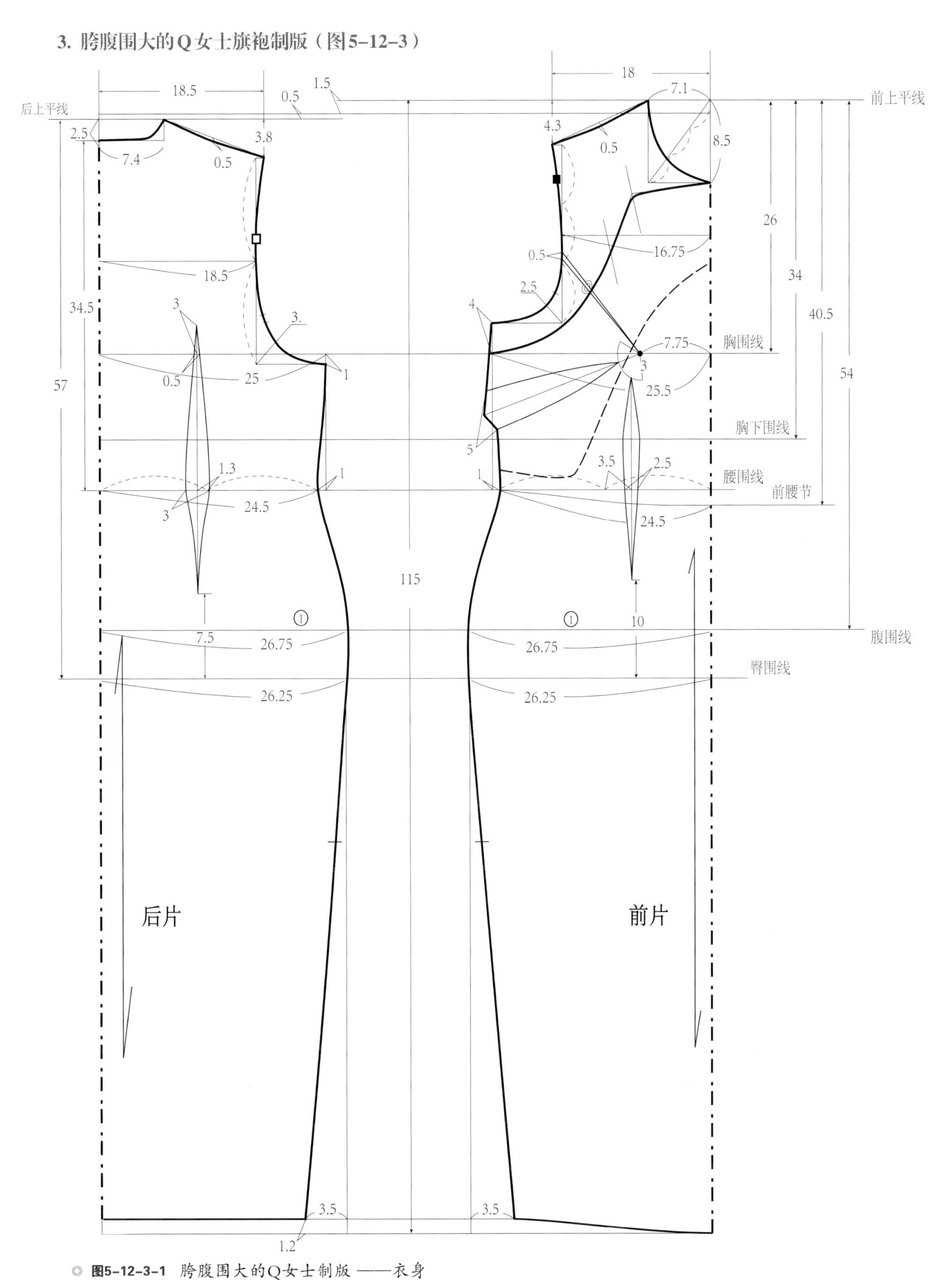


◎ **图5-12-3-1** 胯腹围大的Q女士制版——衣身

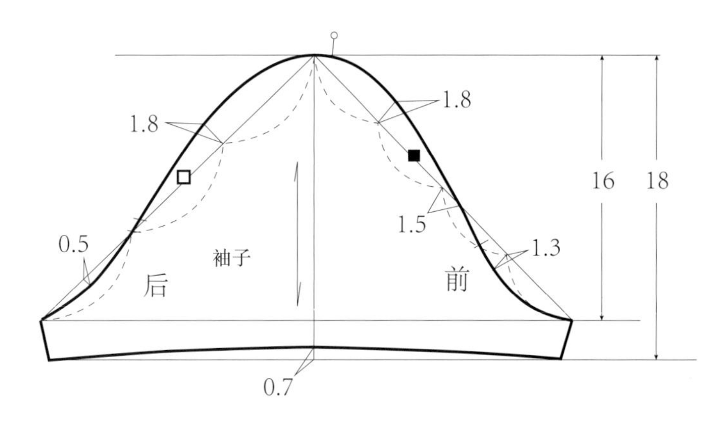

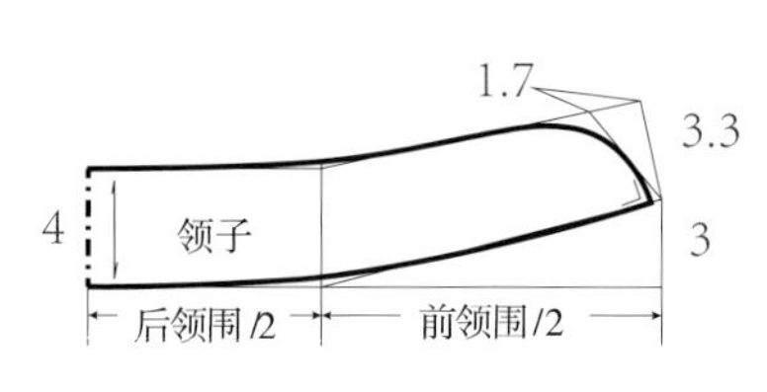


◎ **图5-12-3-2** 胯腹围大的Q女士制版——袖子和领子

**4. Q女士旗袍制版的制图要点**

① 胯腹部肥大，过腰后两侧迅速向外凸起，形成明显游泳圈状的凸起，很不美观。制版时注意胯围大过臀围，臀围的放松量要比正常放松量多，腰、胯至臀线条平顺为主，腰省不能过长；

② 胸围的隆起加上腹围的隆起，因此前上平线要多上抬点；

③ 后腰挺，后上平线要向下降0.5cm。

裁片衣身省道的转移和合并见图5-12-4。

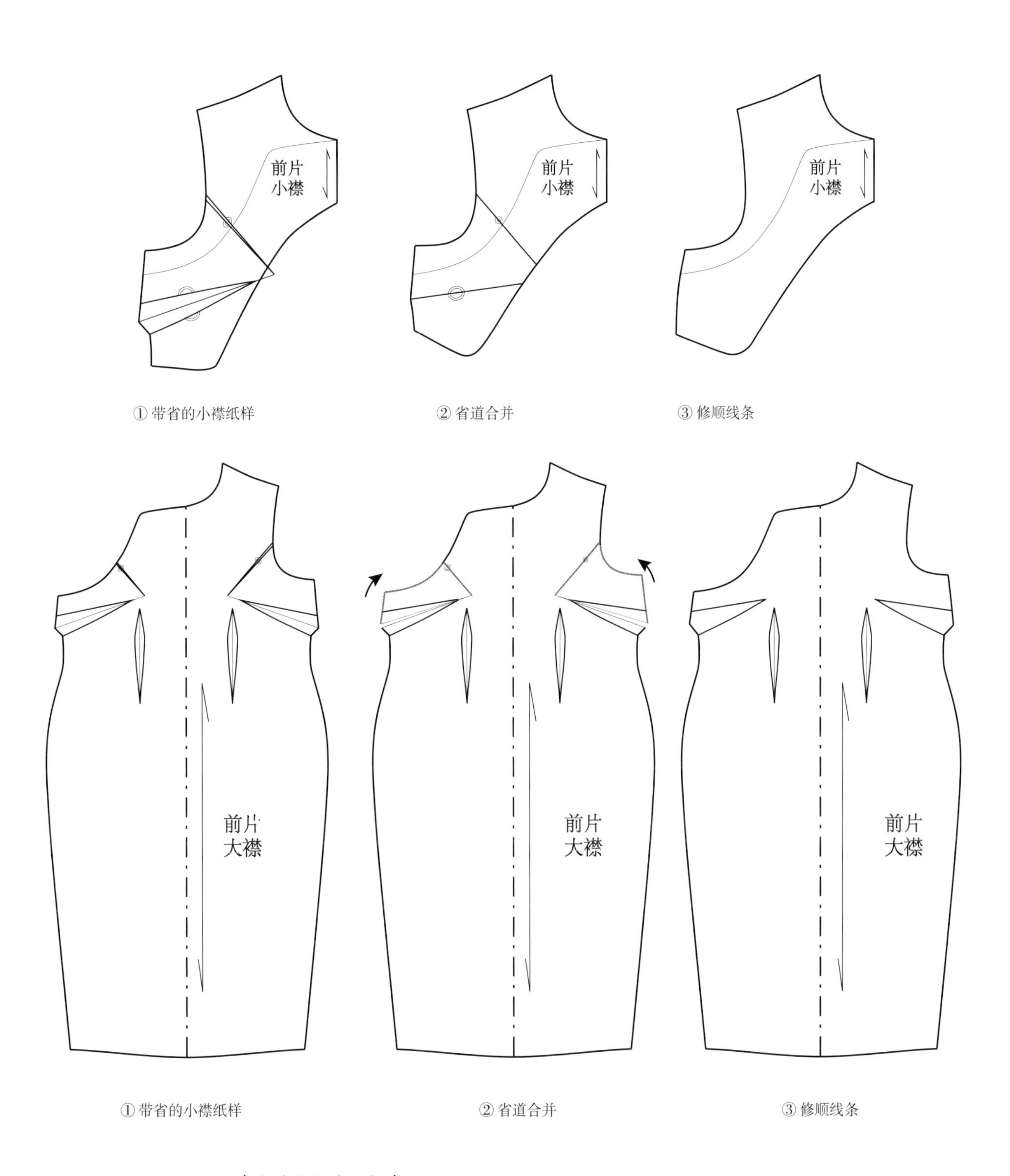


◎ **图5-12-4** Q女士衣身省道的转移和合并

5. Q女士旗袍制版的排料（图5-12-5）

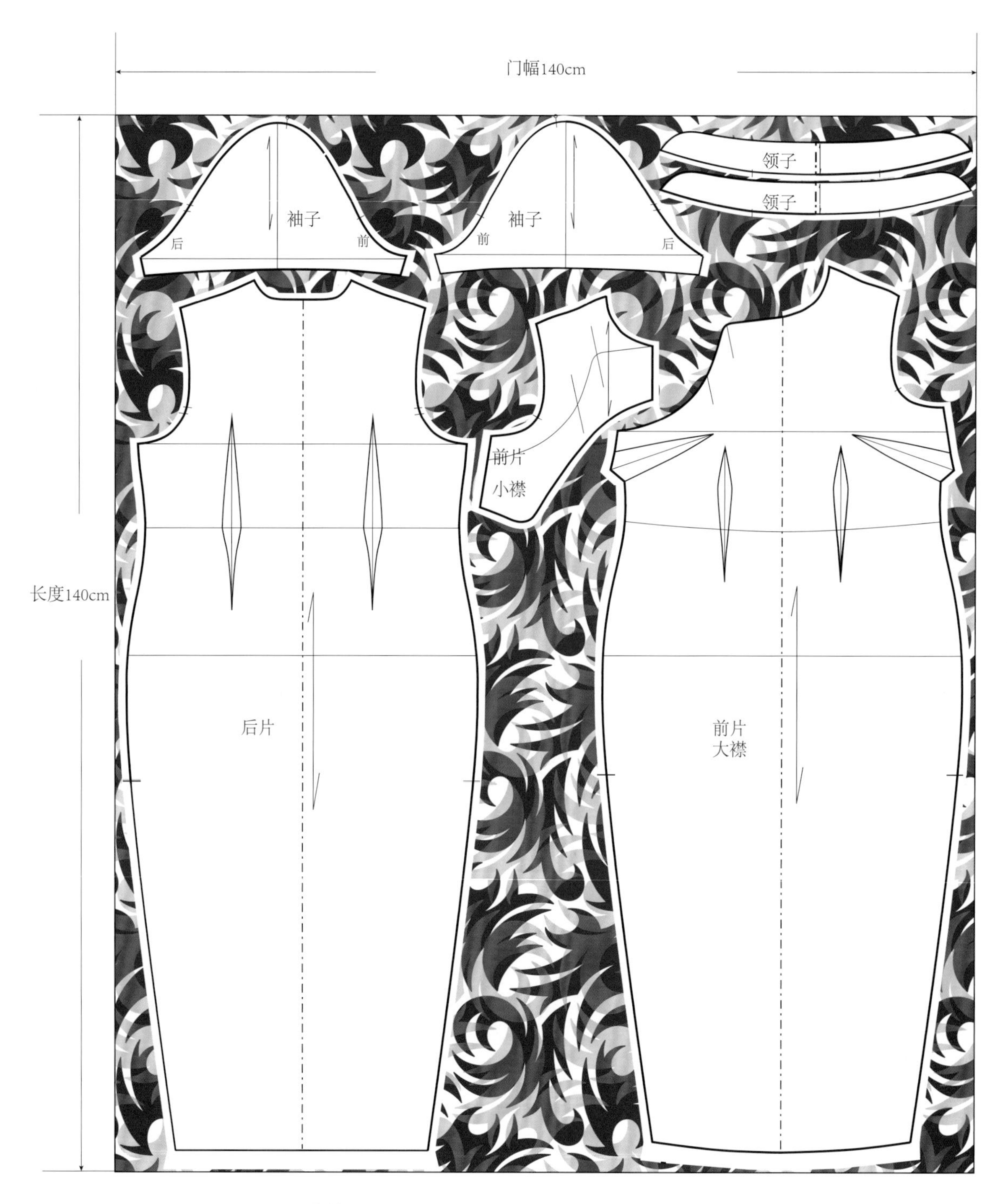


◎ **图5-12-5** Q女士旗袍制版的排料

综上所述，笔者列举了一些特殊体型的制版方法。客户身材的千变万化需要测量者的精细观察，也需要制版者按身材不同合理处理数据和线条，同时还需要配合工艺制作者的制作技巧，才能精准完成对客户的量体制衣。

第六章

# 连肩袖、平裁法的旗袍制版方法

## 一、剖肩缝式连肩袖旗袍的制版方法
## （以胸围84cm的标准尺寸为基准的制版方法为例）

### 1. 尺寸单（图6-1-1）

**客户定制尺寸单**　　单位：cm

| 姓名 | | 身高 | | 体重 | | 联系方式 | |
|---|---|---|---|---|---|---|---|

| 序号 | 部位 | 测量 | 成衣 | 序号 | 部位 | 测量 | 成衣 | 设计款式图 |
|---|---|---|---|---|---|---|---|---|
| 1 | 胸围 | 84 | 88 | 18 | 胸距 | 14 | 14 | |
| 2 | 胸上围 | | | 19 | 肩颈点到胸下 | 33 | 33 | |
| 3 | 胸下围 | 67 | 72 | 20 | 肩颈点到腹凸 | | | |
| 4 | 腰围 | 65 | 69 | 21 | 左/右　夹圈 | 39 | 42 | |
| 5 | 胯上围/裙裤腰围 | | | 22 | 左/右　臂围 | 26 | 30 | |
| 6 | 腹围 | | | 23 | 袖长 | 24 | 24 | |
| 7 | 胯围 | | | 24 | 袖口 | | | |
| 8 | 臀围 | 93 | 97 | 25 | 前衣长 | 118 | 118 | |
| 9 | 下臀围 | | | 26 | 裙长 | | | |
| 10 | 前肩宽 | | | 27 | 裤长 | | | |
| 11 | 后肩宽 | 38 | 38 | 28 | 全裆长 | | | |
| 12 | 后背宽 | 33 | 36 | 29 | 肩颈点到膝 | | | |
| 13 | 后背长 | 37 | 37 | 30 | 腰到小腿 | | | |
| 14 | 肩颈点到臀凸 | 62 | 62 | 31 | 前直开 | | | |
| 15 | 颈围 | 36.5 | 41 | 32 | 大/小　腿围 | | | |
| 16 | 前胸宽 | 31 | 31 | 33 | 前腰节长 | 42 | 42 | 面料小样： |
| 17 | 胸高 | 25.5 | 25.5 | 34 | 后腰节长 | 39.5 | 39.5 | |

| 体型特征 | | | | | |
|---|---|---|---|---|---|
| 站姿 | | 肩型 | | 脖型 | |
| 含胸 | | 溜肩 | | 高脖 | |
| 挺胸 | | 平肩 | | 矮脖 | |
| 腆肚 | | 冲肩 | | 圆脖 | |
| 脊柱侧倾 | | 高低肩 | | 扁脖 | |
| 体型描述： | | | | | |

| 总金额 | | 付款方式 | |
|---|---|---|---|
| 设计时间 | | 设计师 | |
| 试衣时间 | | 客户确认 | |
| 取衣时间 | | | |

◎ **图6-1-1** 剖肩缝连肩袖的尺寸表

## 2. 剖肩缝连肩袖旗袍制版（图6-1-2）

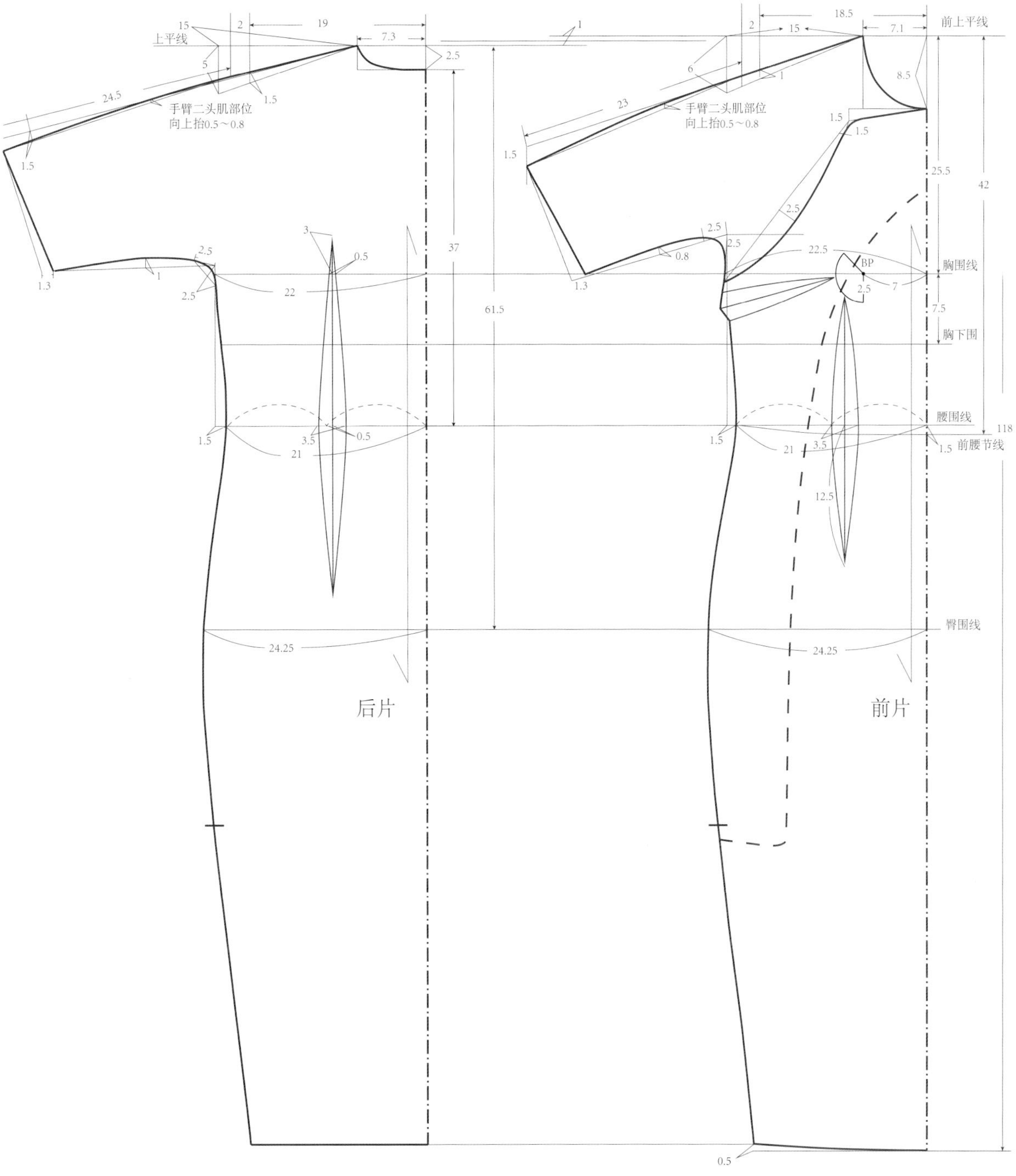

◎ 图6-1-2　剖肩缝连肩袖旗袍制版示意图

## 3. 剖肩缝连肩袖旗袍制版要点

① 剖肩缝连肩袖旗袍适合胸部不是太丰满的女士。前上平线抬高0.5cm，后上平线下降0.5cm。

② 剖肩缝连肩袖肩斜要比装袖肩斜角度平，要不然手在下垂时袖窿处会吊紧，人体明显能感觉压肩，穿着舒适感差。

③ 剖肩缝连肩袖要比装袖的各部位尺寸放松量稍大。

④ 胸省、腰省的部位在制作过程中也可以通过归拔来达到。

## 二、一片式古式旗袍的制图方法(参考)

一片式古式旗袍制图方法也叫古式裁剪法，可以前中剖开，也可以全连片裁剪。后者相对难一点，暗门襟的部位需要一些技巧获得缝份。因旧时的女性没有胸衣，胸围都做无省处理，制版时需改成后片抬高、前片下降，改变肩平线来获得衣身的平衡。本书以尺寸为中码84胸围的标准体型为例做一个制版演变的介绍。尺寸见图5-1-3。

客户定制尺寸单

单位：cm

| 姓名 | | 身高 | | 体重 | | 联系方式 | |
|---|---|---|---|---|---|---|---|

| 序号 | 部位 | 测量 | 成衣 | 序号 | 部位 | 测量 | 成衣 | 设计款式图 |
|---|---|---|---|---|---|---|---|---|
| 1 | 胸围 | 84 | 98 | 18 | 胸距 | | | |
| 2 | 胸上围 | | | 19 | 肩颈点到胸下 | | | |
| 3 | 胸下围 | | | 20 | 肩颈点到腹凸 | | | |
| 4 | 腰围 | 64 | 100 | 21 | 左/右　夹圈 | | | |
| 5 | 胯上围/裙裤腰围 | | | 22 | 左/右　臂围 | | | |
| 6 | 腹围 | | | 23 | 袖长 | | | |
| 7 | 胯围 | | | 24 | 袖口 | | | |
| 8 | 臀围 | 90 | 100 | 25 | 前衣长 | 137 | 137 | |
| 9 | 下臀围 | | | 26 | 裙长 | | | |
| 10 | 前肩宽 | | | 27 | 裤长 | | | |
| 11 | 后肩宽 | 37 | 37 | 28 | 全裆长 | | | |
| 12 | 后背宽 | | | 29 | 肩颈点到膝 | | | |
| 13 | 后背长 | | | 30 | 腰到　小腿 | | | |
| 14 | 肩颈点到臀凸 | 64 | 64 | 31 | 前直开 | | | |
| 15 | 颈围 | | | 32 | 大/小　腿围 | | | |
| 16 | 前胸宽 | | | 33 | 前腰节长 | | | 面料小样： |
| 17 | 胸高 | 25 | 25 | 34 | 后腰节长 | | | |

| 体型特征 | | | | | | 总金额 | | 付款方式 | |
|---|---|---|---|---|---|---|---|---|---|
| 站姿 | | 肩型 | | 脖型 | | | | | |
| 含胸 | | 溜肩 | | 高脖 | | 设计时间 | | 设计师 | |
| 挺胸 | | 平肩 | | 矮脖 | | | | | |
| 腆肚 | | 冲肩 | | 圆脖 | | 试衣时间 | | | |
| 脊柱侧倾 | | 高低肩 | | 扁脖 | | | | 客户确认 | |
| 体型描述： | | | | | | 取衣时间 | | | |

◎ 图6-1-3　一片式古式裁剪法的尺寸表

先画一个基本尺寸的造型，如果是前中分缝的结构，就以前中虚线为基础左右两片单独放缝，后肩借给前肩1.5cm，后面加长，前片下降，前后片侧缝线长度相等（肩部的虚线为原肩平线），见图6-1-4。

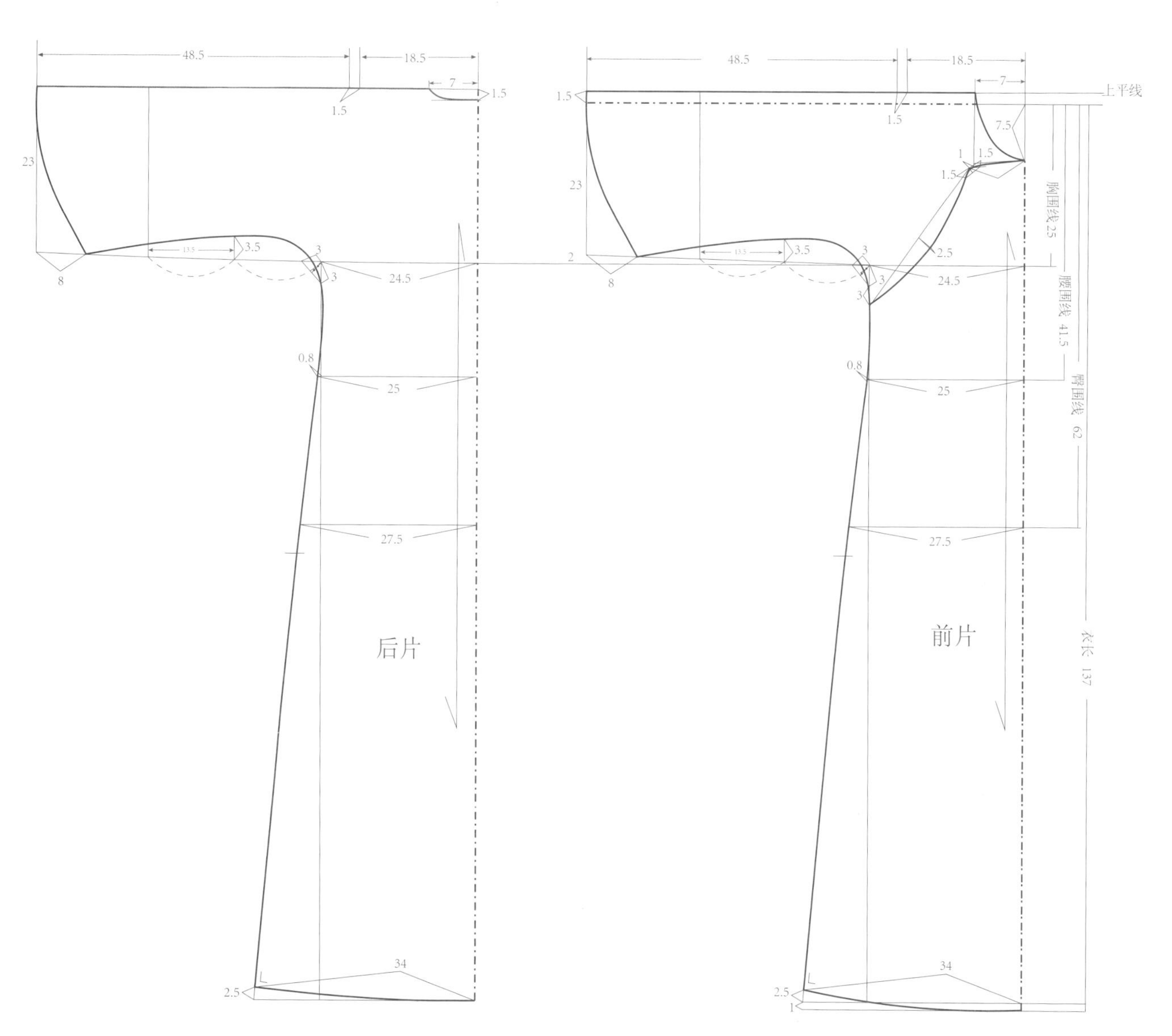


◎ **图6-1-4-1**　一片式古式裁剪法旗袍制版

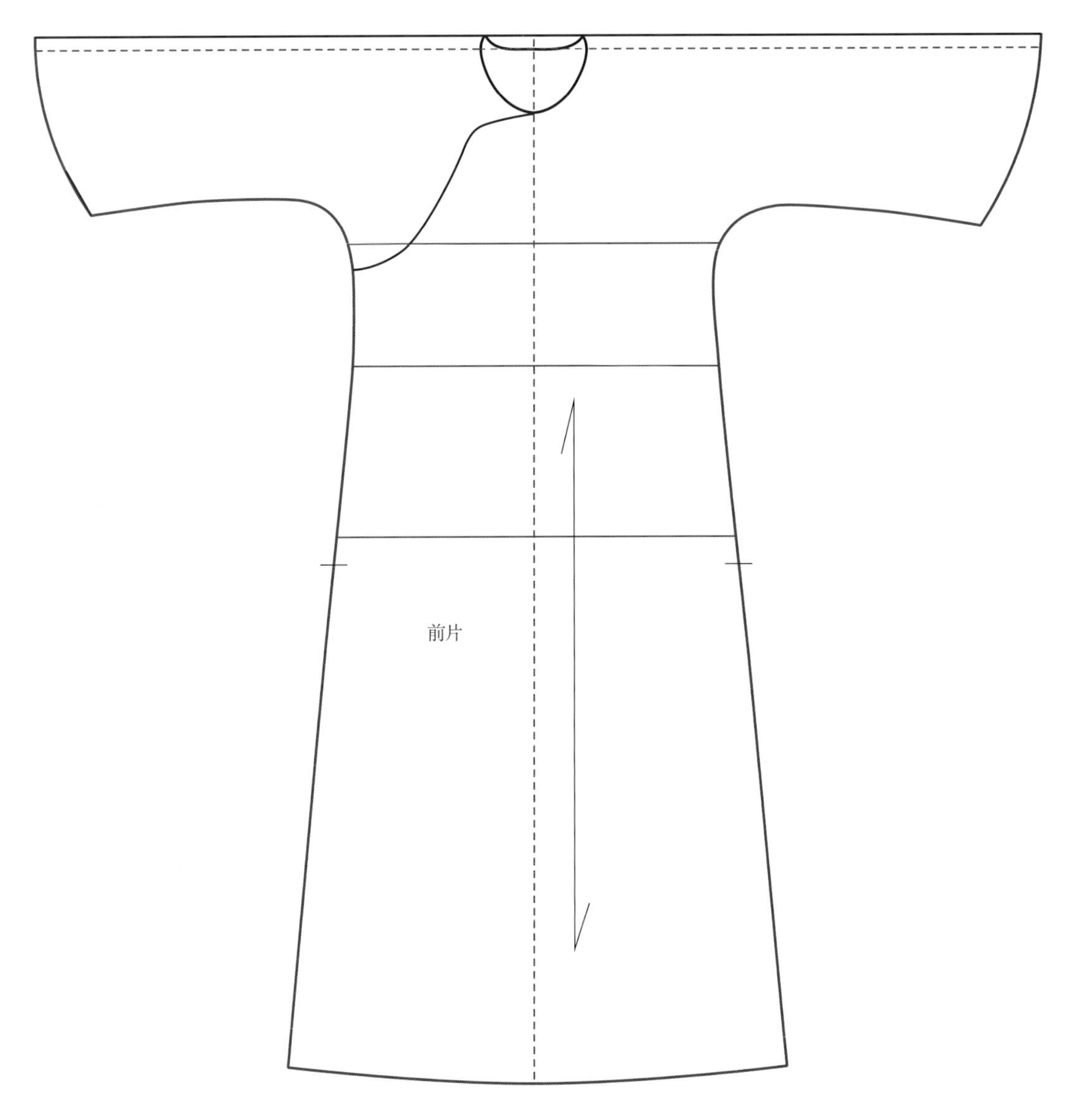


◎ 图6-1-4-2一片式古式裁剪法制版借肩后的平铺

传统旗袍的裁剪方法是现代旗袍制版的基础。中国传统服装的特点不强调胸腰省的变化，整体放松量大，具有独特的韵味。平面制版得到的大小襟之间是没有缝份的，如何获得拼合暗襟的缝份，可以通过以下的方法：

步骤一：展平基本型，见图6-1-5。

步骤二：前片不动，以肩平线为基准，右袖向前设省2cm，左袖向后设省2cm，剪开小襟，两个红线区域的省道合并，见图6-1-6。

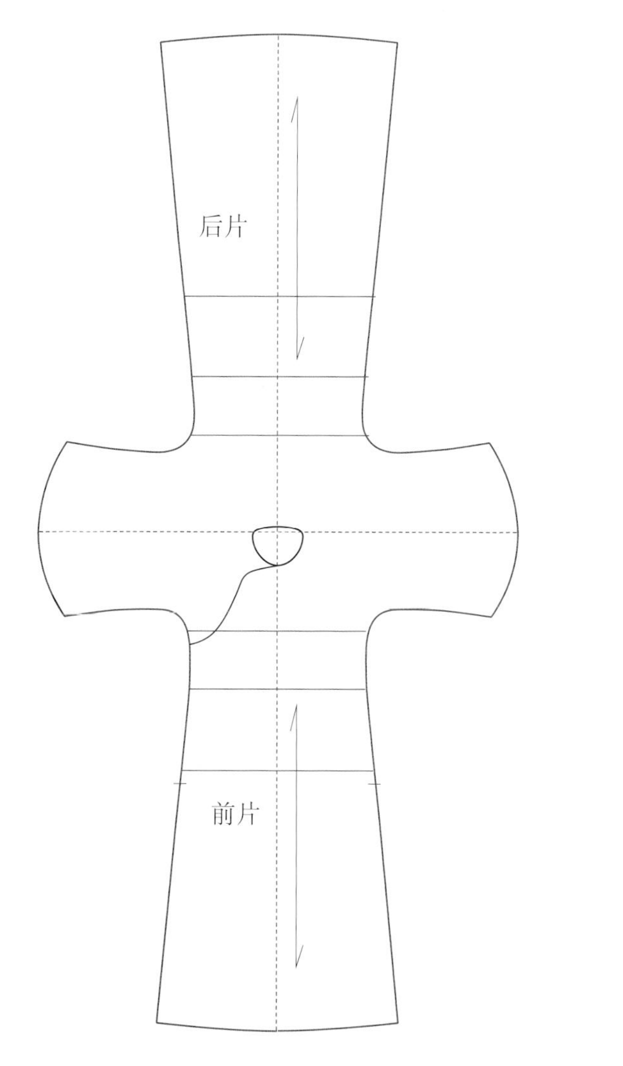


◎ 图6-1-5 一片式古式裁法步骤一

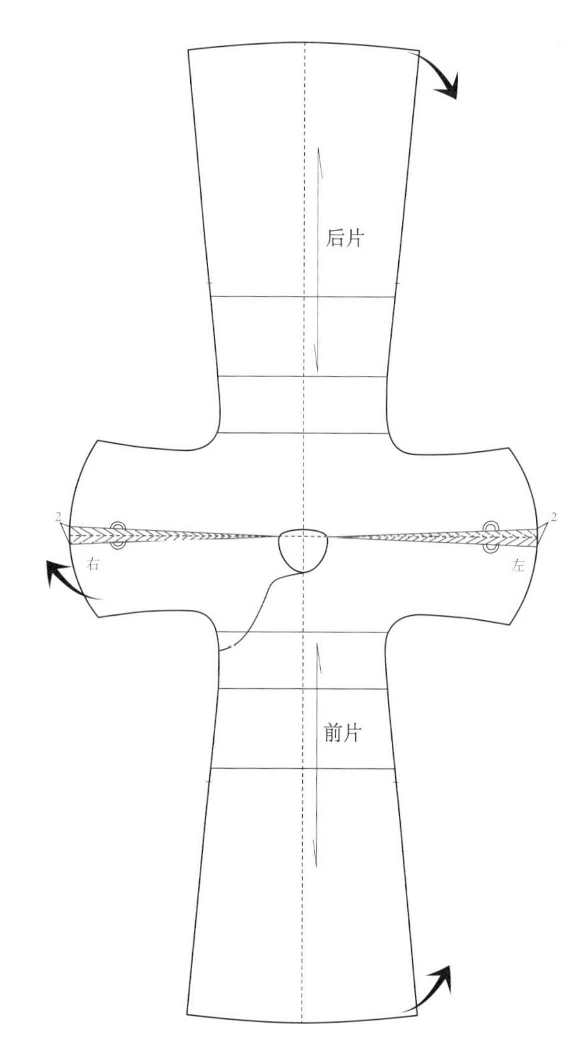


◎ 图6-1-6 一片式古式裁法步骤二

步骤三：新的前肩线与后肩线重合，后片顺时针转动，此时前襟线自然张开，产生了空开量，刚好作为拼底襟的缝头，把前中线作为整件衣服的中心线，前中线延长到后片，见图6-1-7。

步骤四：新的后中线与原来的后中线不在同一条线上，产生了偏量，以新的中线为基准，侧缝两边一侧加量，一侧减量，修顺侧缝线条，保证下摆尺寸不变，居中对称，从前领口下量7.5cm左右，确定A点，衩下2cm做一条7.5cm宽的水平线，确定B点；A、B点相连，线条修顺；里襟下角做圆角。见图6-1-8。

当然这个制版作为制图的参考，在实际面料裁剪时，还要考虑挺胸量等情况在腋下、胸部做归拔的动作，使前后衣身更平衡。

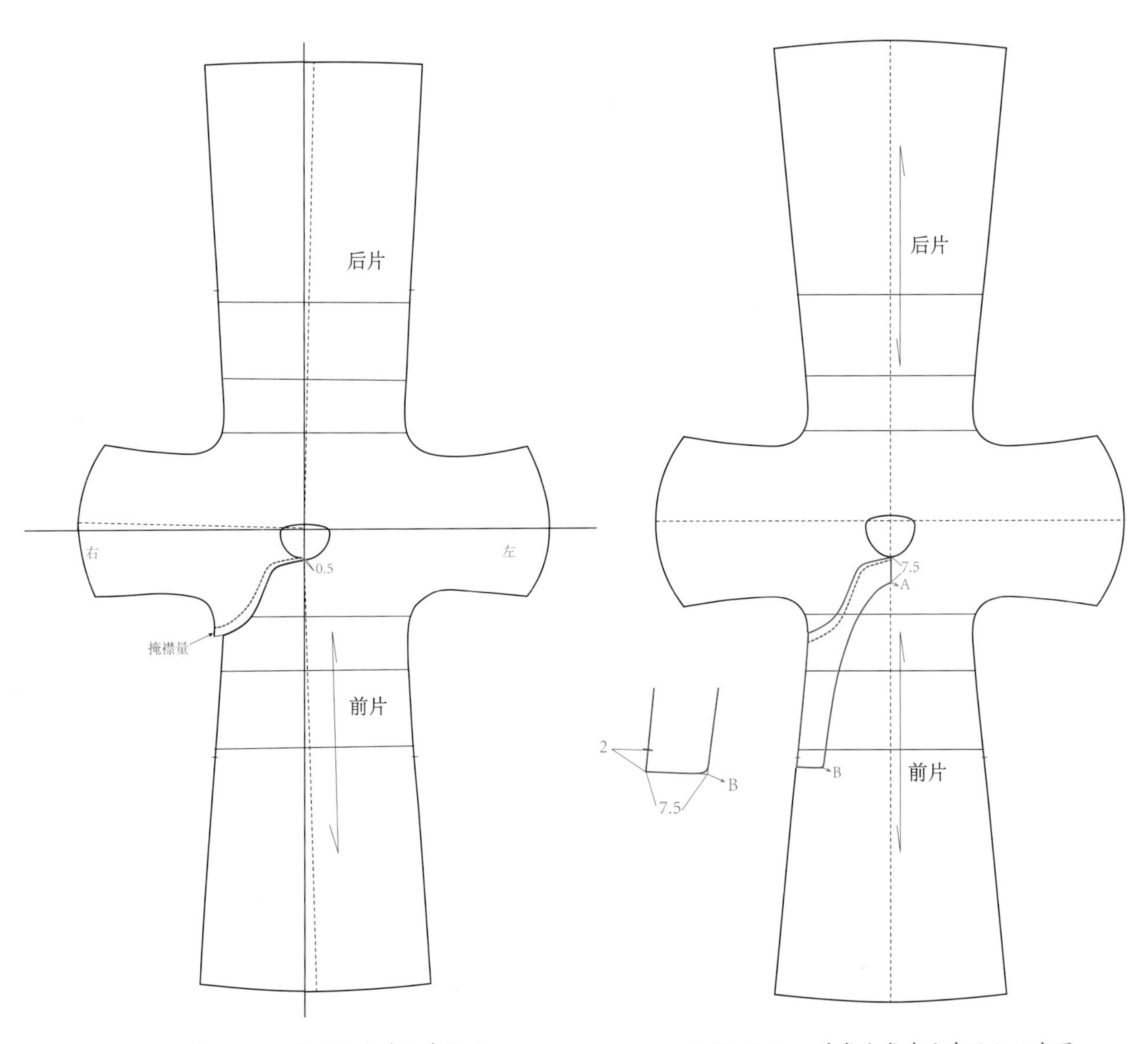


◎ **图6-1-7** 一片式古式裁法步骤三

◎ **图6-1-8** 一片式古式裁法步骤七示意图

第七章

# 旗袍穿着常见问题和处理方法

一件裁剪合体的旗袍会给穿着者加分，带来自信和美丽，但由于体型或站姿不同、尺寸测量不到位、穿衣习惯的需求不一等，把旗袍穿得自然伏帖需要注意按照自身的特点进行调整，穿出属于自己的美。本章把旗袍穿着后各个部位会出现的细节问题做一个汇集，并给出解决的方法供大家参考。

# 第一节　旗袍领、肩部常见问题和处理方法

## 一、领部问题

领子的伏贴程度是衡量一件旗袍优劣的首要因素，颈根部不同形状时旗袍领易出现的问题如下。

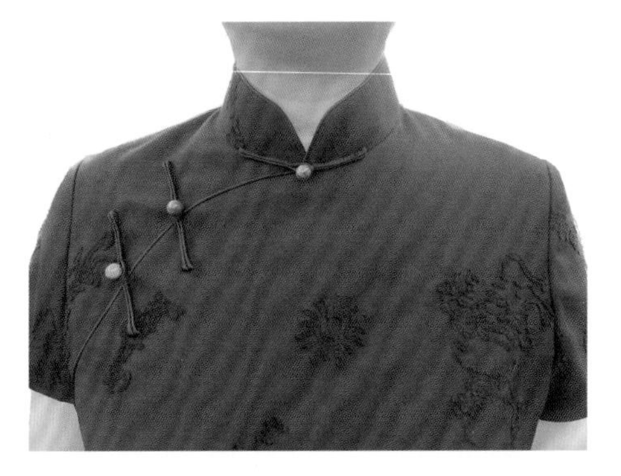

◎ **图7-1-1** 脖子扁、脖根粗体型使衣片堆积在肩颈部的实例图

**1. 颈侧绷紧，领后片卡在侧颈点，前领口张口**

一般发生在脖子扁、脖根粗的女性身上，领圈不够大，衣服堆积在颈部，见图7-1-1。

修改方法：加大横开领，增加后直开领深，减少前直领深度，见图7-1-2。

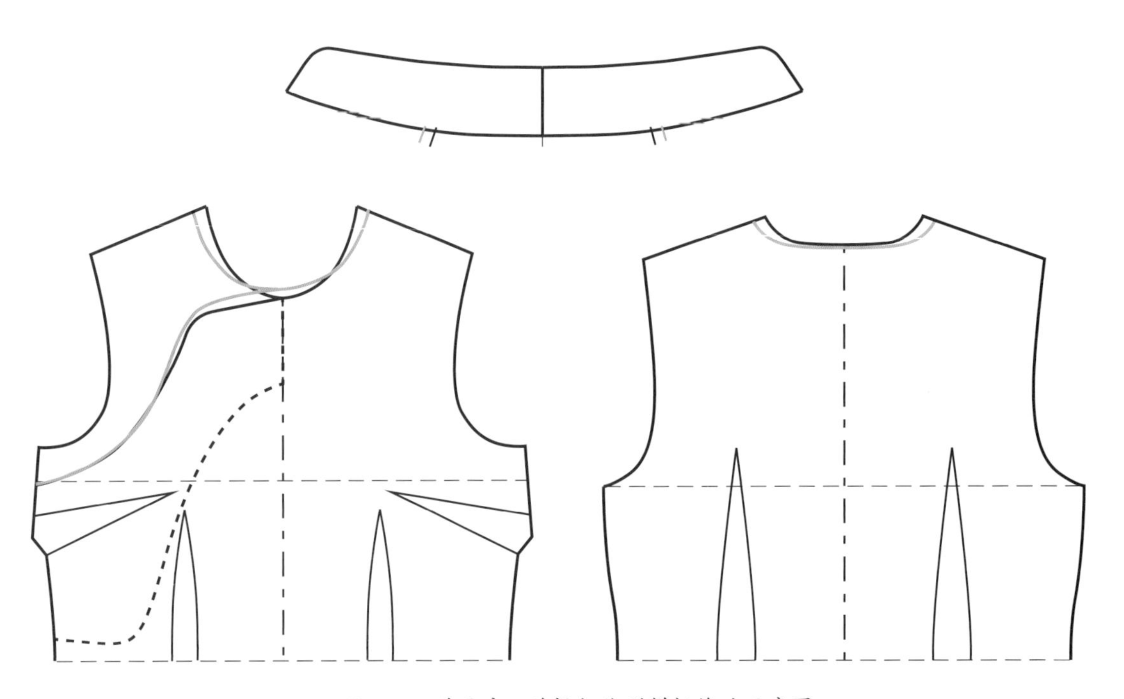

◎ **图7-1-2** 脖子扁、脖根粗体型样板修改示意图

**2. 前领口卡脖、两侧空、肩缝侧颈点靠后，后领口后仰**

旗袍穿着后出现前领口卡脖、两侧空、肩缝侧颈点靠后、后领口后仰现象，一般发生在脖根较细、脖子前倾的女性身上，原因是旗袍的领圈、横开领太大，造成领部空无法贴脖，见图7-1-3。

修改方法：领子起翘量增加，前后横开领按脖子的粗细相应减量，并增加前领深，减少后直开领深，见图7-1-4。

◎ 图7-1-3　前倾脖领部问题实例图

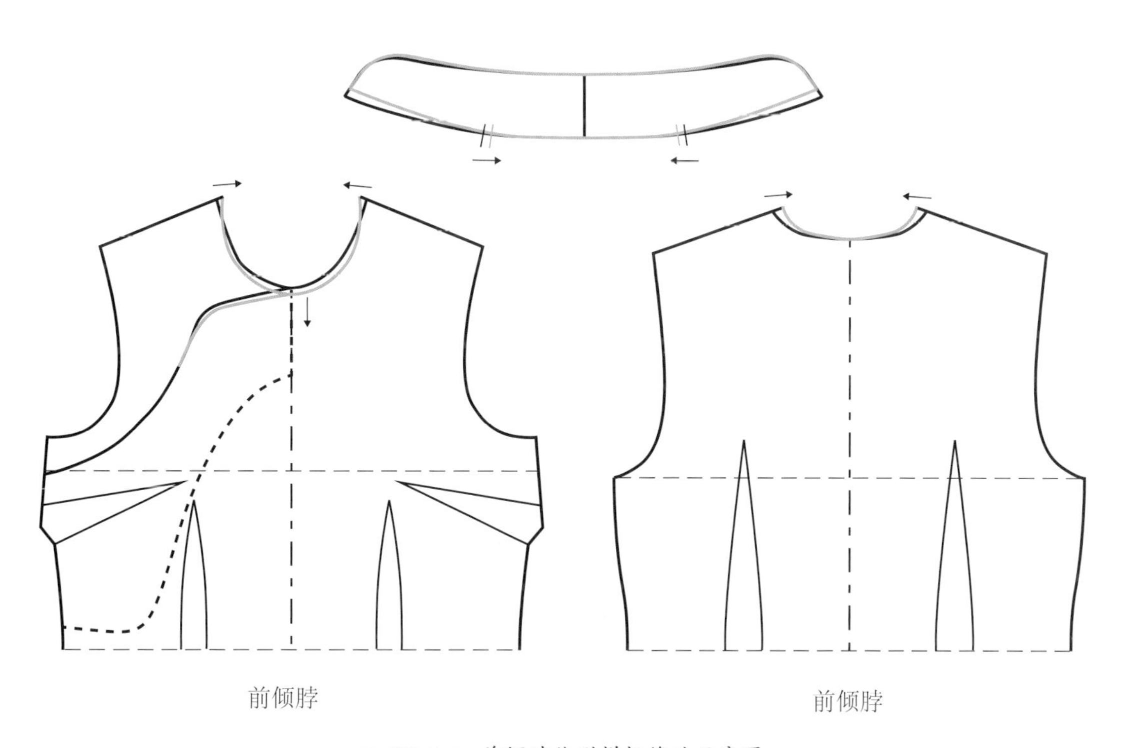


◎ 图7-1-4　前倾脖体型样板修改示意图

**3. 上领口松、领口上围悬空**

一般发生在脖子上下围尺寸差值比较大的人体。需要把领上围变小，以符合人体脖子的形态，见图7-1-5。

修改方法：增加领子的起翘量，见图7-1-6。

**4. 上领口紧**

领底合适、上领口紧、旗袍领没有很好地包裹住脖子现象常发生在脖根、脖上围尺寸差值较小的人体，见图7-1-7。

修改方法：减小领子的起翘量，见图7-1-8。

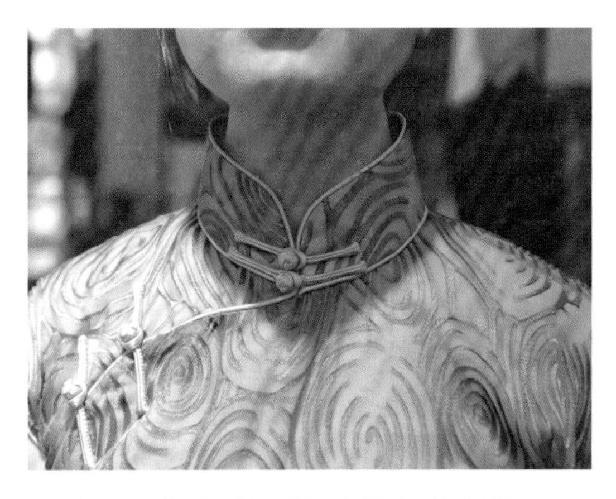

◎ **图7-1-5** 上领口松、领口上围悬空实例图

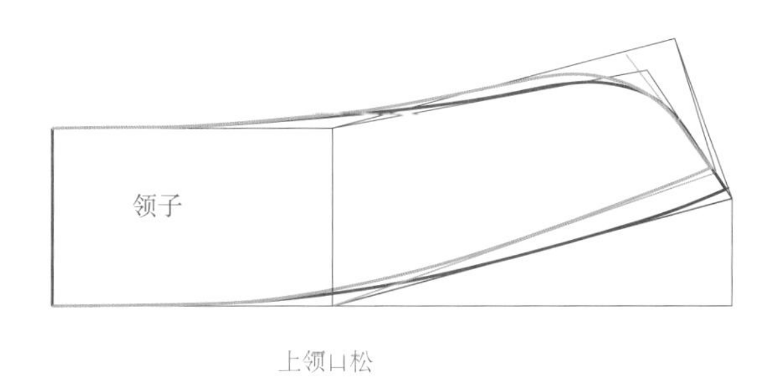


◎ **图7-1-6** 上领口松、领口上围悬空样板修改示意图

◎ **图7-1-7** 上领口紧实例图

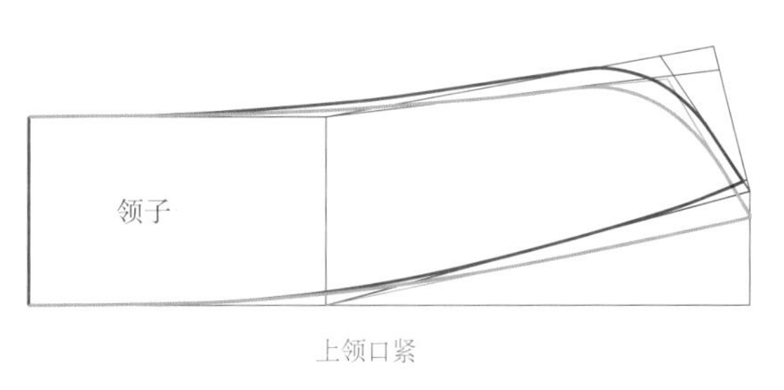


◎ **图7-1-8** 上领口紧样板修改示意图

**5. 后领口处紧贴脖子、后领圈和颈部交汇处起褶有堆量**

后领口处紧贴脖子、后领圈和颈部交汇处起褶有堆量、肩缝位置绷紧现象一般发生在背部挺直，脖子后倾的女子体型身上，见图7-1-9。

修改方法：这种体型后背部偏直，需要挖深后直开领，剪短后背长，见图7-1-10。

◎ **图7-1-9** 后领口处紧贴脖子、后领圈和颈部交汇处起褶有堆量实例图

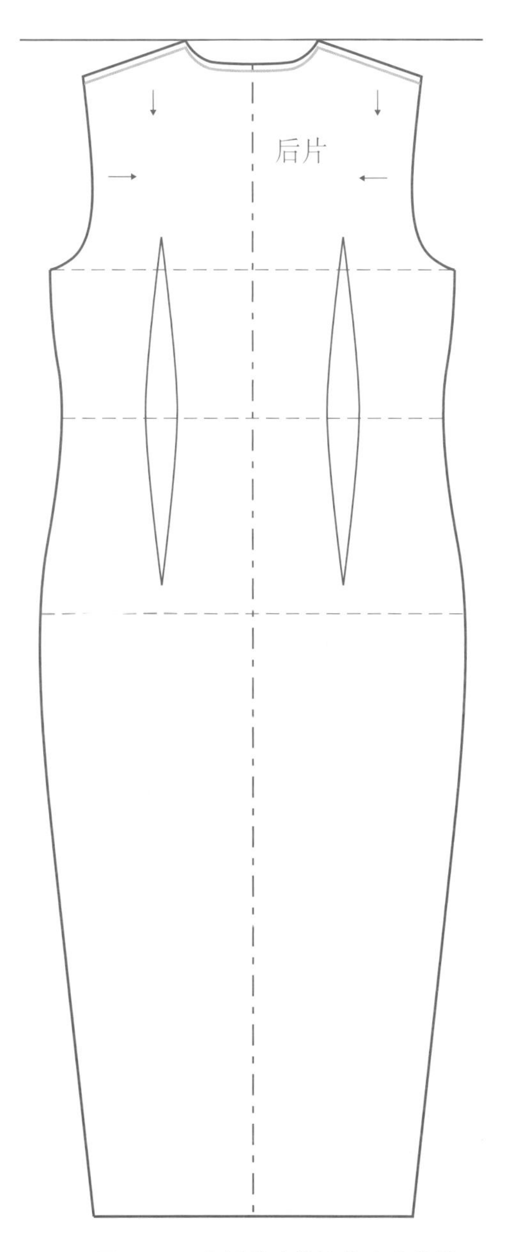


◎ **图7-1-10** 后倾型脖样板修改示意图

**6.领高过高**

领子过高顶住后发际线、领子有堆量、活动不自如现象常发生在脖子不长或者发际线偏低的女性身上，见图7-1-11。

修改方法，降低领高，见图7-1-12。

**7.脖子偏短**

脖子偏短，想要显得脖子修长一点时应加深前直开领，达到视觉上的脖子修长感觉，见图7-1-13、图7-1-14。

修改方法：缩小横开领尺寸，加深前直开领尺寸，使脖子露出部分增加，视觉上达到增长脖颈的效果，见图7-1-15。

◎ **图7-1-11** 领高过高的实例

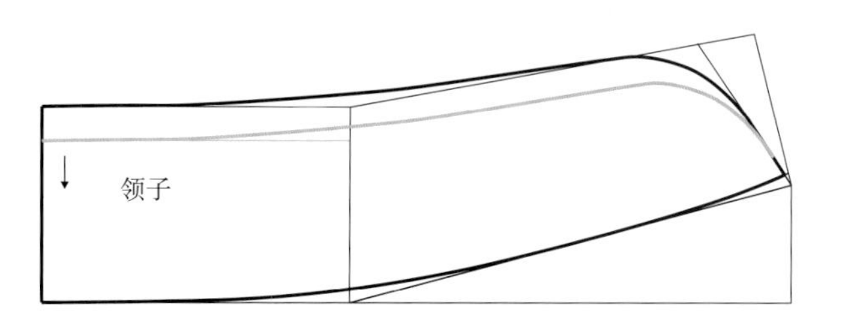


◎ **图7-1-12** 领高过高修改样板示意图

◎ **图7-1-13** 脖子偏短实例图

◎ **图7-1-14** 加深前直开领后装领使脖子显修长

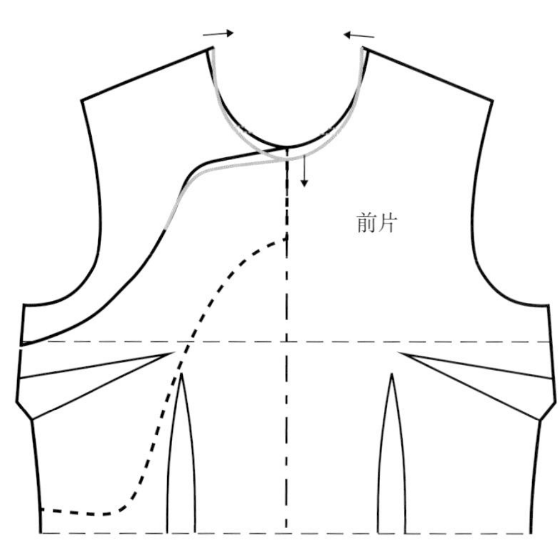


◎ **图7-1-15** 增加脖子视觉高度的方法

## 二、肩部的问题

正如本书第三章人体的测量章节所述，女性的肩部有很多类别，除了自然体型造成的外，还有后期因工作习惯等造成的问题。肩部问题对旗袍的穿着效果有影响的大概类别有：

**1. 含胸驼背体型**

含胸驼背、肩部向内扣的体型穿旗袍容易产生领部两侧紧、肩缝靠后、后下摆起吊问题。解决办法是加大后横开领，后中点、肩平线抬高，后袖窿归拢一部分量。如果驼背厉害，还需要在袖窿朝背部隆起处设省道，加大后肩斜，补后下摆量，缩短前片，见图7-1-16。

修改方法：增加后片长度，减短前片衣长，见图7-1-17。

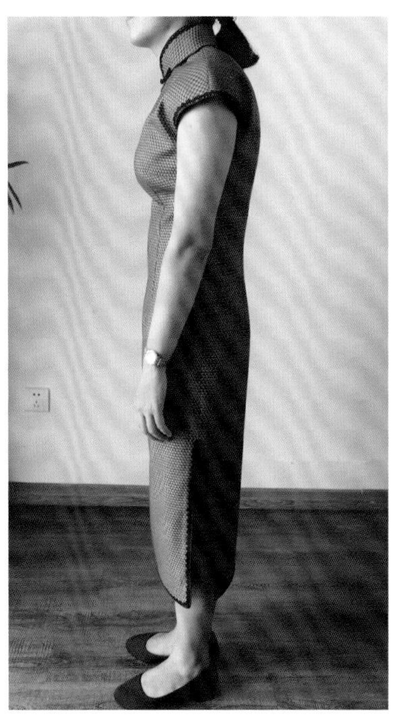

◎ **图7-1-16** 含胸驼背体型实例图

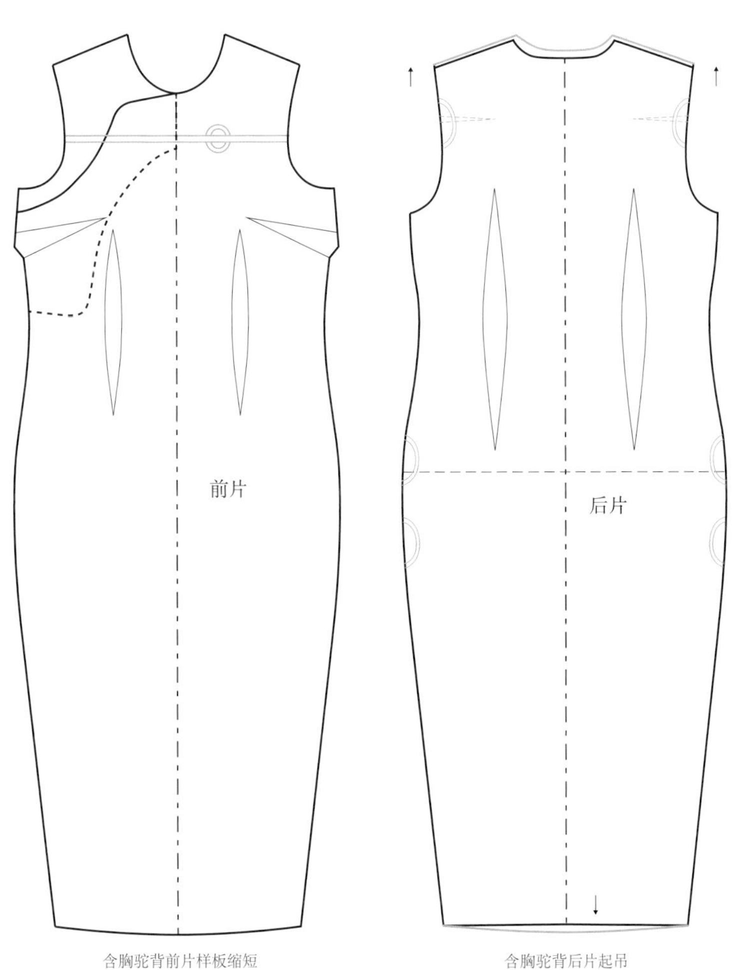


◎ **图7-1-17** 含胸驼背样板修改示意图

**2. 溜肩体型**

溜肩体型，肩端点下落，手臂自然下垂时，腋下有堆量，见图7-1-18。

修改方法：加大肩斜量，下挖袖窿深，见图7-1-19。

**3. 肩部有隆起**

肩背部有隆起，俗称富贵包，如果鼓包不在中间就会造成肩背部倾斜，隆起的肩颈一侧饱满，无隆起的肩颈一侧出现面料堆积的状况，见图7-1-20。

修改方法：高肩侧样板倾斜角度加大，低肩侧样板的领圈下挖，见图7-1-21。

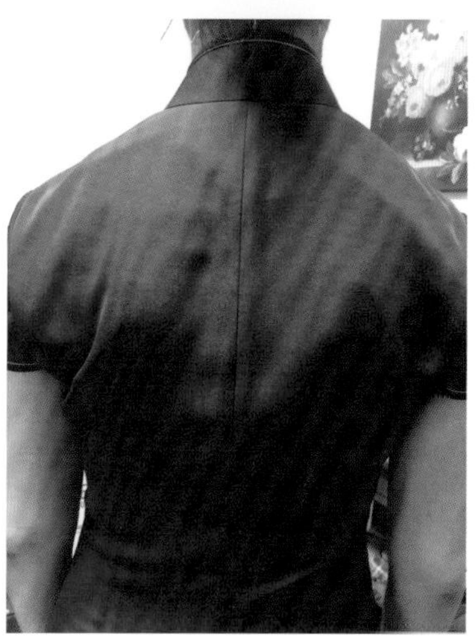

◎ 图7-1-18 溜肩体型实例图

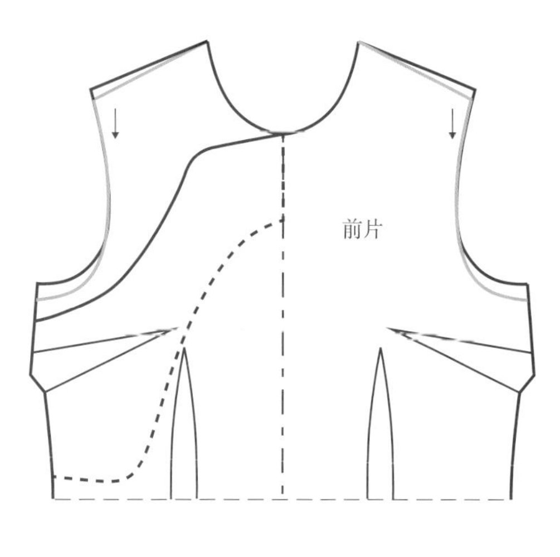


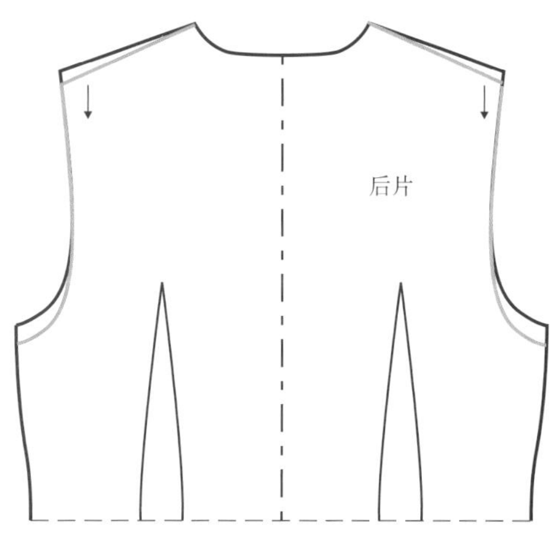


◎ 7-1-19 溜肩样板修改示意图

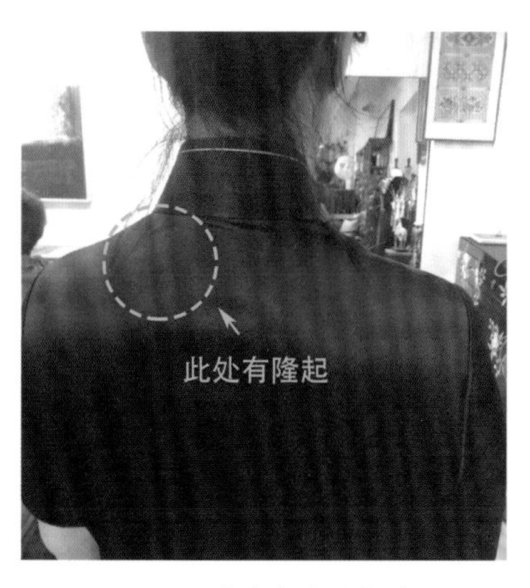


◎ 图7-1-20 肩背部有隆起实例图

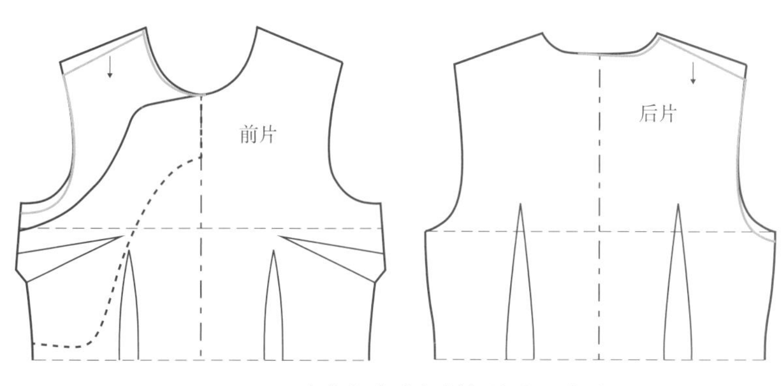


◎ 图7-1-21 肩背部有隆起样板修改示意图

**4. 平肩、冲肩（图7-1-22、图7-1-23）**

平肩、冲肩（肩的骨凸点冲前，见前面人体肩部形态图片）的人穿旗袍，常见问题有前肩外侧卡紧，肩点和前领处之间起横纹，侧颈点附近面料虚空没有落在人体的肩上。解决办法是在人体肩部立体裁剪去掉一个肩窝省。

平肩修改方法：需要下挖后领深度，抬高肩斜角度，修顺后领弧线（后肩抬高肩平线，前肩设省道后转移），见图7-1-24。

冲肩修改方法：前肩朝锁骨窝设省，展开前袖窿弧线后修顺，前肩的外侧部分加高，补量给肩骨凸所需的量，见图7-1-25。

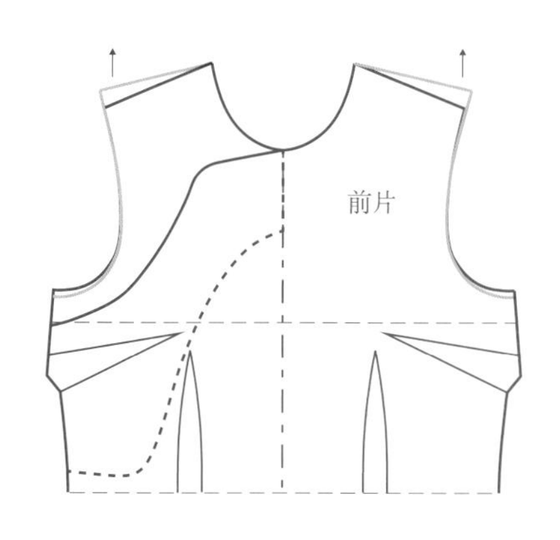


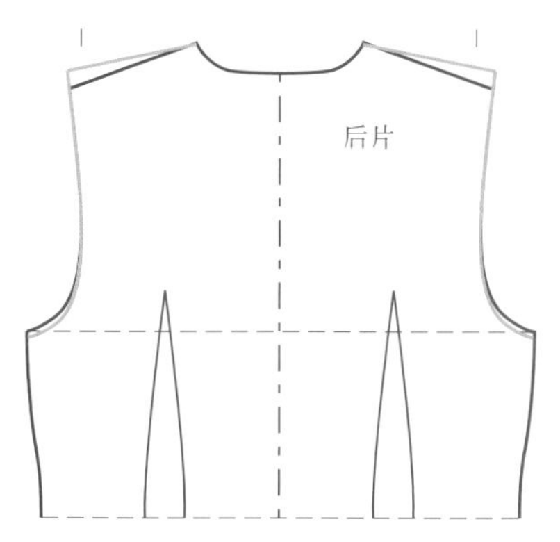


◎ 图7-1-24 平肩样板修改示意图

◎ 图7-1-22 平肩、冲肩体型实例图

◎ 图7-1-23 冲肩体型实例图

◎ 图7-1-25 冲肩样板修改示意图

**5. 落肩袖与肩膀间隙空**

造成落肩袖与肩膀间隙空的原因是肩宽点没量准，或者因为溜肩导致肩斜角度不够大，过肩后斜度不够，需增大肩袖部位斜量，见图7-1- 26。

修改方法：肩斜不够，增大肩斜量，见图7-1-27。

◎ **图7-1-26** 落肩袖与肩膀间隙空实例图

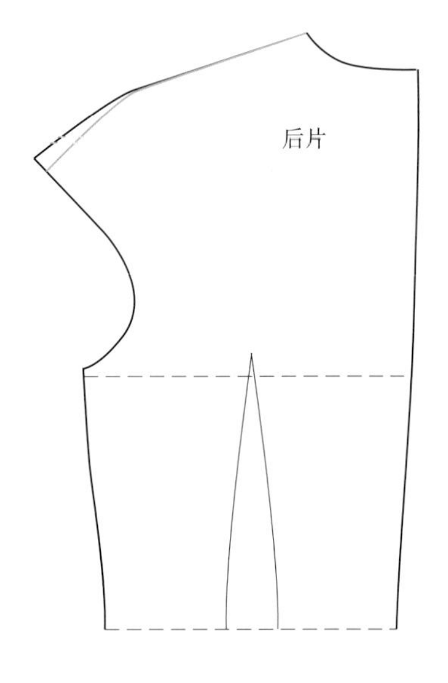


落肩袖与肩膀之间有空隙

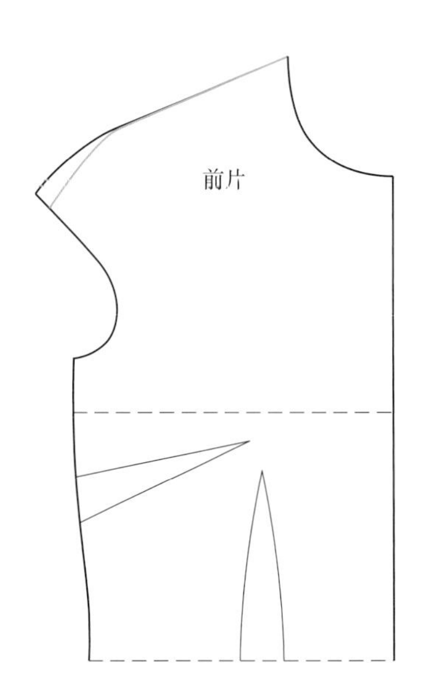


落肩袖与肩膀之间有空隙

◎ **图7-1-27** 落肩袖与肩膀间隙空样板修改示意图

### 6. 中凹肩

体型瘦，肩与锁骨窝之间凹陷，尤其是落肩袖，出现中间面料空鼓，见图7-1-28、图7-1-29。

修改方法：在人体的肩部测量凹点的位置，测算需要去掉的量；在肩缝中间最凹处设一个类似腰省的省道；重新上领子。详见图7-1-30。

◎ 图7-1-28　中凹肩型实例图

◎ 图7-1-29　中凹肩型肩部多余的量

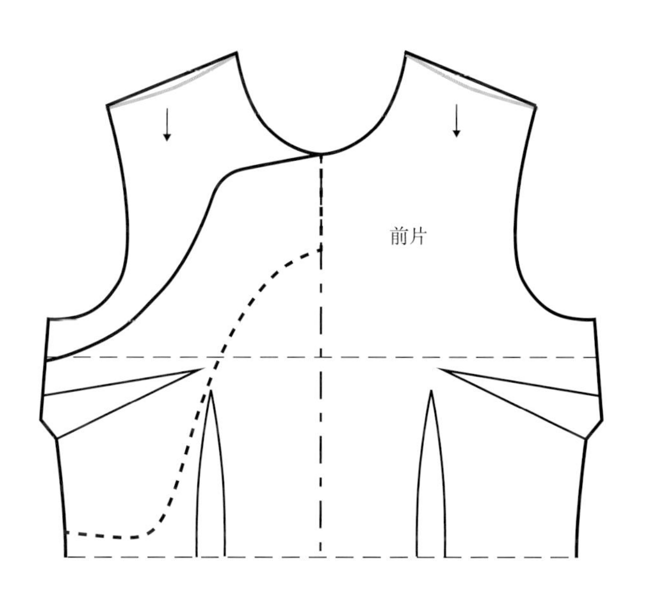


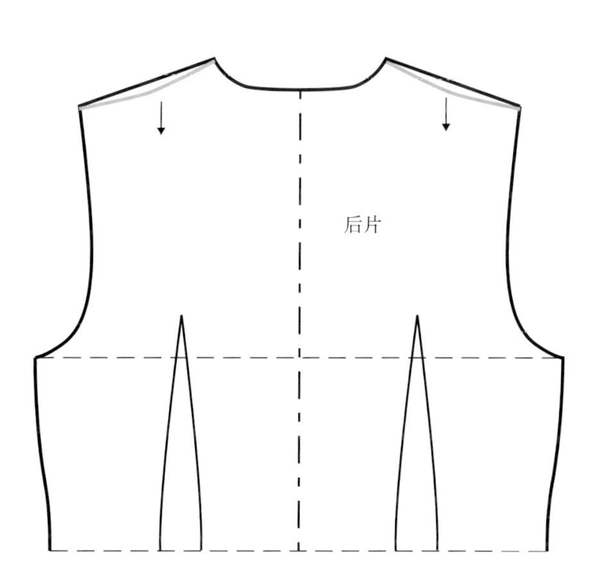


◎ 图7-1-30　中凹肩样板修改示意图

◎ **图7-1-31** 高低肩实例图

**7. 高低肩**

脊柱朝身体一侧倾斜的高低肩，穿旗袍后在低肩的肩部、腋下会有面料堆积，见图7-1-31。

修改方法：加大低肩一侧的肩斜量，下挖袖窿深，高低肩严重的情况下还可以在低肩的一侧填充垫肩以达到平衡，见图7-1-32。

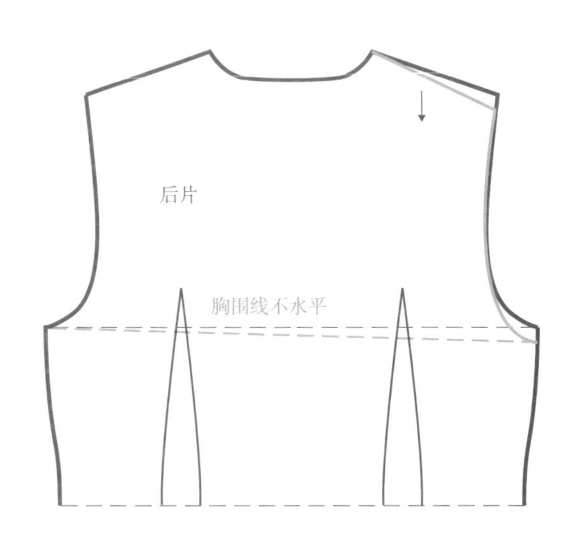


◎ **图7-1-32** 高低肩样板修改示意图

**8. 连肩袖肩点与大臂外侧紧绷**

连肩袖的肩点与大臂外侧紧绷，见图7-1-33、图7-1-34。

修改方法：抬高肩斜角度，补出二头肌处的隆起量。可拆开袖子拼缝的绷紧部位，看张口的情况进行测量和计算补充值，见图7-1-35。

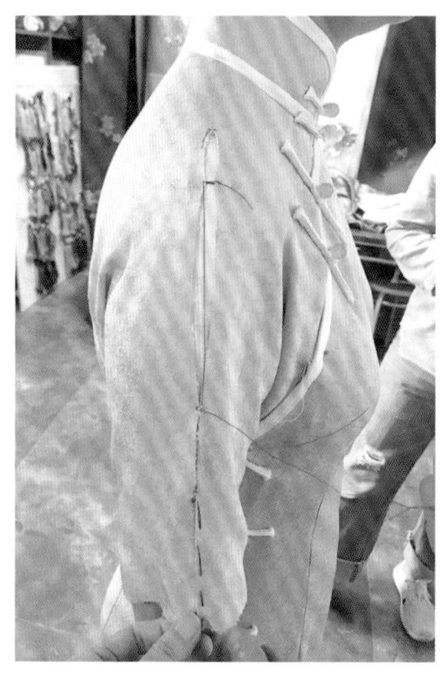

◎ **图7-1-33**　连肩袖肩点与大臂外侧紧绷实例（侧）

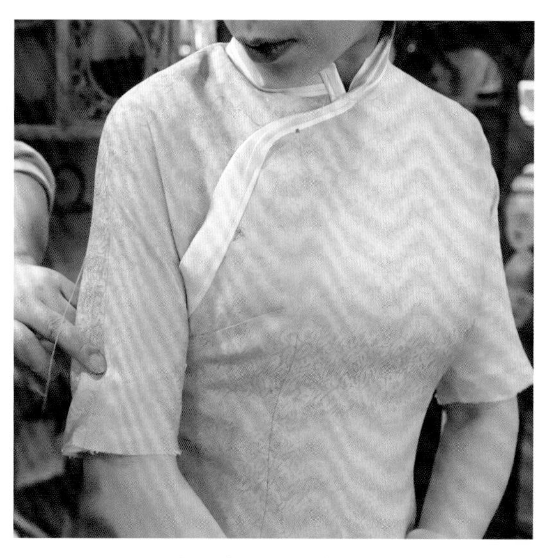

◎ **图7-1-34**　连肩袖骨点与大臂外侧紧绷实例（正）

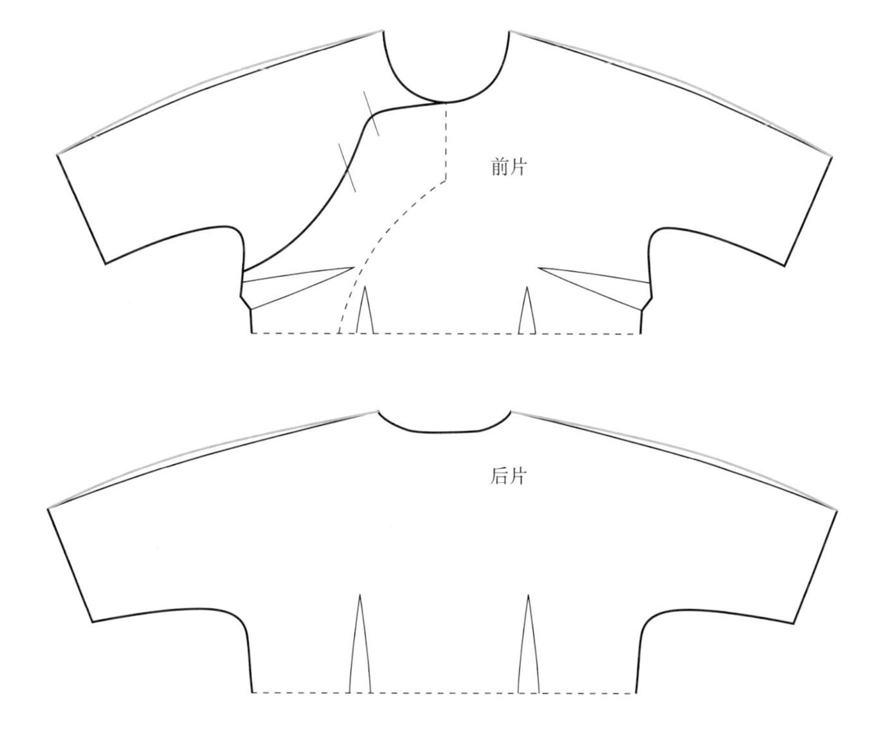


◎ **图7-1-35**　连肩袖肩点与大臂外侧紧绷样板修改示意图

### 9. 无袖袖窿未包住腋下

无袖袖窿常见问题有抬手时腋部皮肤外露，衣服胸宽不够遮挡腋下皮肤或副乳，见图7-1-36。

修改方法：增加前胸两侧靠近腋下位置的尺寸，袖窿弧度比正常上袖的线条画得更平直一些，见图7-1-37。

◎ 图7-1-36　无袖袖窿未包住腋下实例图

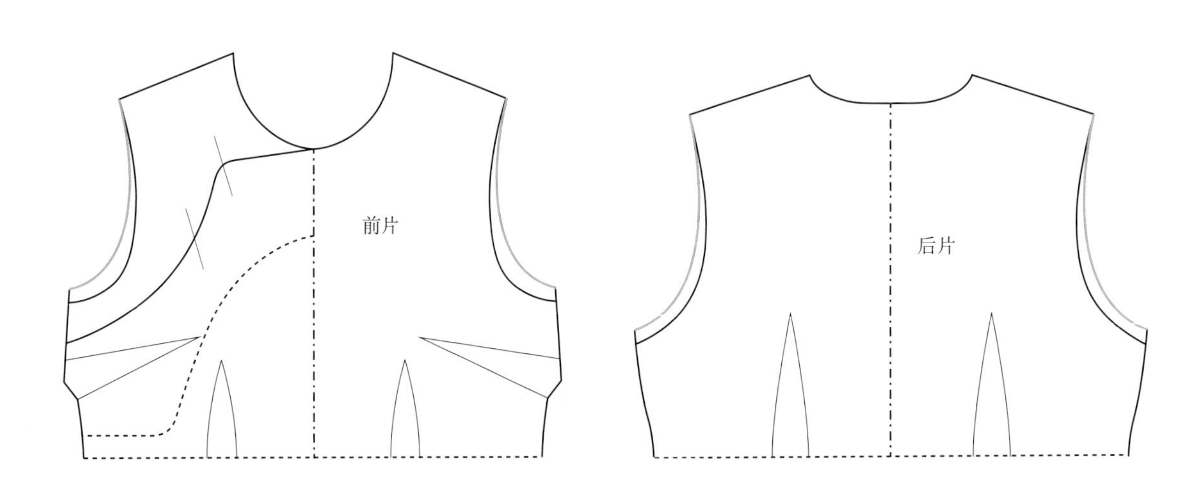


◎ 图7-1-37　无袖袖窿未包住腋下样板修改示意图

# 第二节　旗袍上半身常见问题和处理方法

**1. 扩胸困难**

袖窿太小、前胸宽不够，需要增加前胸宽尺寸，放大袖肥，见图7-2-1。

修改方法：纸样上调整前袖窿弧线，增大前胸宽尺寸，见图7-2-2。

◎ 图7-2-1　扩胸困难实例

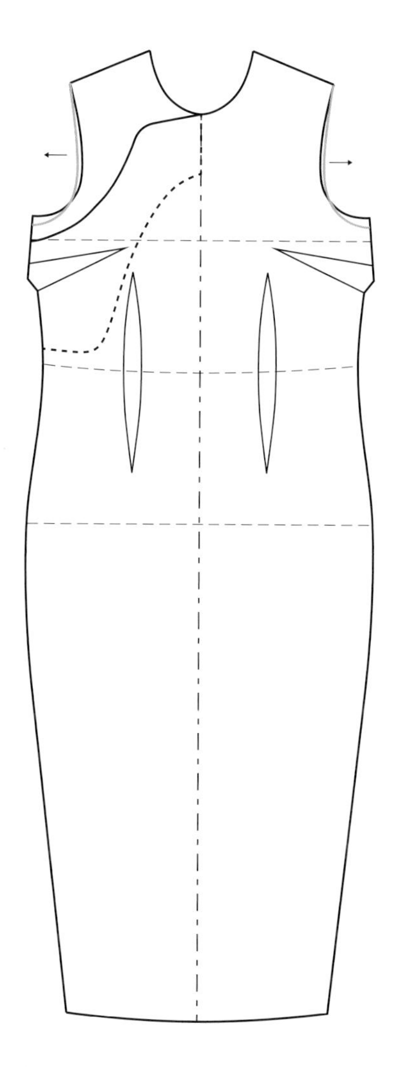

◎ 图7-2-2　扩胸困难样板修改示意图

◎ **图7-2-3** 胸部紧，抬手困难实例

## 2. 胸部紧，抬手困难

可能的问题依次是胸腰围尺寸过小，前肩宽太大，袖山过高，袖山点与肩点不吻合，见图7-2-3。

修改方法：放大胸腰围，缩小前肩宽和胸宽，降低袖山，见图7-2-4。

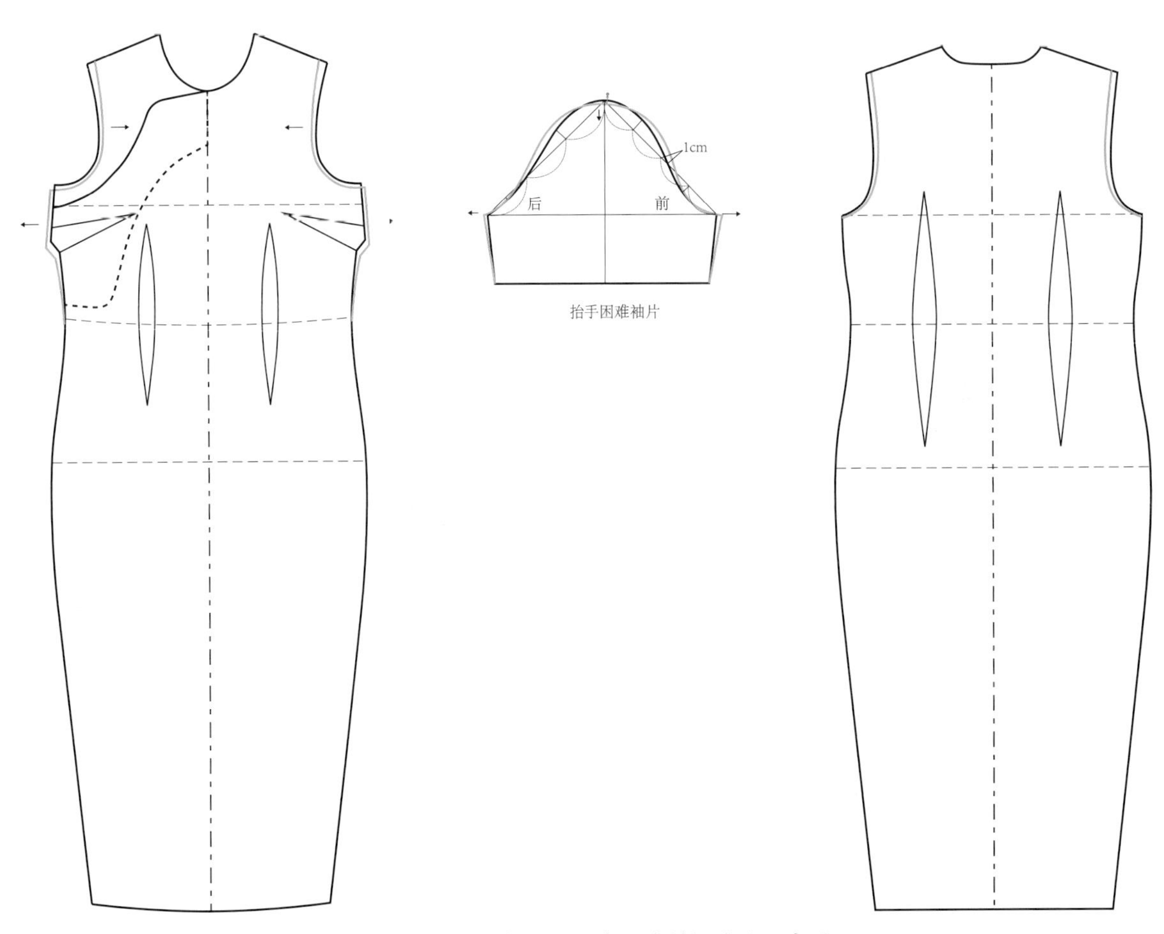


◎ **图7-2-4** 胸部紧，抬手困难样板修改示意图

**3. 胸围下方空鼓**

原因是客户穿了调整型内衣，使胸部上抬过高造成胸下空，见图7-2-5。

修改方法：下调衣服的胸高点使其与人体相符，或调松穿着者的内衣肩带使胸部到达服装测量制作的胸点；若胸下围松量太大，则加大胸下围的省量，调整纸样的胸点高度，见图7-2-6。

◎ **图7-2-5**　胸围下方空鼓实例

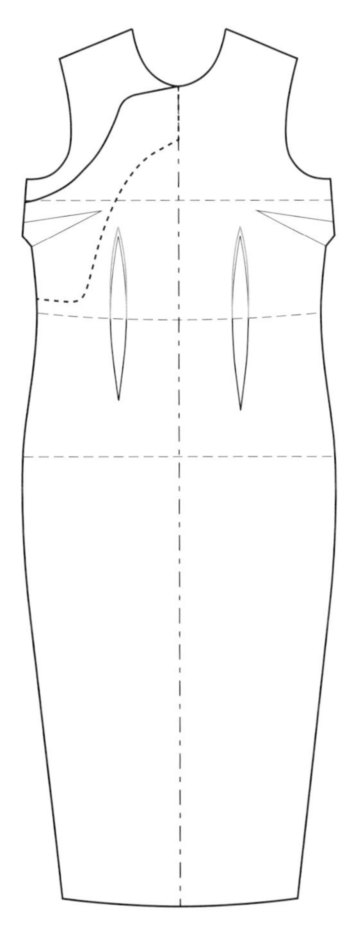

◎ **图7-2-6**　胸围下方空鼓样板修改示意图

◎ 图7-2-7 胸围上部分不贴体实例

**4. 胸围上部分不贴体，胸部卡在胸下线的位置（图7-2-7）**

可能是内衣肩带太松，罩杯下滑，胸落到比原先测量的实际胸高点低，需要调紧内衣肩带使胸部到达测量胸高点位置。另外，有可能是胸下围处省收得太大，这时采取的方法是把紧绷位置水平一圈的省道略调小，侧缝适当放大增加胸围、胸下围。这类问题易发生在胸部丰满女性旗袍上。

修改方法：放大胸下位置，或略调高内衣肩带高度，见图7-2-8。

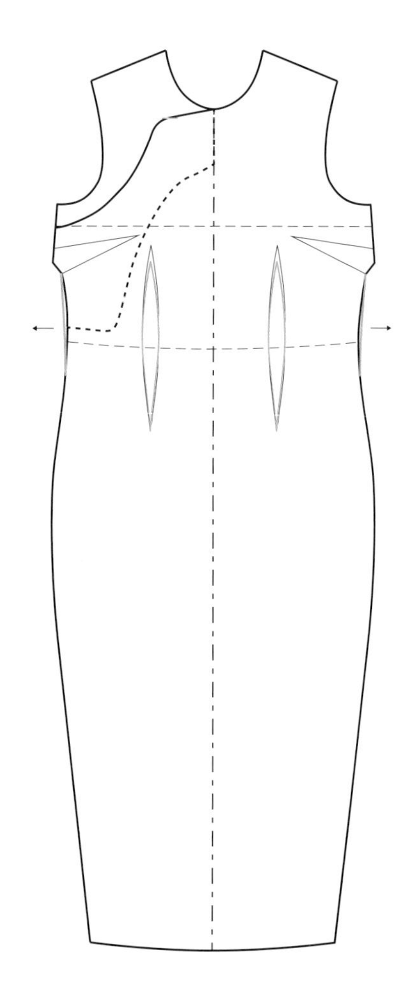

◎ 图7-2-8 胸围上部分不贴体样板修改示意图

### 5. 前袖窿空鼓

比如前胸宽下，腋窝处有多余料，胸部丰满向外隆起高，球体积比较大，或者现在的调整型内衣的聚胸效果比较好，球面与腋下落差大，大襟需要归拢余量，见图7-2-9。

修改方法：纸样加大胸省量或者多增加一个袖窿处的胸省，肩宽改小，袖子往里装，见图7-2-10。

◎ 图7-2-9　前袖窿空鼓实例图

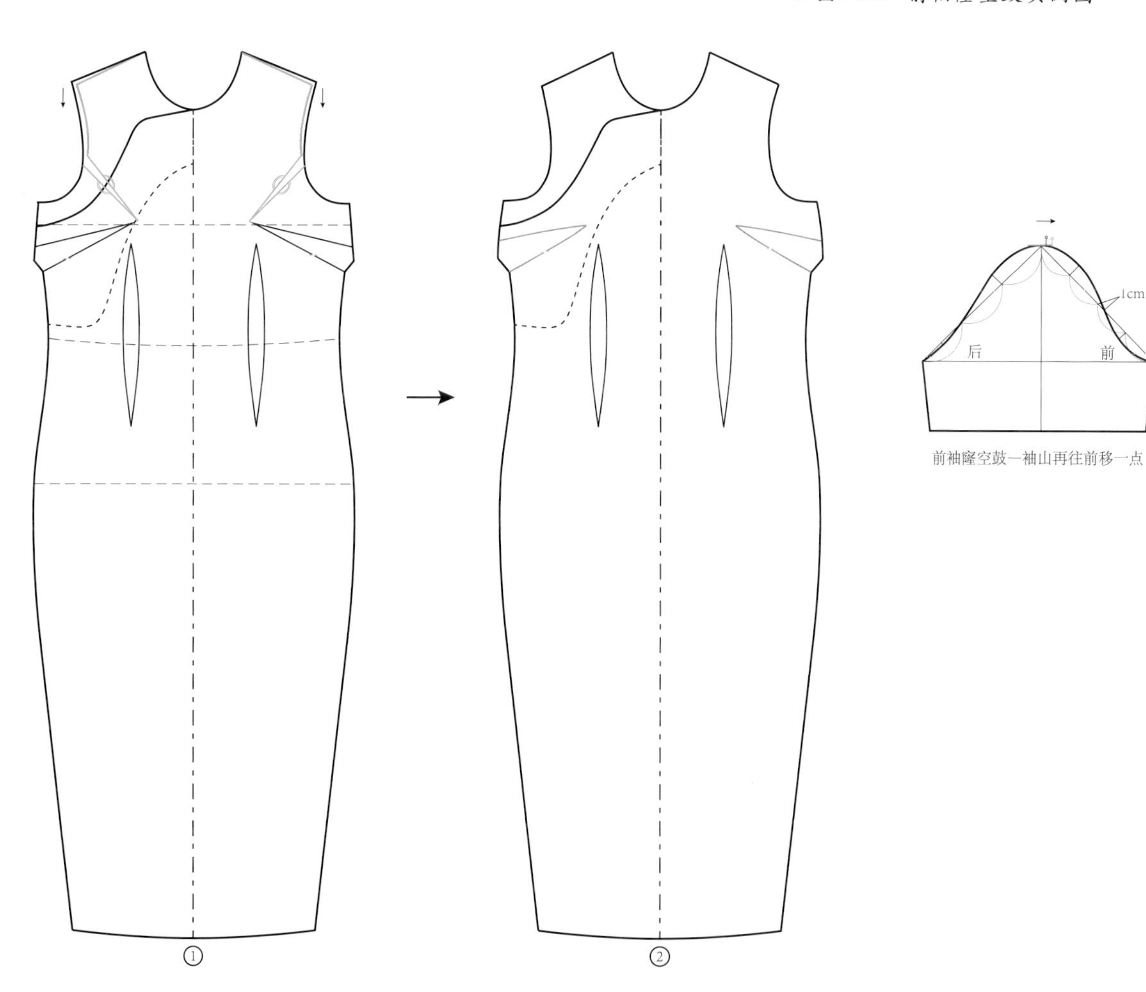


◎ 图7-2-10　袖窿空鼓的样板处理

**6. 胸下胃、肋骨处紧，胸下围空**

一般是由胃凸、胸腔肋骨外扩型体型造成，胃部紧绷后看起来胸下线位置和腰节下的位置不合体，见图7-2-11。

修改方法：省道在胸下收小后马上放量，变成上大下小的异型腰省，腰节点上抬到胸下线处（详见本书F客户实体样板的打法内容），见图7-2-12。

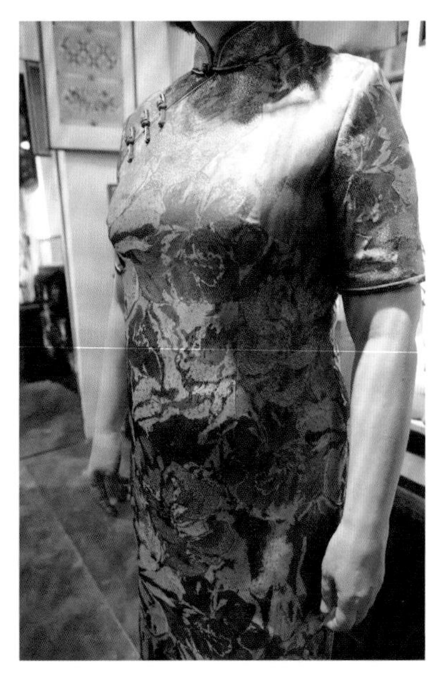

◎ **图7-2-11** 胃凸实例图

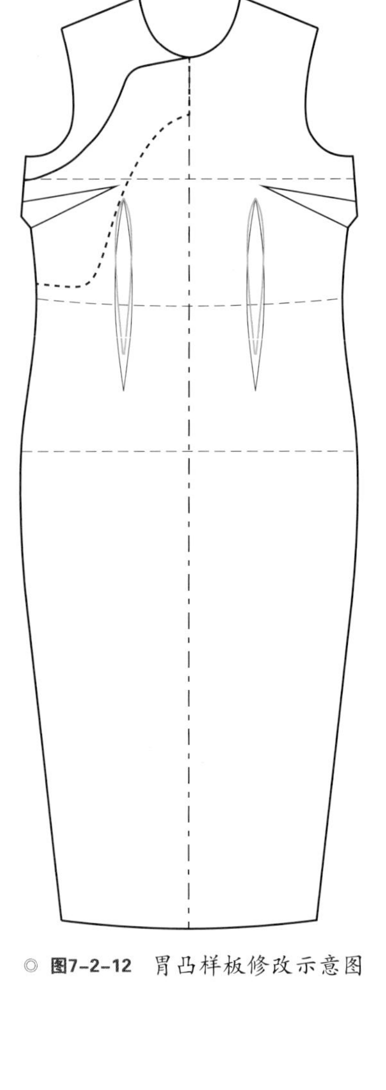

◎ **图7-2-12** 胃凸样板修改示意图

**7. 手臂向前运动困难**

主要原因是穿着者背部较厚，胸围尺寸不够，后背宽太小，见图7-2-13。

修改方法：增加胸围尺寸，后腰省尖下降，重新配置后袖窿弧线，见图7-2-14。

◎ **图7-2-13** 手臂向前运动困难实例图

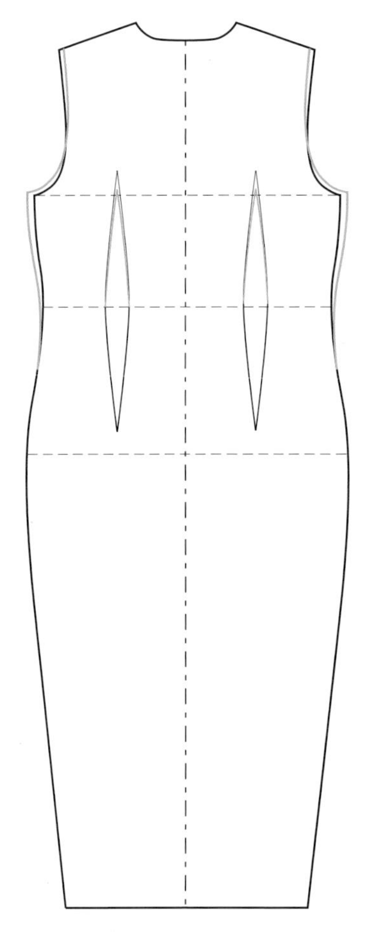

◎ **图7-2-14** 手臂向前运动困难样板修改示意图

**8.挺胸体站姿的后背部问题**

站姿挺拔后仰，后背受挤压，上半身的面料堆积在腰部，或在下摆出现倒八字绺（图7-2-15、图7-2-16）。

测量后背的鼓包折叠量（图7-2-17、图7-2-18）。

修改方法：纸样上需剪短后背长，按去量后的后背长从领、肩部调整线条，并下挖袖窿，重修袖窿弧线。后背挺的人后背宽可以适当去掉一些量，而前胸宽需要略放大一点，解决前胸延展带来的绷紧感，见图7-2-19。

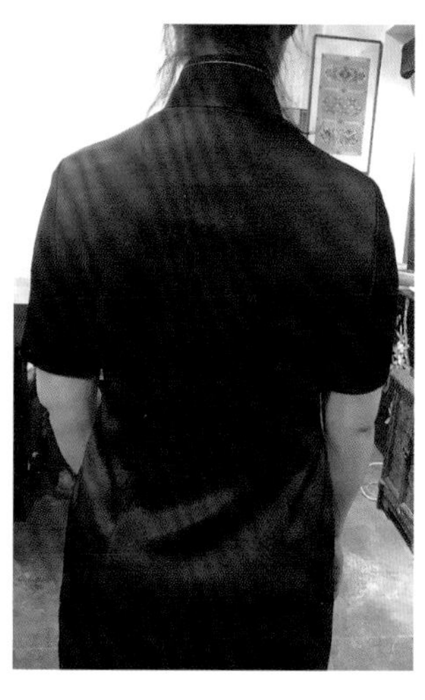

◎ **图7-2-15**　挺胸体站姿的后背部问题图例

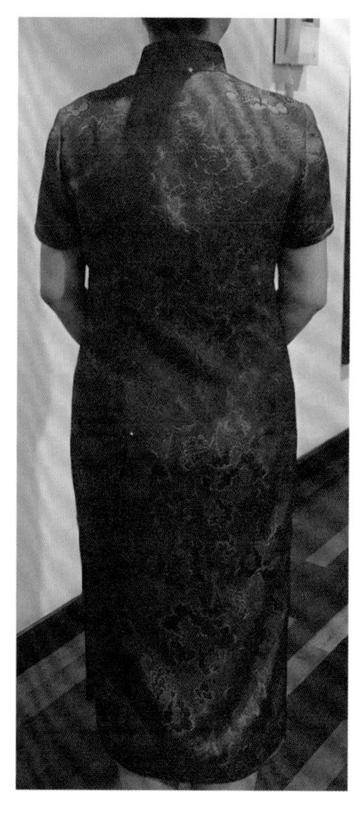

◎ **图7-2-16**　挺胸体站姿的后下摆问题图例

◎ **图7-2-17**　挺胸体站姿侧视图

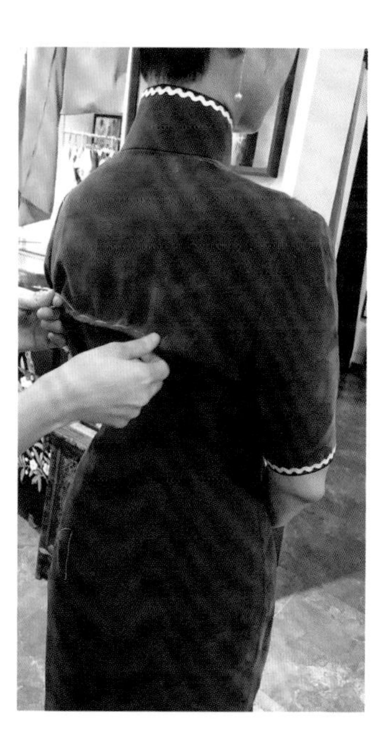

◎ **图7-2-18**　挺胸体型的后背堆量可以通过折叠假缝得到需要去掉的量

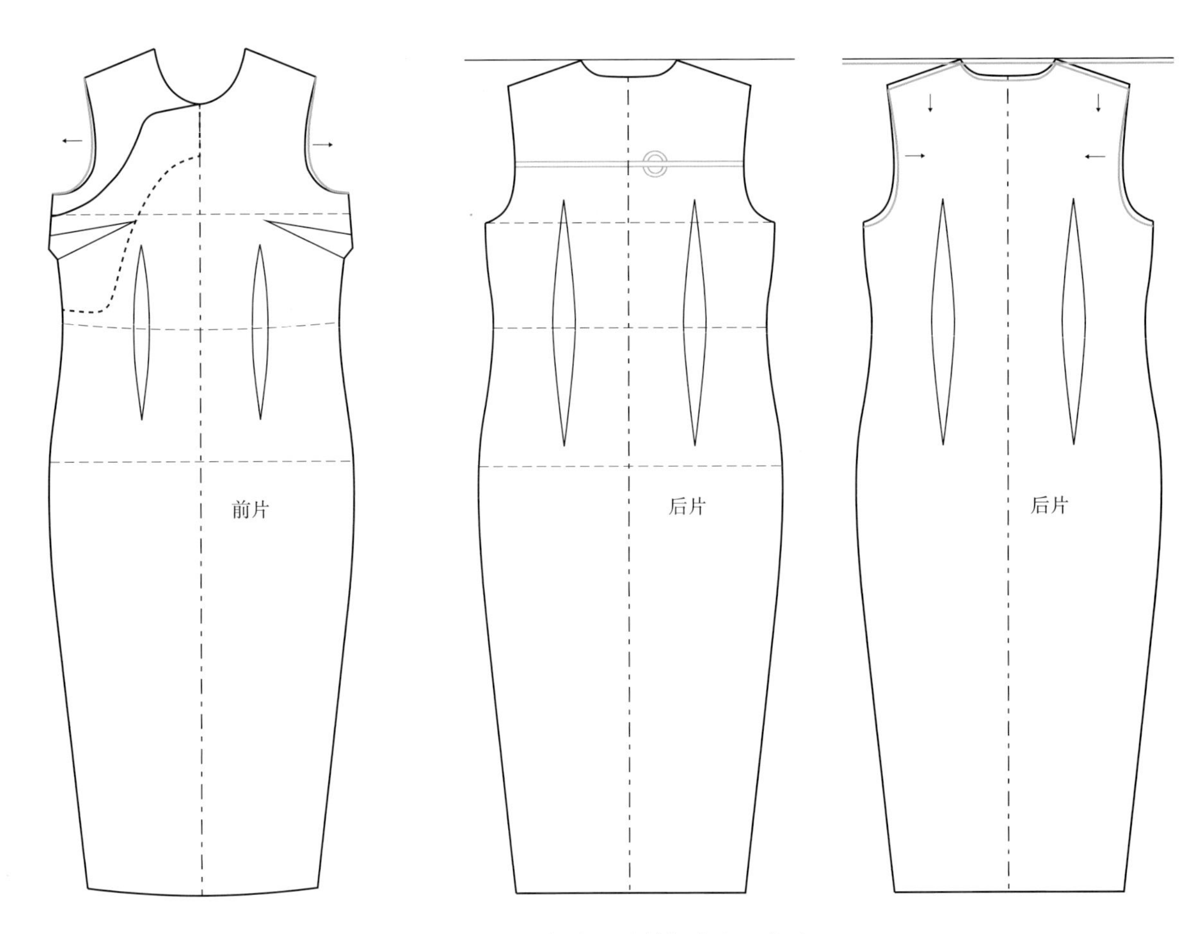


◎ **图7-2-19** 挺胸体型样板修改示意图

# 第三节　旗袍下半身常见问题和处理方法

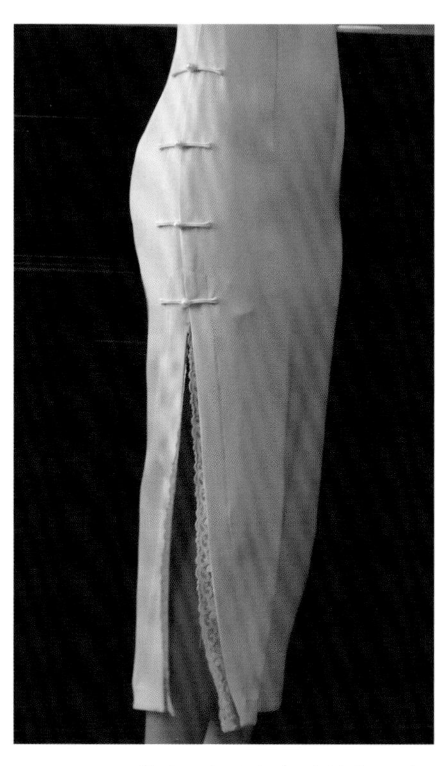

◎ **图7-3-1**　臀围、大腿根部过紧实例图

**1. 臀围、大腿根部过紧**

梨形体型的女士常见臀围、大腿根部比较发达，穿旗袍的时候会有臀下围过紧看起来线条不流畅，在落座的时候这个部位肌肉的张力更大，大腿根绷紧，面料容易撕裂。修改方法：放松臀围量，增大臀下围，见图7-3-1。

修改方法：臀围及大腿根部下的侧缝尺寸要增大，见图7-3-2。

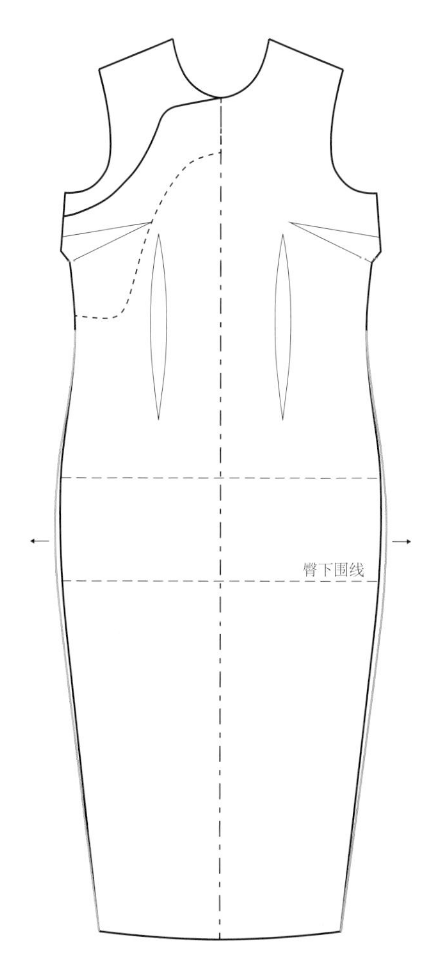


◎ **图7-3-2**　臀围、大腿根部过紧样板修改示意图

**2. 后臀凸与腰节处空**

后臀凸与腰节处空—这类问题常出现在女性站姿比较挺拔，腰肢细长，腰部S形曲线明显，肩点到臀凸点偏下的体型中，见图7-3-3、图7-3-4。

修改方法：前面腰省加长，前面补起翘量，后片通过试衣时假缝得到需要去掉的省量，再按尺寸修改纸样，见图7-3-5。

◎ **图7-3-3** 后臀凸与腰节处空实例图

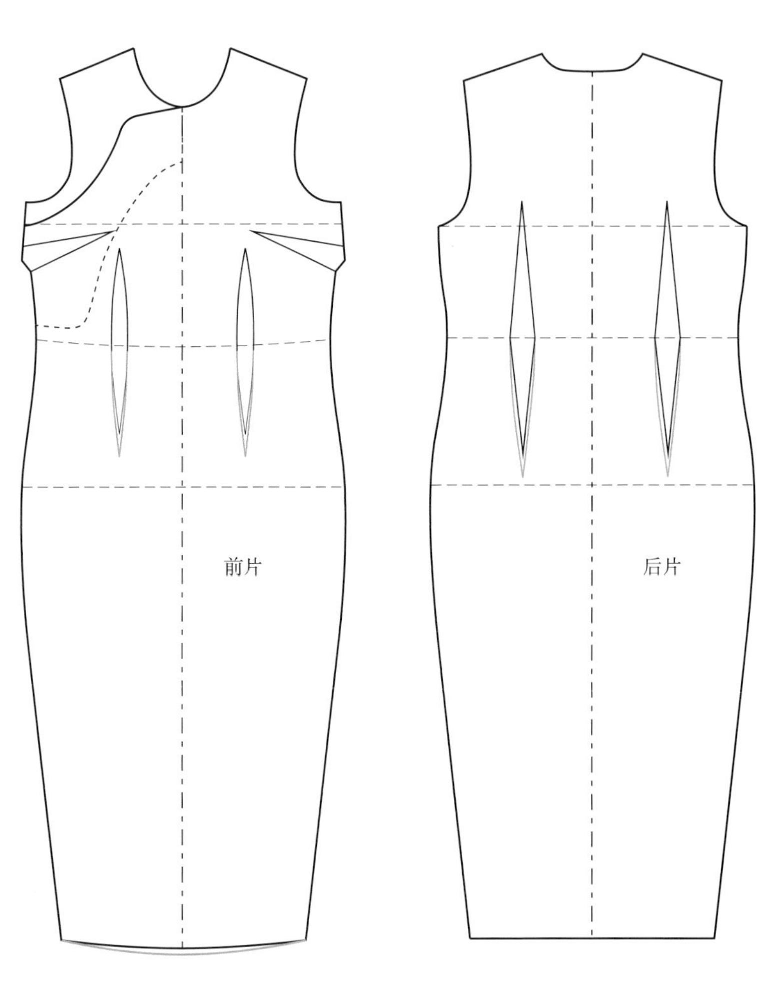


◎ **图7-3-5** 后臀凸与腰节处空样板修改示意图

◎ **图7-3-4** 后臀凸与腰节处空假缝多余量

**3. 胯腹部太紧**

胯腹部太紧会起横纹，这类女性的腰腹部脂肪有堆积，出现旗袍的腰腹部尺寸卡紧，衣服没有顺滑下去而出现紧绷，见图7-3-6。

修改方法：① 改小腰胯部位的省道量，前腰下省可以改成一个向内画弧的反向省；② 侧缝胯腹部补量，见图7-3-7。

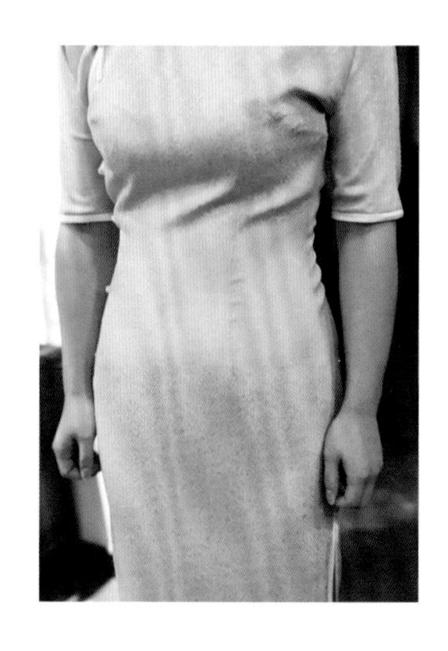

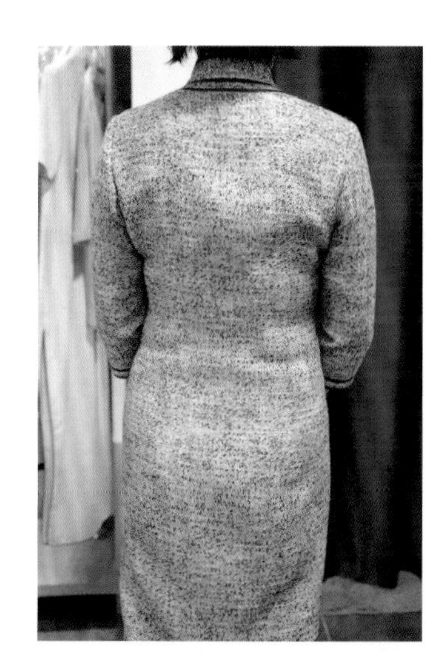

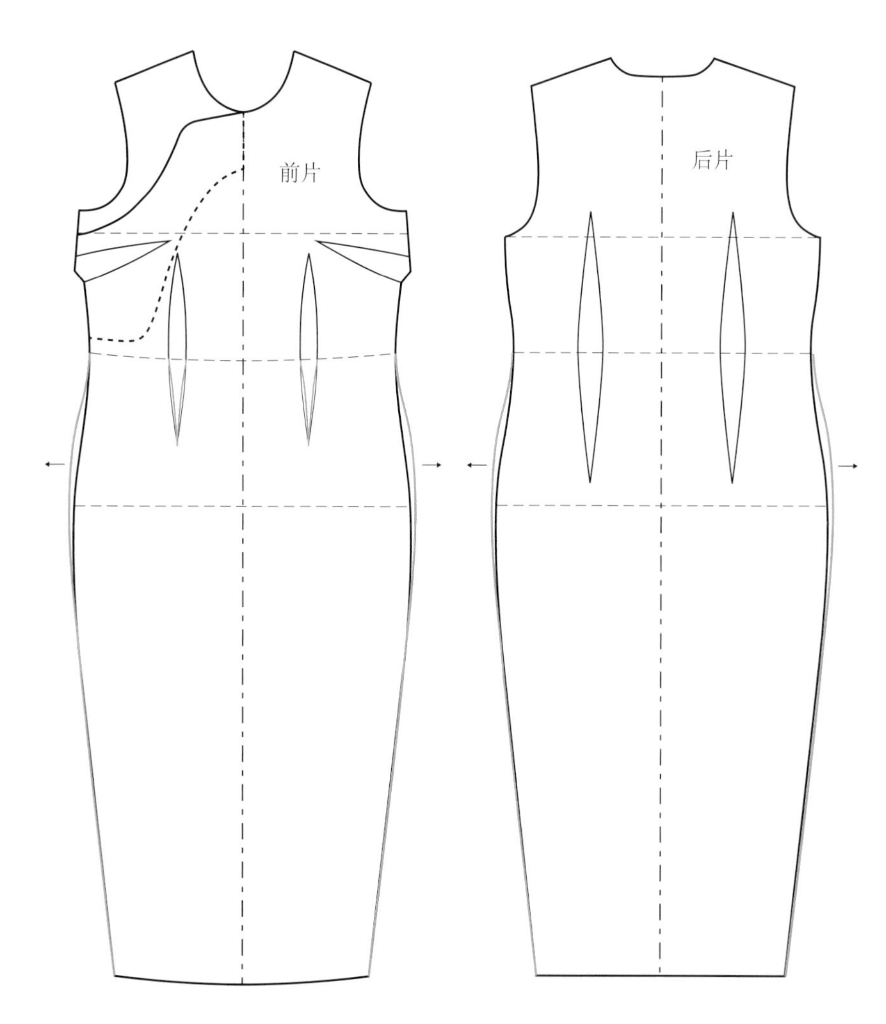


◎ **图7-3-6** 胯腹紧起横纹（上图）
胯腹太紧后背图（下图）

◎ **图7-3-7** 胯腹部太紧起横纹样板修改示意图

#### 4. 腹部省尖面料有鼓突

其原因是省尖到腰侧有斜绺，原因是前腰省尖打的不够长，见图7-3-8。

修改方法：省道不加大，但延长1~2cm，腰节需要拔开拔顺，如果面料太紧实，可以在省道中心剪刀眼处理。熨烫技法：省尖可在布馒头上做整烫处理，减小因为收省带来的凸起感，见图7-3-9。

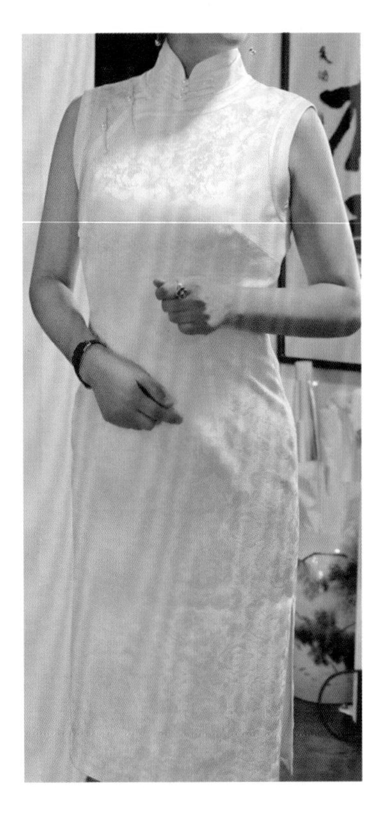

◎ 图7-3-8 腹部省尖面料有鼓突实例图

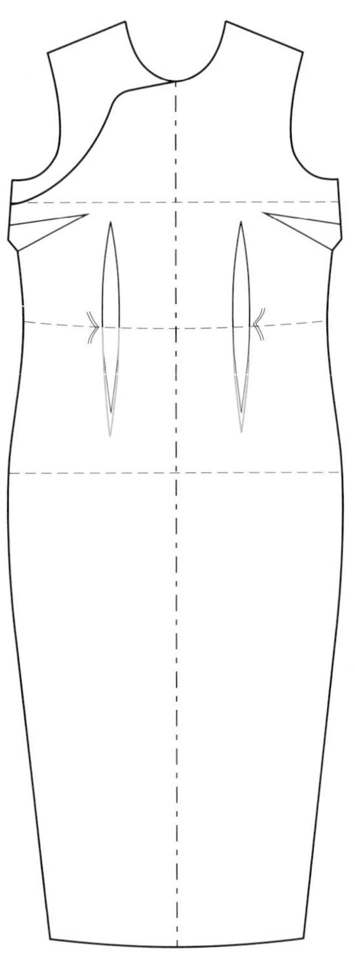

◎ 图7-3-9 腹部省尖面料有鼓突样板修改示意图

#### 5. 全身紧

造成全身紧的原因：尺寸未量准；客户例假期浮肿；客户短期内身材变胖。见图7-3-10、图7-3-11。

修改方法：①重新测量顾客尺寸；②从侧缝或后中打开衣片，由上往下每个部位缺少的量做好记录，重调尺寸，修正纸样。

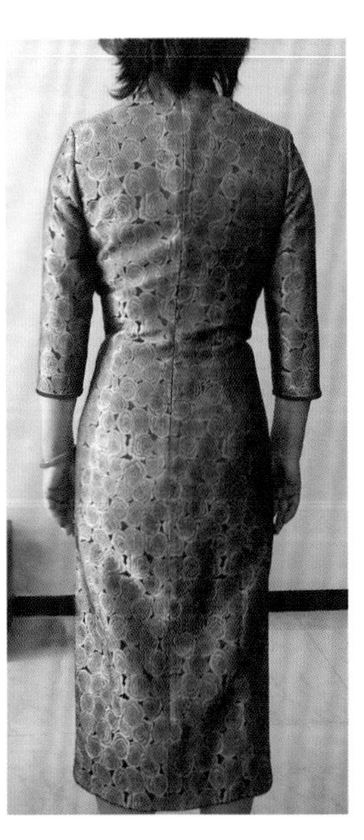

◎ 图7-3-10 全身绷紧示意图

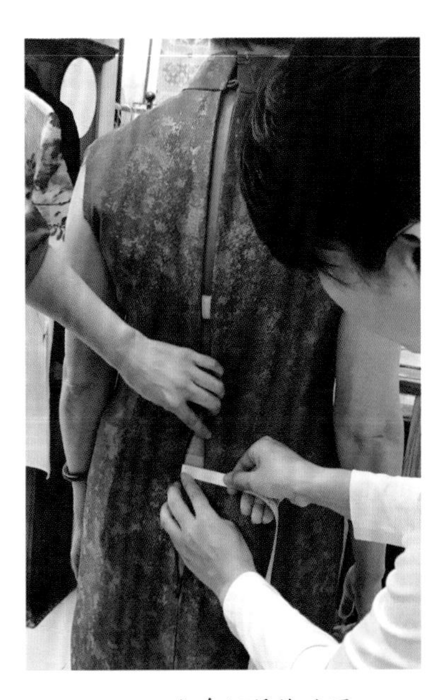

◎ 图7-3-11 全身绷紧修改图

### 6.后片倒挂八字绺

后片倒挂八字绺通常发生在挺胸后仰、骨盆前倾、顶胯（屁股扁塌）体型的女性身上，见图7-3-12、图7-3-13。

修改方法：① 在衣服上找出需要去掉的量，后片纸样在腰部直接切割多余量；按纸样把后片重新修剪。②客户臀点低，后腰下方的省道要加大、延长。③后腰节因为去量后与前片侧缝变得不一致，用熨斗把腰节用力拔开，见图7-3-14。

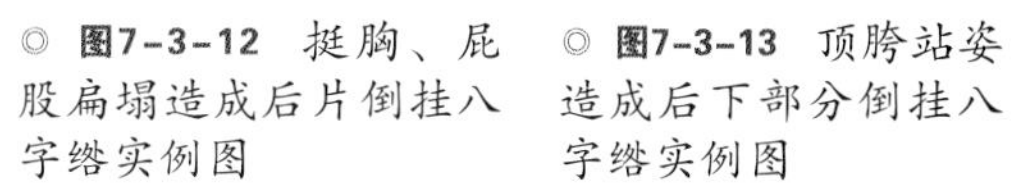

◎ **图7-3-12**　挺胸、屁股扁塌造成后片倒挂八字绺实例图

◎ **图7-3-13**　顶胯站姿造成后下部分倒挂八字绺实例图

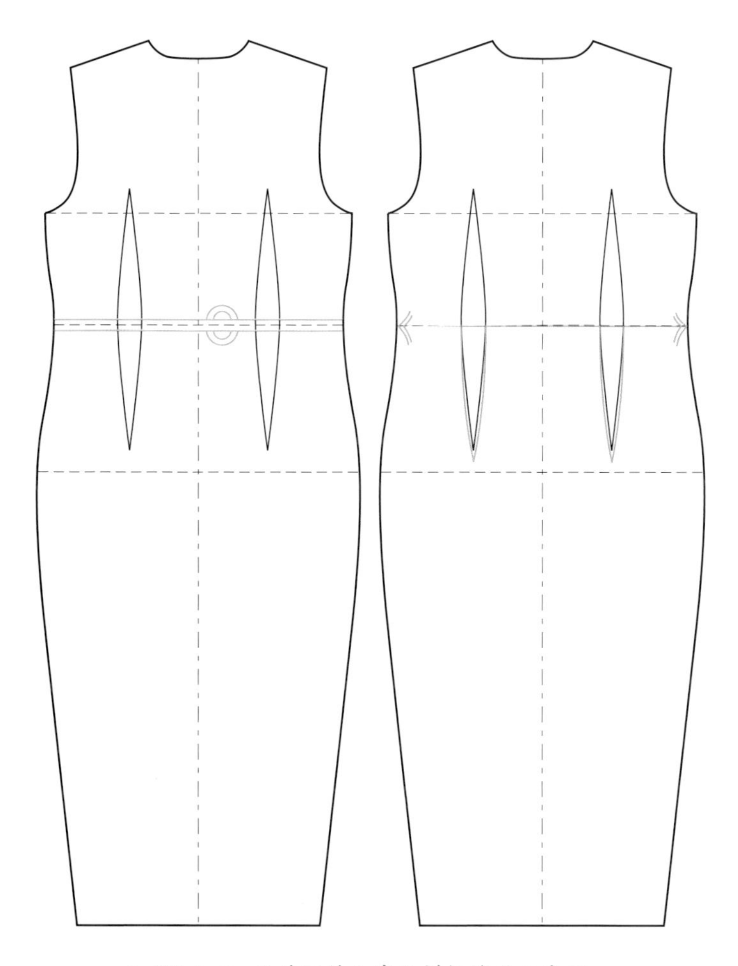

◎ **图7-3-14**　后片倒挂八字绺样板修改示意图

**7. 前片下摆前甩、起吊**

旗袍的前片下摆前甩、起吊，下摆开衩露膝盖。这类问题一般发生在胸部饱满、身体挺拔、站姿后倾的女性身上，这种体型人体挺胸两肩向后展，肩部比普通人更向后挤压后背部，另一方面以臀围线为基准前上半身长度不够，由胸部球面大和腹部有隆起造成布料被抬起。

修改方法：调整前后片的长度差量，抬高前肩平线，增加胸省、转移肚省（归）。

**8. 前下摆空**

下摆开衩露膝盖，人的站姿重心前倾，小腿肚向后，见图7-3-15。

修改方法：抬高前肩平线，加长前片，增加胸省，再由前肩借量给后肩，以达到衣身的前后平衡。前侧缝在腹围处归拢熨烫。见图7-3-16。

◎ **图7-3-15** 前下摆前甩、起吊实例图

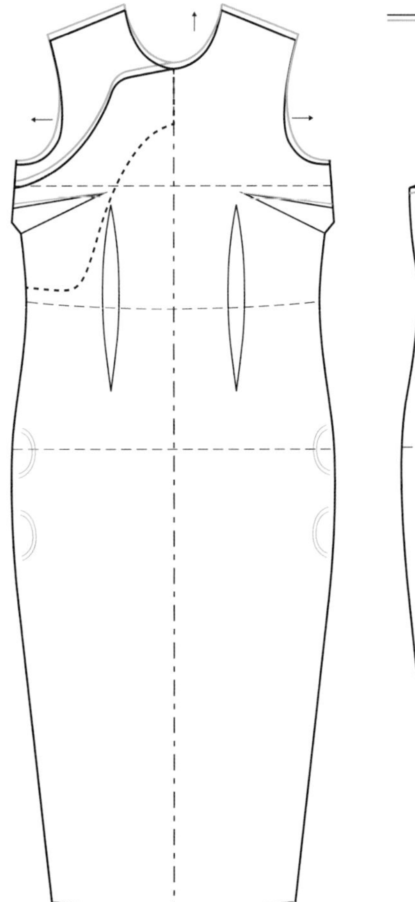

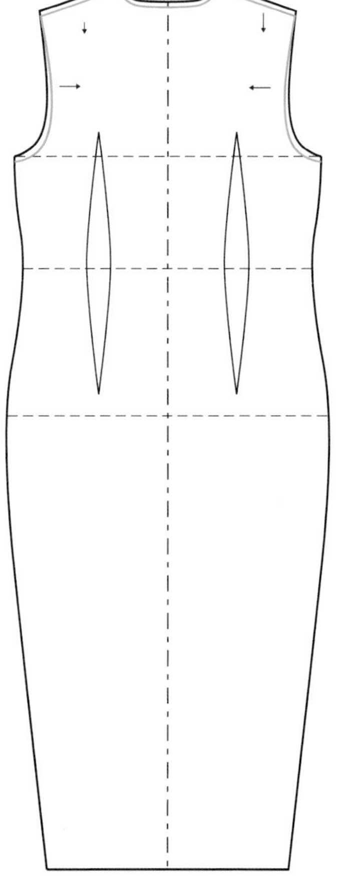

◎ **图7-3-16** 前下摆前甩、起吊样板修改示意图

**9. 后背不服贴，后侧缝吊紧**

一般是后背薄、后背宽太大、后袖窿弧线太直、窿门宽度过小造成后袖窿横向产生多余量并将腋下布料扯紧，见图7-3-17。

修改方法：减小背宽，挖深袖窿，见图7-3-18。

◎ **图7-3-17** 后背不服贴，后侧缝吊紧实例图

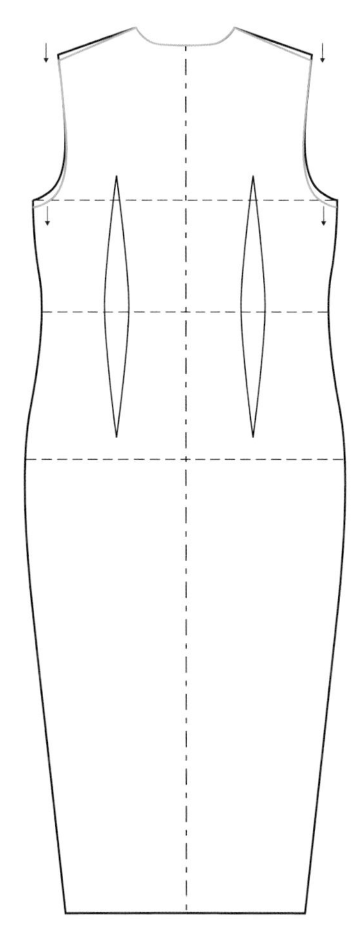

◎ **图7-3-18** 后背不服贴，后侧缝吊紧样板修改实例图

# 第四节　旗袍袖子常见问题和处理方法

因为每个人肩型不同、动作习惯不一样，会造成胳膊自然下垂时在身体两侧形态不同，袖子在穿着后会形成不同的问题，需要通过补正袖子的纸样或者移动拼合部位来调整到最佳位置。

**1. 正常袖子**

正常状态的袖子，肩部和袖子饱满圆顺，手臂活动自如，见图7-4-1。

旗袍正常袖片的基础样板见7-4-2。

◎ 图7-4-1　正常袖子实例图

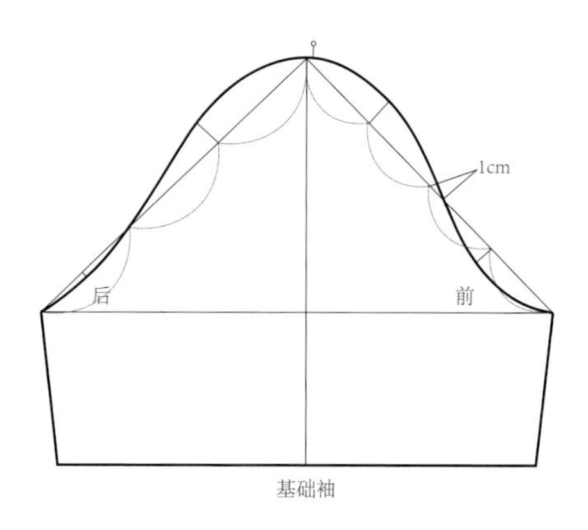


◎ 图7-4-2　正常袖片基础样板图

**2. 前袖山有褶量**

穿着时出现袖山前侧有褶量，不平伏。这类问题常常出现在女性站姿比较挺、肩部后展，见图7-4-3。

修改方法：袖山与肩缝的对位记号点前移，使袖子实际往后装。

前袖山有褶量的样板修改方法见图7-4-4。

◎ 图7-4-3　前袖山有褶量实例图

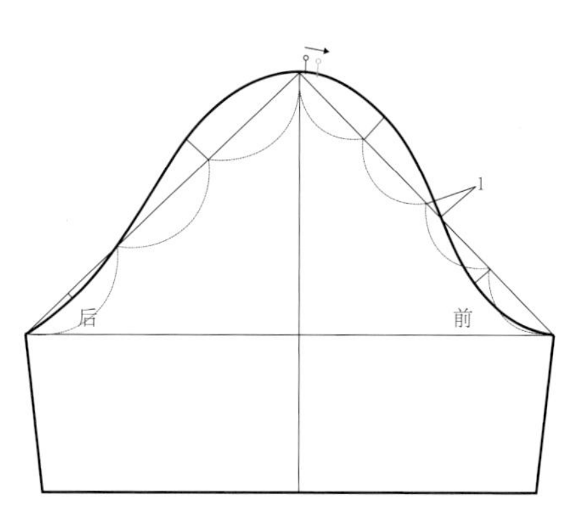


◎ 图7-4-4　前袖山有褶量样板修改示意图

**3. 后袖山有褶量**

后袖山有褶量是有明显冲肩体型的女性在穿着旗袍时常见的问题图7-4-5。

修改方法：袖山顶点记号后移，袖子向前装。

在不改变肩线的情况下，要使袖子向前转动才能解决袖子后面有叠量。在纸样上就是袖子的对位刀眼要向后剪0.3~0.6cm（具体看人体的肩部造型），见图7-4-6。

**4. 袖山头两侧不饱满**

袖山头两侧不饱满，一般是臂围二头肌肉群发达易造成袖肥上方部位紧绷，袖山上方瘪塌不饱满——横向增大扩张袖山中间弧度，见图7-4-7。

袖山头两侧不饱满的纸样修改方法见图7-4-8。

二头肌比较发达的女性穿着有袖的旗袍通常会发生这类问题，可采用略缩小袖山、修小肩宽、增大袖肥量使其达到平衡来解决问题。

◎ 图7-4-5　后袖山有褶量实例图

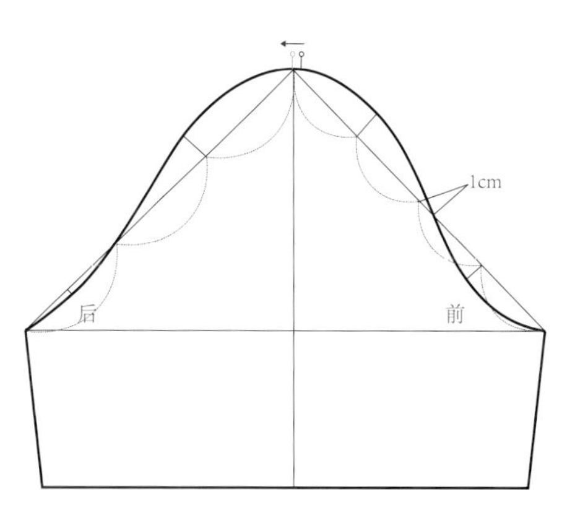


◎ 图7-4-6　后袖山有褶量样板修改示意图

◎ 图7-4-7　袖山头两侧不饱满实例图

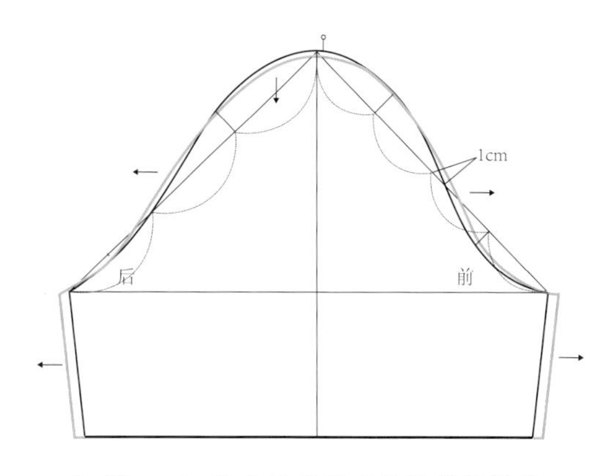


◎ 图7-4-8　袖山头两侧不饱满样板修改示意图

### 5. 袖顶点向两侧挂绺

袖顶点向两侧挂绺问题通常发生在肩部比较宽平的女性身上。原因是袖山不够高，袖顶点吃势不够，造成两侧袖子被肩点带紧而起绺，见图7-4-9。

修改方法：抬高袖山，重新画顺袖窿弧线，见图7-4-10。

### 6. 袖山过高，袖中下挂绺

袖山过高、肩宽太宽形成的袖山两侧向袖中下挂绺，见图7-4-11。

修改方法：改小肩宽，降低袖山高，并重新画顺袖窿弧线，见图7-4-12。

注：袖子补正具体尺寸的多少是在人体试穿时，拆开袖山的位置，调整到合适的尺寸，用皮尺量出各部分需要补正的数据，再做修正。

在服装的样板制作中，碰到的体型问题千变万化，有的体型综合了各种特殊情况，也有个体对自己有特殊的裁剪要求，因此要在实际处理问题时，灵活运用不同的方法和手段去解决制衣和试穿中出现的各种问题。同时在工作中不断记录解决方案，并调整制作手段，不断总结经验，改善客户定制体验。因个人经验和水平局限性，以上仅代表本人和本工作室的解决方法，欢迎各位从事定制行业的朋友们补充指正。

◎ 图7-4-9 袖顶点向两侧挂绺实例图

◎ 图7-4-11 袖山过高，袖中下挂绺实例图

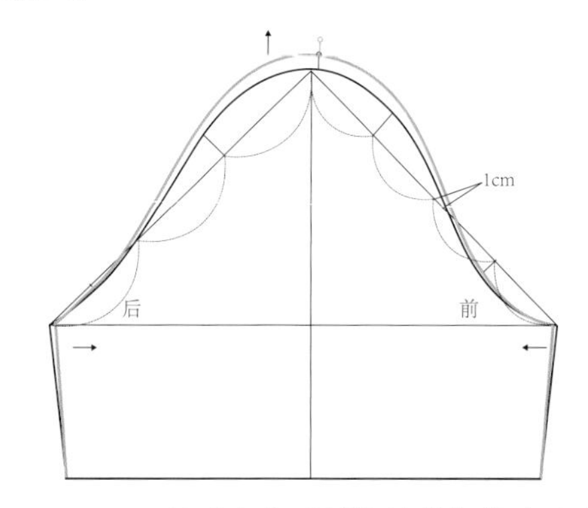


◎ 图7-4-10 袖顶点向两侧挂绺样板修改示意图

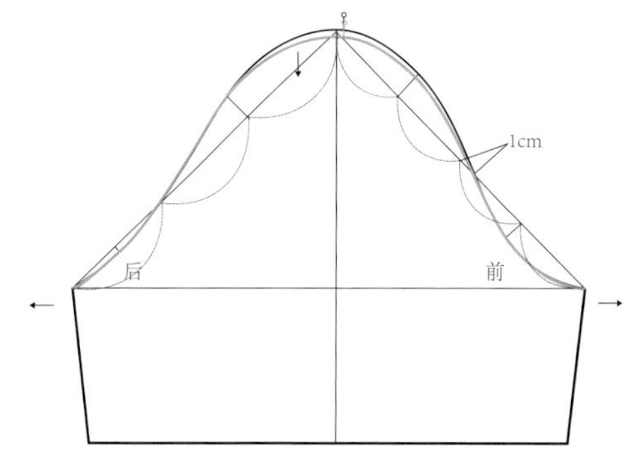


◎ 图7-4-12 袖山过高袖中下挂绺样板修改示意图

# 后　记

本系列丛书是作者多年定制工作中解决不同体型的女性在旗袍穿着时出现的各类问题和制作过程中各种工艺处理方法经验的汇集，本书既是对自己多年工作的总结，也是为初入行者或热爱旗袍工艺的同道们一些初浅的释疑。

历时四年之久，写写停停，停停写写，中间经历疫情时期的困顿，经历文本和图片的反复修改、补充、校正。在本系列丛书的编撰过程中得到了我大学时代的老师、公司同事、学员等众多人员的帮助和指正。在此感谢浙江理工大学鲍卫君老师的多次斧正；感谢公司版师万娟，助手丁飞炎，样衣师张雪晴，员工夕越、陈哥来和郭唱等为完成本书的辛勤付出；感谢几年来一直给我这个写书新手支持和鼓励的出版社编辑！感谢所有人的共同坚持和付出！

本系列丛书包括《高定旗袍手工工艺详解》《高定旗袍制版技术》《高定旗袍缝制工艺详解》，全书文字配合图片进行内容详解，内容之广，反复修改时间之耗，远远超出写书初期的想象。如今新书终于面世，墨迹馨香。但书中肯定有不少漏缺与错误之处，恳请各位南北同行指正，让其更完善。让我们大家一起努力为国内旗袍高定事业的发展添砖加瓦。

编　者